U0790608

"十四五"职业教育国家规划教材

"十三五"职业教育国家规划教材
"十四五"时期水利类专业重点建设教材
融媒体新形态教材

水利工程造价与招投标

(第3版)

主　编　黄泽钧　白金霞
副主编　于海云　郭晓静　雷成霞　肖绍文
王晓彤　廖明菊　李东艳　向晓华
李　斌　张振旭　刘淑文
主　审　王海周

黄河水利出版社
·郑州·

内 容 提 要

本书是“十四五”“十三五”职业教育国家规划教材、“十四五”时期水利类专业重点建设教材，是根据教育部关于职业教育国家规划教材编写要求及相关行业课程标准编写完成的。全书主要内容包括认识水利工程造价、水利工程项目划分及费用构成、工程定额、基础单价编制、建筑安装工程单价编制、水利工程设计概算编制、水利工程其他造价文件编制、水利工程招标与投标、水利工程造价电算化等。本书融入了党的二十大精神等思政元素，配套有PPT教学课件、习题、文档、视频、案例等教学资源，对重要知识点、技能点制作了微课视频等数字资源，并以二维码的形式在教材的相关内容中呈现，学习者可利用移动设备随扫随学。

本书可作为高等职业院校水利水电建筑工程、水利工程、水利水电工程技术、水利水电工程智能管理、智慧水利技术等专业的教材，也可供水利大类专业教师和从事相关专业的工程技术人员参考使用。

图书在版编目(CIP)数据

水利工程造价与招投标 / 黄泽钧，白金霞主编. 3版. -- 郑州 : 黄河水利出版社，2025.8. --（“十四五”职业教育国家规划教材）. -- ISBN 978-7-5509-4232-5

Ⅰ. TV51

中国国家版本馆CIP数据核字第2025VA6514号

出版顾问：王路平　电话：13623813888　E-mail：hhslwlp@163.com
组稿编辑：田丽萍　0371-66025553　912810592@qq.com

出 版 社：黄河水利出版社　网址：www.yrcp.com
地址：河南省郑州市顺河路黄委会综合楼14层　邮政编码：450003
发行单位：黄河水利出版社
发行部电话：0371-66026940、66020550、66028024、66022620(传真)
E-mail：hhslcbs@126.com
承印单位：河南博之雅印务有限公司
开本：787 mm×1 092 mm　1/16
印张：20.5
字数：490千字　印数：1—3 000
版次：2018年8月第1版　印次：2025年8月第1次印刷
2022年12月第2版
2025年8月第3版

定价：55.00元

第3版前言

本书是根据《中共中央关于认真学习宣传贯彻党的二十大精神的决定》，中共中央、国务院《教育强国建设规划纲要(2024—2035年)》，中共中央办公厅、国务院办公厅《关于推动现代职业教育高质量发展的意见》，国务院《国家职业教育改革实施方案》(简称“职教20条”)，教育部《职业院校教材管理办法》《高等学校课程思政建设指导纲要》《“十四五”职业教育规划教材建设实施方案》《职业教育产教融合赋能提升行动实施方案(2023—2025年)》《教育部办公厅关于公布首批“十四五”职业教育国家规划教材书目的通知》，水利部、教育部《关于进一步推进水利职业教育改革发展的意见》等文件精神，在全国水利职业教育教学指导委员会指导下，组织编写的“十四五”“十三五”职业教育国家规划教材。教材注重吸收产业升级和行业发展的新知识、新技术、新工艺、新方法、新规范，丰富了课程思政案例、视频、微课、动画、题库等数字化教学资源，是理论联系实际、教学面向生产，产教融合、校企合作编写的职业教育精品规划教材，具有鲜明的时代特点，体现了实用性、实践性、创新性的特色。

本书第1版为全国水利行业“十三五”规划教材，于2018年8月正式出版，2020年12月成功入选“十三五”职业教育国家规划教材。本书第2版2022年12月出版发行，2023年3月被中国水利教育协会推荐为“十四五”时期水利类专业重点建设教材，2023年6月成功入选首批“十四五”职业教育国家规划教材。随着我国水利行业的不断发展、水利形势的不断变化，为了及时反映产业升级和行业发展需求，落实“立德树人”课程思政要求，体现新知识、新技术、新工艺、新方法，贯彻课程新标准和行业新规范，编者在第2版的基础上，对全书内容及数字教学资源进行了全面修订、补充和完善。

新版教材呈现出以下特点：

(1)思政融入新元素：以习近平新时代中国特色社会主义思想为指导，坚持“立德树人”，注重思想引领，落实党的二十大精神。

(2)内容体现新规范：本书依据水利部2024年发布的《水利工程设计概(估)算编制规定》及水利工程系列定额(水总〔2024〕323号)等最新水利工程计价标准，以及2025年以来最新的水利行业标准与规范更新教材内容，增加了水利工程计价、招投标相关的最新行业标准与规范的链接，教学案例采用工程一线资源，教材内容更具有实用性、科技性和先进性。

(3)资源体现新形态：本书是国家水利水电建筑工程专业资源库“水利工程造价与招投标”课程配套教材，有多所学校参与建设，各种数字资源全面丰富。本次修订针对重要知识点和技能点，开发精品教材数字资源，增加微课视频等数字资源二维码，学习者可随扫随学。

(4)能力体现新要求：本书参考全国一级、二级造价工程师(水利工程)职业资格考试大纲，介绍水利工程造价编制理论与方法。同时，为满足岗位需求、提高水利工程造价人员的业务能力,本书还介绍了水利工程造价软件编制概预算的应用。

本书共分9个项目,包括认识水利工程造价、水利工程项目划分及费用构成、工程定额、基础单价编制、建筑安装工程单价编制、水利工程设计概算编制、水利工程其他造价文件编制、水利工程招标与投标、水利工程造价电算化,其中8个项目为理论,1个项目为实操。

随着我国改革的深入和经济的发展,国家和上级主管部门可能陆续颁布一些新的规定、定额、费用标准,各省、自治区、直辖市地方水利工程概预算编制办法具体规定各异,各地的有关人工、材料等预算价格不同,本书难以全面归纳,但是工程造价基本原理相同。因此,各院校在采用本书讲授本课程时,应结合国家和上级主管部门的新规定与本地区的实际情况和规定予以补充和修正。

本书编写单位及编写人员如下:湖北水利水电职业技术学院黄泽钧、白金霞、张振旭、李飞隼、张浩东,内蒙古机电职业技术学院于海云,湖南水利水电职业技术学院郭晓静,山西水利职业技术学院雷成霞、刘淑文,福建水利电力职业技术学院肖绍文,吉林水利电力职业学院王晓彤,广西水利电力职业技术学院廖明菊,辽宁生态工程职业学院李东艳,四川水利职业技术学院向晓华,甘肃建筑职业技术学院李斌、程玉强,云南农业职业技术学院李小芳,湖北郧丰水电工程有限公司吴志献,湖北水总工程勘察设计有限公司陈小云。本书由黄泽钧、白金霞担任主编,并负责全书内容规划和统稿;由于海云、郭晓静、雷成霞、肖绍文、王晓彤、廖明菊、李东艳、向晓华、李斌、张振旭、刘淑文担任副主编;由河南水利与环境职业技术学院王海周担任主审。

本书引用了相关专业文献和资料,未在书中一一注明出处,在此对有关文献的作者表示感谢!本书的编写得到各位同仁、各位参编人员所在院校和企业的大力支持和协助,得到青山大禹水利计价软件公司和易投水利水电工程造价软件公司的支持,在此一并表示感谢!

由于编者水平有限,加之时间仓促,难免存在错误和不足之处,诚恳地希望读者批评指正。

编　者

2025年6月

本书互联网全部资源

目 录

项目1 认识水利工程造价

【学习目标】

1. 能够准确解释基本建设、基本建设项目、基本建设程序、工程造价、水利工程造价的概念。

2. 能够正确列举基本建设的工作内容、基本建设项目的种类、水利工程造价的类型、目前水利工程造价编制的基本方法。

3. 能够透彻理解基本建设项目的划分。

4. 能够正确表述水利工程建设程序八大阶段及各阶段的主要工作内容。

【思政目标】

引导学生认识水利工程造价的重要性，激发学生学习兴趣，培养学生爱党报国、爱岗敬业、诚实守信、恪守职业道德的品格，传承中华传统美德。

任务1 水利工程基本建设

1 基本建设

1.1 基本建设的概念

基本建设是指国民经济各部门利用国家预算拨款、自筹资金、国内外基本建设贷款以及其他专项基金进行的以扩大生产能力或增加工程效益为主要目的的新建、扩建、改建、恢复建、迁建及有关工作。换言之，基本建设就是固定资产的建设，即建筑、安装和购置固定资产的活动及其与之相关的工作。

1.2 基本建设的工作内容

基本建设通过一系列的投资活动来实现，包括以下几个方面的工作内容。

1.2.1 建筑、安装工程

建筑、安装工程是基本建设工作的重要组成部分，建筑行业通过建筑、安装活动生产出建筑产品，形成固定资产。建筑、安装工程包括建筑工程和安装工程。建筑工程包括各种建筑物、房屋、设备基础等的构造工作。安装工程包括生产、动力、起重、运输、输配电等需要安装的各种机电设备和金属结构设备的安装、试车等工作。

1.2.2 设备工（器）具购置

设备工（器）具购置是指由建设单位因建设项目的需要进行采购或自制达到固定资产标准的机电设备、金属结构设备、工具、器具等的购置工作。

1.2.3 其他基本建设工作

其他基本建设工作是指不属于以上两项的基本建设工作，如勘测、设计、科学试验、淹没及迁移赔偿、水库清理、施工队伍转移、生产准备等工作。

2 基本建设项目

2.1 基本建设项目的概念

基本建设项目是指在一个总体设计或初步设计的范围内,由一个或几个单项工程所组成、经济上实行统一核算、行政上实行统一管理的基本建设工程实体。一般以一个企业(或联合企业)、事业单位或独立工程作为一个建设项目,如独立工厂、学校、矿山、水库、水电站、灌区工程等。

2.2 基本建设项目的分类

基本建设项目根据不同的分类方式可划分不同的种类。

2.2.1 按建设项目性质分类

建设项目按性质可分为新建、扩建、改建、恢复建和迁建。

新建是指从无到有、平地起家的新开始建设项目。有的建设项目原有规模较小,扩大规模后,其新增加的固定资产价值超过原有固定资产价值的3倍,也属于新建项目。

扩建是指原有企业和事业单位,为扩大原有产品生产能力和效益,增加新产品的生产能力而新建的一些主要车间和其他固定资产等。

改建是指原有企业或事业单位为了提高生产效率,改进产品质量,节能降耗,改变产品结构等而对固定资产的工艺流程进行整体性的技术改造。

恢复建是指原有的固定资产由于遭受自然力或战争破坏而按原来规模、面貌重新建起来的项目。

迁建是指由于环境因素、使用因素等导致固定资产的地点变化的重新建设。

2.2.2 按建设投资作用分类

按基本建设投资作用,基本建设项目可分为生产性建设项目和非生产性建设项目。前者是指在生产过程中发挥作用的劳动资料,如工厂、矿山、油田、电站、铁路、水库、海港、码头、路桥工程等;后者是指在较长时间内直接为人民的物质文化生活服务的物质资料,如住宅、学校、医院、体育活动中心和其他生活福利设施等。

2.2.3 按建设规模分类

基本建设项目按建设总规模和总投资的大小,可分为大型、中型及小型建设项目。

2.2.4 按隶属关系分类

基本建设项目按隶属关系分为国务院各部门直属项目、地方投资国家补助项目、地方项目、企事业单位自筹建设项目。

2.2.5 按建设阶段分类

根据建设项目所处的不同建设阶段,基本建设项目可分为预备项目(探讨项目)、筹建项目(前期工作项目)、施工项目、建成投产项目、收尾项目及竣工项目等。

2.3 基本建设项目的划分

一个基本建设项目往往规模大,建设周期长,影响因素复杂。为了便于编制基本建设计划和工程造价,组织招标投标与施工,进行质量、工期和投资控制,拨付工程款项,实行经济核算和考核工程成本,需要对一个基本建设项目进行系统的逐级划分,使之有利于工程造价的编审,以及基本建设的计划、统计、会计和基建拨款贷款等各方面的工作。同时,进行基本建设项目划分,也便于同类工程之间进行比较和对不同分项工程进行技术经济分析,使编制工程造价项目时不重不漏,保证质量。基本建设项目通常按项目本身的内部组成,划分为单项工程、单位工程、分部工程和分项工程,见图 1-1。

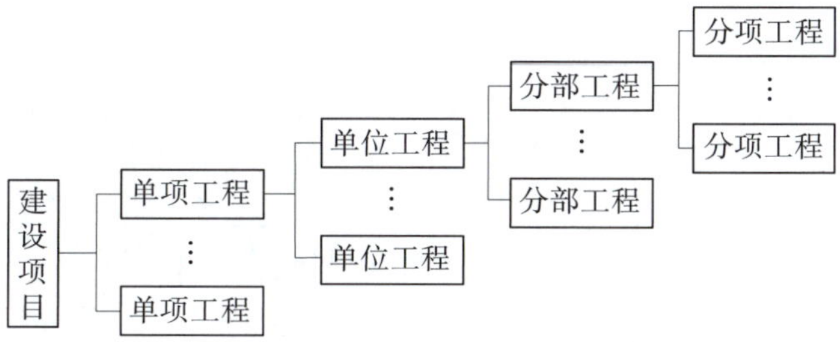

图 1-1 建设项目分解示意图

2.3.1 单项工程

单项工程是基本建设项目的组成部分,是一个建设项目中具有独立的设计文件、竣工后能够独立发挥生产能力和使用效益的工程。如工厂内能够独立生产的车间、办公楼等,一所学校的教学楼、学生宿舍等,一个水利枢纽工程的发电站、拦河大坝等。

单项工程是具有独立存在意义的一个完整工程,也是一个极为复杂的综合体,它是由许多单位工程所组成的,如一个新建车间,不仅有厂房,还有设备安装等工程。

2.3.2 单位工程

单位工程是单项工程的组成部分,是指具有独立的设计文件、可以独立组织施工,但完工后不能独立发挥效益的工程。如工厂车间是一个单项工程,它又可以划分为建筑工程和设备安装工程两大类单位工程。

每一个单位工程依然是一个较大的组合体,它本身依然是由许多的结构或更小的部分组成的,所以对单位工程还需要进一步划分。

2.3.3 分部工程

分部工程是单位工程的组成部分,是按工程部位、设备种类和型号、使用的材料和工种的不同对单位工程所作的进一步划分。如建筑工程中的一般土建工程,按照不同的工种和不同的材料结构可划分为土石方工程、基础工程、砌筑工程、钢筋混凝土工程等分部工程。

分部工程是编制工程造价、组织施工、质量评定、包工结算与成本核算的基本单位,但在分部工程中影响材料消耗的因素仍然很多。例如,同样都是土方工程,由于土壤类别(普通土、坚硬土、砾质土)不同,挖土的深度不同,施工方法不同,则每一单位土方工程所消耗的人工、材料差别很大。因此,还必须把分部工程按照不同的施工方法、不同的材料、不同的规格等作进一步的划分。

2.3.4 分项工程

分项工程是分部工程的组成部分,是通过较为简单的施工过程就能生产出来,并且可以用适当计量单位计算其工程量大小的建筑或设备安装工程产品。例如,每立方米砖基础工程、一台电动机的安装等。一般来说,它的独立存在是没有意义的,它只是建筑或设备安装工程中最基本的构成要素。

3 基本建设程序

3.1 基本建设程序的概述

工程项目建设的各阶段、各环节、各项工作之间存在着一定的不可违反的先后顺序。基本建设程序是指基本建设项目从决策、设计、施工到竣工验收整个工作进行过程中各阶段及其工作所必须遵循的先后次序与步骤。它所反映的是在基本建设过程中各有关部门之间一环扣一环的紧密联系和工作中相互协调、相互配合的工作关系。

基本建设是一项十分复杂的工作,它涉及面广,需要内外各有关部门协作配合的环节多。要完成一项工程,需要多方面的工作,有些是前后衔接的,有些是左右配合的,更有些是相互交叉的。因此,这些工作必须按照一定的程序和先后次序依次进行,才能确保基本建设工作的顺利进行;否则,违反了基本建设程序将会造成无法挽回的经济损失。

3.2 水利工程建设程序

鉴于水利工程的工程建设规模大、施工工期相对较长、施工技术复杂、横向交叉面广、内外协作关系和工序多,较其他部门的基本建设有一定的特殊性,工程失事后会造成严重的后果和巨大的经济损失,因此水利工程建设程序较其他部门更为严格。

码 1-1 微课:水利工程建设程序

根据《水利工程建设程序管理暂行规定》(1998年发布,2014年、2016年、2017年、2019年修正),水利工程建设程序一般分为项目建议书、可行性研究报告、施工准备、初步设计、建设实施、生产准备、竣工验收、后评价等阶段。各阶段具体工作内容如下。

3.2.1 项目建议书阶段

项目建议书应根据国民经济和社会发展长远规划、流域综合规划、区域综合规划、专业规划,按照国家产业政策和国家有关投资建设方针进行编制,是对拟进行建设项目的初步说明。

项目建议书应按照《水利水电工程项目建议书编制规程》(SL/T 617—2021)编制,一般由政府委托有相应资格的设计单位承担,并按国家现行规定权限向主管部门申报审批。项目建议书被批准后,由政府向社会公布,若有投资建设意向,应及时组建项目法人筹备机构,开展下一建设程序工作。

3.2.2 可行性研究报告阶段

可行性研究是项目能否成立的基础,这个阶段的成果是可行性研究报告。其任务是对项目进行方案比较,在技术上是否可行和经济上是否合理进行科学的分析和论证。经过批准的可行性研究报告,是项目决策和进行初步设计的依据。可行性研究报告,由项目法人(或筹备机构)组织编制。

可行性研究报告应按照《水利水电工程可行性研究报告编制规程》(SL/T 618—2021)编制,按国家现行规定的审批权限报批。申报项目可行性研究报告,必须同时提出项目法人组建方案及运行机制、资金筹措方案、资金结构及回收资金的办法。

可行性研究报告经批准后，不得随意修改和变更，若在主要内容上有重要变动，应经原批准机关复审同意。项目可行性研究报告批准后，应正式成立项目法人，并按项目法人责任制实行项目管理。

3.2.3 施工准备阶段

根据《水利部关于进一步优化调整水利工程建设项目施工准备工程开工条件的通知》(水建设〔2024〕90号)，水利工程建设项目可行性研究报告已经批准，环境影响评价文件已经批准，年度投资计划已经下达或建设资金已经落实，项目法人即可组织开工建设施工准备工程。

施工准备工程建设内容如下：

(1)现场征地、拆迁；

(2)进场道路及场内交通工程；

(3)施工供电、供水、供风、通信、火工材料和油料仓储设施、施工支洞、场地平整等临时工程；

(4)料场开采、砂石加工、混凝土生产、大型施工机械设备土建及安装、施工导流，以及经批准的应急工程、试验工程等专项工程；

(5)生产生活所必需的其他临时建筑工程。

项目法人应充分考虑可行性研究报告批准到初步设计报告批准之间的工作周期，按初步设计深度编制施工准备工程实施方案(简称实施方案)。实施方案编制应与初步设计做好衔接，合理确定施工准备工程建设内容和规模。

项目法人要加强与初步设计审批部门、概算核定部门的沟通协调，将施工准备工程投资纳入初步设计概算。

实施方案经项目主管部门或流域管理机构组织技术审查同意后，项目法人即可组织施工准备工程项目实施。根据《中华人民共和国招标投标法》及其实施条例相关规定，需要进行招标投标的施工准备工程，项目法人按照实施方案依法组织开展招标投标工作。

3.2.4 初步设计阶段

初步设计是根据批准的可行性研究报告和必要而准确的设计资料，对设计对象进行通盘研究，阐明拟建工程在技术上的可行性和经济上的合理性，规定项目的各项基本技术参数，编制项目的总概算。初步设计任务应择优选择有项目相应资格的设计单位承担，依照有关初步设计编制规定进行编制。

初步设计文件报批前，一般须由项目法人对初步设计中的重大问题组织论证。设计单位根据论证意见，对初步设计文件进行补充、修改、优化。初步设计由项目法人组织审查后，按国家现行规定权限向主管部门申报审批。

设计单位必须严格保证设计质量，承担初步设计的合同责任。初步设计文件经批准后，主要内容不得随意修改、变更，并作为项目建设实施的技术文件基础。如有重要修改、变更，须经原审批机关复审同意。

3.2.5 建设实施阶段

建设实施阶段是指主体工程的建设实施，项目法人按照批准的建设文件，组织工程建设,保证项目建设目标的实现。

水利工程具备《水利工程建设项目管理规定(试行)》(水建〔1995〕128号发布,2014年8月19日水利部令第46号修改,2016年8月1日水利部令第48号修改)规定的开工条件后,主体工程方可开工建设。项目法人或者建设单位应当自工程开工之日起15个工作日内,将开工情况的书面报告报项目主管单位和上一级主管单位备案。

主体工程开工,必须具备以下条件:

(1)项目法人或者建设单位已经设立。

(2)初步设计已经批准,施工详图设计满足主体工程施工需要。

(3)建设资金已经落实。

(4)主体工程施工单位和监理单位已经确定,并分别订立了合同。

(5)质量安全监督单位已经确定,并办理了质量安全监督手续。

(6)主要设备和材料已经落实来源。

(7)施工准备和征地移民等工作满足主体工程开工需要。

项目法人要充分发挥建设管理的主导作用,为施工创造良好的建设条件。项目法人要充分授权工程监理,使之能独立负责项目的建设工期、质量、投资的控制和现场施工的组织协调。监理单位选择必须符合《水利工程建设监理规定》(2006年发布,2017年修正)的要求。要按照"政府监督、项目法人负责、社会监理、企业保证"的要求,建立健全质量管理体系,重要建设项目,须设立质量监督项目站,行使政府对项目建设的监督职能。

施工是把设计变为具有使用价值的建设实体,必须严格按照设计图纸进行,如有修改变动,要征得设计单位同意。施工单位要严格履行合同,要与建设单位、设计单位和监理单位工程师密切配合。在施工过程中,各个环节要相互协调,加强科学管理,确保工程质量,全面按期完成施工任务。要按设计和施工验收规范验收,对于地下工程,特别是基础和结构的关键部位,一定要在验收合格后,才能进行下一道工序施工,并做好原始记录。

3.2.6 生产准备阶段

生产准备是项目投产前所要进行的一项重要工作,是建设阶段转入生产经营的必要条件。项目法人应按照建管结合和项目法人责任制的要求,适时做好有关生产准备工作,及时具体落实产品销售合同协议的签订,提高生产经营效益,为偿还债务和资产的保值增值创造条件。

生产准备应根据不同类型的工程要求确定,一般应包括如下主要内容:

(1)生产组织准备。建立生产经营的管理机构及相应管理制度。

(2)招收和培训人员。按照生产运营的要求,配备生产管理人员,并通过多种形式的培训,提高人员素质,使之能满足运营要求。生产管理人员要尽早介入工程的施工建设,参加设备的安装调试,熟悉情况,掌握好生产技术和工艺流程,为顺利衔接基本建设和生产经营阶段做好准备。

(3)生产技术准备。主要包括技术资料的汇总、运行技术方案的制定、岗位操作规程制定和新技术准备。

(4)生产物资准备。主要是落实投产运营所需要的原材料、协作产品、工(器)具、备品备件和其他协作配合条件的准备。

(5)正常的生活福利设施准备。

3.2.7 竣工验收阶段

竣工验收是工程完成建设目标的标志,是全面考核基本建设成果、检验设计和工程质量的重要步骤。竣工验收合格的项目即从基本建设转入生产或使用。

当建设项目的建设内容全部完成,并经过单位工程验收(包括工程档案资料的验收),符合设计要求并按《水利部关于印发水利工程建设项目档案管理规定的通知》(水办〔2021〕200号)的要求完成了档案资料的整理工作,完成竣工报告、竣工决算等必需文件的编制后,项目法人按《水利工程建设项目管理规定(试行)》,向验收主管部门提出申请,根据国家和部颁验收规程,组织验收。

竣工决算编制完成后,须由审计机关组织竣工审计,其审计报告作为竣工验收的基本资料。工程规模较大、技术较复杂的建设项目可先进行初步验收。不合格的工程不予验收;有遗留问题的项目,对遗留问题必须有具体处理意见,且有限期处理的明确要求并落实责任人。

3.2.8 后评价阶段

建设项目竣工投产后,一般经过1~2年生产运营后,要进行一次系统的项目后评价,主要内容包括:影响评价——项目投产后对各方面的影响进行评价;经济效益评价——对项目投资、国民经济效益、财务效益、技术进步和规模效益、可行性研究深度等进行评价;过程评价——对项目的立项、设计施工、建设管理、竣工投产、生产运营等全过程进行评价。

项目后评价一般按三个层次组织实施,即项目法人的自我评价、项目行业的评价、计划部门(或主要投资方)的评价。

建设项目后评价工作必须遵循客观、公正、科学的原则,做到分析合理、评价公正。通过建设项目的后评价达到肯定成绩、总结经验、研究问题、吸取教训、提出建议、改进工作,不断提高项目决策水平和投资效果的目的。

以上八大建设阶段的工作内容,既是我国对水利工程建设程序的基本要求,也反映了水利工程建设工作的全过程。

任务2 水利工程造价基础知识

1 基本概念

码1-2 微课:水利工程造价基本概念

工程造价,即工程的建设价格,是指为完成一个工程的建设,预期或者实际所需的全部费用总和。那么,水利工程造价是指水利工程建设项目从项目建议书到竣工验收阶段发生的全部建设费用。

针对在工程建设中的不同对象,工程造价的含义是不同的。对业主而言,工程造价指的是工程的建设成本,是业主为建设一项工程预期支付或实际支付的全部固定资产投资费用。对工程的发包方、承包方双方而言,工程造价指的是工程的承发包价格,是为建成一项工程,预计或实际在土地、设备、技术劳务以及承包等市场上,通过招标投标等交易方式所形成的建筑安装工程的价格和建设工程总价格。

另外,工程造价的金额组成也不同。建设成本涵盖建设项目的全部费用,工程承发包价格只包括建设项目的局部费用,在总体数额及内容组成上,建设成本总大于工程承发包价格。建设成本不含业主的利润和税金,而工程承发包价格往往含有承包方的利润和税金。

无论工程造价的哪种含义,它强调的都只是工程建设所消耗资金的数量标准。

2　水利工程造价类型

水利工程建设过程中的各阶段由于工作深度不同、要求不同,要编制不同的工程造价文件,主要有以下几种。

码 1-3　微课:水利工程造价类型

2.1　投资匡算

投资匡算是区域规划和工程规划阶段,所需编制的工程造价文件,它是工程规划报告的组成部分。

2.2　投资估算

投资估算是项目建议书及可行性研究报告阶段对工程造价的预测和估算,用来考核拟建项目所提出的建设方案在技术上的可行性和经济上的合理性。它是控制拟建项目投资的最高限额,是根据规划阶段和前期勘测阶段所提出的资料、有关数据对拟建项目所提出的不同建设方案进行多方比较、论证后所提出的投资总额,该投资额连同可行性研究报告一经上级批准,即作为该拟建项目进行初步设计、编制概算投资总额的控制依据。投资估算是项目法人为选定近期开发项目作为科学决策和进行初步设计的重要依据,是工程造价全过程管理的“龙头”,抓好这个“龙头”对工程投资控制具有十分重要的意义。

2.3　设计概算

设计概算是在初步设计阶段,设计单位为确定拟建基本建设项目所需的投资额或费用而编制的工程造价文件。它是设计文件的重要组成部分。由于初步设计阶段对建筑物的布置、结构形式、主要尺寸及机电设备型号、规格等均已确定,所以设计概算是对建设工程造价有定位性质的造价测算,原则上不得超过投资估算。设计概算是编制基本建设计划,实行基本建设投资大包干,控制其中建设拨款、贷款的依据;也是考核设计方案和建设成本是否合理的依据。因此,设计概算是整个基本建设工作中一个比较重要的环节,国家对此有严格的考核要求,在工作中必须予以高度重视。

设计单位在报批设计文件的同时,要报批设计概算,设计概算经过审批后,就成为国家控制该建设项目总投资的主要依据,原则上后续的投资不得超过设计概算金额。

2.4　修改概算

由于水利工程受自然、地质条件变化的影响很大,加上建设工期长,受物价变动等因素的影响也较大,因此对设计概算的修改是正常的,其目的是对在编制设计概算时所确定或所依据的某些发生变化的条件和内容进行修改,以代替原来编制的设计概算。但由于变化的内容多种多样,因而修改的形式也是多种多样的。

(1)概算调整书形式,主要适用于对设计概算的局部修改,如设备、材料价格变动的调整。

(2)补充概算形式(也称追加概算),主要适用于设计需修改或增加一个或几个项目。

(3)修改概算书形式,主要适用于修改范围广、内容较多的工程。

(4)概算重编本形式,主要适用于原设计概算的编制原则、采用的标准发生变化,需重新编制设计概算以代替原设计概算。

2.5 项目管理预算

项目管理预算是对设计概算的内部调整。由项目法人委托具备相应资质的水利工程造价咨询单位,对已确定招标的项目,在已经批准的设计概算的基础上,按照项目法人的管理要求和分标情况,对工程项目进行合理调整后编制的水利工程造价文件。在编制项目管理预算时,执行"总量控制、合理调整"的原则,项目法人根据工程建设情况、分标项目,对初步设计概算各分部、单位工程工程的量、价进行合理调整,以利于在工程建设中对工程造价进行管理和控制。

2.6 招标控制价(最高投标限价)与投标报价

招标控制价是招标人根据国家或省级、行业建设主管部门颁发的有关计价依据和办法,以及拟定的招标文件和招标工程量清单,结合工程具体情况编制的招标工程的最高投标限价。应由业主委托具有编制能力的招标人或受其委托具有相应资质的工程造价咨询人编制和复核。

投标报价是投标人投标时响应招标文件要求所报出的对已标价工程量清单汇总后标明的总价。它是施工企业(或厂家)对建筑工程施工产品(或机电、金属结构设备)的自主定价,相对国家定价和标准价而言,它反映的是市场价,体现了企业的经营管理、技术及装备水平。

2.7 施工预算

施工预算是指在施工阶段,承担项目施工的单位,根据施工工序而自行编制的人工、材料、机械台时耗用量及其费用总额,即单位工程成本。它主要用于施工企业内部人、材、机的计划管理,是控制成本和班组经济核算的依据。

2.8 竣工结算

竣工结算是施工单位与建设单位对承建工程项目的最终结算。施工过程中的结算属于中间结算。竣工结算是承包施工单位完成工程任务后,经验收合格,按照合同规定条件向建设单位办理工程款结算的过程。通常通过编制竣工结算书来办理。

2.9 竣工决算

竣工决算是建设单位向国家(或业主)汇报建设成果和财务状况的总结性文件,是竣工验收报告的重要组成部分,它反映了工程的实际造价,由建设单位负责编制。

竣工决算是建设单位向管理单位移交财产、考核工程项目投资、分析投资效果的依据。编好竣工决算对促进竣工投产、积累技术经济资料有重要意义。

由此可见,在水利工程的不同建设阶段要编制相应的造价文件,具体如表1-1所示。

表 1-1　水利工程造价与建设程序关系表

造价文件	建设阶段	编制单位
投资匡算	规划阶段	业主
投资估算	项目建议书阶段、可行性研究报告阶段	设计单位
设计概算	初步设计阶段	设计单位
招标控制价(最高投标限价)	施工准备阶段	招标单位
投标报价	施工准备阶段	施工企业(厂家)
施工预算	建设实施(施工)阶段	施工单位
竣工结算	竣工验收阶段	施工企业
竣工决算	竣工验收阶段	建设单位

3　水利工程造价编制基本方法

码 1-4　微课:水利工程造价编制基本方法

目前,国内外编制水利工程造价的基本方法有综合指标法、单价法(定额法)和实物量法三种。

3.1　综合指标法

在项目建议书阶段,由于设计深度不足,只能提出概括性的项目,确定不出具体项目的工程量,因此编制投资估算时常常采用综合指标法。其特点是概括性强,不需做具体分析,如大坝混凝土综合指标包括坝体、溢流面、闸墩、胸墙、导流墙、工作桥、消力池、护坦、海漫等。综合指标中包括人工费、材料费、机械使用费及其他费用,并考虑了一定的扩大系数。在编制设计概算时水利工程的其他永久性专业工程,如铁路、公路、桥梁、供电线路、房屋建筑工程等,也可采用综合指标法编制设计概算。

3.2　单价法(定额法)

单价法是中华人民共和国成立至今一直沿用的一种编制建筑安装工程单价的方法,由于此方法多采用套定额计算工程单价,故又称定额法。本书主要介绍的工程造价的编制方法为单价法。

单价法是将建筑安装工程按工程性质、部位,划分为若干个分部分项工程,其划分的粗细程度应与所采用的定额相适应,根据定额给定的分部分项工程所需的人工、材料、机械台时数量乘以相应人、材、机的价格,求得人工费、材料费和机械使用费,再按有关规定的其他直接费、间接费、利润和税金的取费标准,考虑材料补差、未计价材料费(未计价装置性材料费),计算出工程单价。各分部分项工程的工程量分别乘以相应的工程单价,然后合计求得工程造价。

单价法计算简单、方便。但由于定额标准反映的是一定时期和一定地区范围的“共性”,与各个具体工程项目的自然条件、施工条件及各种影响因素的“个性”之间存在差异,有时差异还很大。

3.3　实物量法

实物量法预测工程造价是根据确定的工程项目、施工方案及劳动组合,计算各种资源(人、材、机)的消耗量,求得完成工程项目的基本直接费用。其他费用的计算过程和单价法类似。

实物量法的主要缺点是计算比较麻烦、复杂。但这种方法是“逐个量体裁衣”,针对每个工程项目的具体情况预测工程造价,对设计深度满足要求,施工方法符合实际的工程采用此方法比较合理、准确,这也是国外普遍采用此方法的缘故。

采用实物量法预测工程造价在我国尚处于积极探索阶段。由于采用实物量法预测工程造价,要求造价人员有较高的业务水平和丰富的工程经验,且要掌握大量的基本资料,所以在我国目前还没有全面推广。

知识技能小结

基本建设是形成固定资产的生产活动。基本建设的工作内容为建筑安装工程、设备工(器)具购置、其他基本建设工作。

基本建设项目是指在一个总体设计或初步设计的范围内,由一个或几个单项工程所组成、经济上实行统一核算、行政上实行统一管理的基本建设工程实体。基本建设项目根据不同的分类方式可划分不同的种类。基本建设项目通常按项目本身的内部组成,划分为单项工程、单位工程、分部工程和分项工程。

基本建设程序反映的是在基本建设过程中各有关部门之间一环扣一环的紧密联系和工作中相互协调、相互配合的工作关系。水利工程建设程序一般分为:项目建议书、可行性研究报告、施工准备、初步设计、建设实施、生产准备、竣工验收、后评价等阶段。

水利工程建设过程中的各阶段由于工作深度不同、要求不同,要编制不同的工程造价文件,主要包括投资匡算、投资估算、设计概算、修改概算、项目管理预算、招标控制价(最高投标限价)、投标报价、施工预算、竣工结算、竣工决算等。

目前,国内外编制水利工程造价采用的方法主要有综合指标法、单价法(定额法)和实物量法。每种方法各有特点,结合目前国内的实际情况,主要采用单价法(定额法)。

知识技能训练

码1-5 项目1 自测练习

一、名称解释

基本建设;基本建设项目;基本建设程序;工程造价;水利工程造价。

二、简答题

1. 基本建设工作内容有哪些?
2. 基本建设项目如何划分?
3. 简述我国水利工程建设程序。
4. 简述水利工程造价的类型。
5. 简述水利工程造价与建设程序之间的关系。
6. 简述我国水利工程造价编制的基本方法。

项目2　水利工程项目划分及费用构成

【学习目标】

1. 能够根据现行计价规定对水利工程项目进行合理的项目划分。

2. 能够正确理解和列举水利工程各部分费用构成。

【思政目标】

培养学生分析问题的整体意识。强调必须坚持系统观念,只有用普遍联系的、全面系统的、发展变化的观点观察事物,才能把握事物发展规律。

任务1　水利工程项目划分

在编制水利工程概预算时,根据现行水利部发布的《水利工程设计概(估)算编制规定(工程部分)》(水总〔2024〕323号)(以下简称"现行部颁《编规》")的有关规定,结合水利工程的性质特点和组成内容,需要对其进行项目划分。

码2-1　微课:水利工程项目划分

1　水利工程分类

水利工程按工程性质划分为枢纽工程、引水工程、河道工程三大类,如图2-1所示。

- 水利工程
  - 枢纽工程
    - 水利枢纽工程
    - 水库工程
    - 水电站工程
    - 泵站工程
    - 拦河水闸工程
    - 独立建筑物
  - 引水工程
    - 供水工程
    - 灌溉工程(1)
    - 其他调水工程
  - 河道工程
    - 堤防工程
    - 河湖整治工程
    - 灌溉工程(2)

图2-1　水利工程分类

枢纽工程包括单独立项的水利枢纽工程、水库工程、水电站工程、泵站工程、拦河水闸工程,以及引水工程、河道工程中主要建筑物级别为1级或2级的水源水库、水源枢纽、调蓄水库、泵站、其他重要控制性建筑物等独立建筑物。

引水工程包括供水工程、灌溉工程(1)、其他调水工程。灌溉工程(1)指灌溉工程中设计流量≥5 m^3/s 的骨干工程。

河道工程包括堤防工程、河湖整治工程、灌溉工程(2)。灌溉工程(2)指灌溉工程中设计流量 $<5\ m^3/s$ 的骨干工程和田间工程。

按照确定的工程类别,分别采用现行部颁《编规》中的枢纽工程、引水工程、河道工程相关编制规定。其中,灌溉工程(2)中隧洞、渡槽等建筑物较多的骨干工程适用引水工程的相关编制规定,采用引水工程下限费用标准。

2 水利工程概算组成

水利工程概算由工程部分概算、建设征地移民补偿概算、环境保护工程概算、水土保持工程概算等组成,如图2-2所示。

- 水利工程概算
  - 工程部分概算
    - 建筑工程
    - 机电设备及安装工程
    - 金属结构设备及安装工程
    - 输水管线设备及安装工程
    - 施工临时工程
    - 独立费用
    - 基本预备费
  - 建设征地移民补偿概算
  - 环境保护工程概算
  - 水土保持工程概算
  - 价差预备费
  - 建设期融资利息

图2-2 水利工程概算组成

3 项目组成和项目划分

3.1 项目组成

3.1.1 工程部分

按照工程部分概算组成,分别规定建筑工程、机电设备及安装工程、金属结构设备及安装工程、输水管线设备及安装工程、施工临时工程、独立费用等六部分概算的项目组成主要内容。

3.1.1.1 第一部分 建筑工程

a. 枢纽工程

指水利枢纽工程、水库工程、水电站工程、泵站工程、拦河水闸工程、独立建筑物的建筑工程。包括挡水工程、泄水工程、引水工程、发电厂(泵站)工程、升压变电站工程、通航工程、过鱼工程、边坡工程、交通工程、房屋建筑工程、供电设施工程、数字孪生设施工程和其他建筑工程。其中交通工程之前的项目为主体建筑工程。

(1)挡水工程。包括挡水的各类坝(闸)、库岸防渗等建筑物工程。

(2)泄水工程。包括溢洪道、泄水洞、泄水闸、冲沙洞(孔)、放空洞、生态放水管、消能防冲设施等建筑物工程。

(3)引水工程。包括发电厂(泵站)进水口、引水明渠、隧洞、高压管道、调压井等建筑物工程,以及供水灌溉工程的首部独立取水口等建筑物工程。

(4)发电厂(泵站)工程。包括地面、地下各类发电厂(泵站)工程。

(5)升压变电站工程。包括升压变电站、开关站等工程。

(6)通航工程。包括船闸、升船机、上下游引航道(含靠船墩)、锚地等工程。

(7)过鱼工程。包括鱼道、升鱼机和集运鱼系统设施等工程。

(8)边坡工程。包括开挖边坡、崩塌边坡、滑坡体等边坡处理工程。

(9)交通工程。包括生产运行需要建设的上坝、进厂、对外等场内外永久公路、桥梁、交通隧洞,以及铁路、码头等工程。

(10)房屋建筑工程。包括为生产运行服务的永久性辅助生产用房、办公用房、值班宿舍及文化福利建筑等房屋建筑工程和室外工程。

(11)供电设施工程。指工程生产运行供电线路及变配电设施工程。

(12)数字孪生设施工程。包括雨水情监测预报设施、工程安全监测设施、通信网络设施、信息基础环境设施等。

(13)其他建筑工程。包括照明线路,厂坝(水闸、泵站)区供水、供热、排水等公用设施工程,劳动安全与工业卫生设施,工程管理安防设施,管理区绿化措施,水文化设施及其他。

b.引水工程

指供水工程、灌溉工程(1)、其他调水工程的建筑工程。包括渠道工程、输水管线工程、建筑物工程、交叉工程、交通工程、房屋建筑工程、供电设施工程、数字孪生设施工程和其他建筑工程。其中交通工程之前的项目为主体建筑工程。

(1)渠道工程。包括明渠工程及渠道附属小型建筑物等。

(2)输水管线工程。包括管线工程及管线附属小型建筑物等。

(3)建筑物工程。指输水线路上具有取水、输水、控制、分水配水、退水、检修、调蓄、调压、稳流加压、消能等功能的渠系建筑物,包括取水口、泵站、水闸、渡槽、隧洞、箱涵、暗渠、埋置式或桥式倒虹吸、中小型调蓄水库、消能电站、跌水、陡坡、调压塔(井、室)、高位水池、保水堰、管桥等工程。

建筑物类别根据工程设计确定。工程规模较大的建筑物(如长隧洞)可以按一级项目列示。

(4)交叉工程。指输水线路与公路、铁路、水运、石油、市政、水利等专业设施交叉时,为保证专业功能需要建设的专业工程或防护加固工程,包括公路桥、铁路桥、排洪槽(涵)等交叉建筑物工程,专业设施防护加固工程,以及排洪(排水、导流)沟(渠)等工程,不包括计入征地补偿项目、环境影响项目的专业工程。

(5)交通工程。指永久性对外公路、运行管理道路等工程。

(6)房屋建筑工程。包括为生产运行服务的永久性辅助生产用房、办公用房、值班宿舍及文化福利建筑等房屋建筑工程和室外工程。

(7)供电设施工程。指工程生产运行供电线路及变配电设施工程。

(8)数字孪生设施工程。包括雨水情监测预报设施、工程安全监测设施、通信网络设施、信息基础环境设施等。

(9)其他建筑工程。包括照明线路，厂坝(水闸、泵站)区供水、供热、排水等公用设施工程，劳动安全与工业卫生设施，工程管理安防设施，管理区绿化措施，水文化设施及其他。

c. 河道工程

指堤防工程、河湖整治工程、灌溉工程(2)的建筑工程。包括堤防与河湖整治工程、渠道工程、输水管线工程、建筑物工程、交叉工程、交通工程、房屋建筑工程、供电设施工程、数字孪生设施工程和其他建筑工程。其中交通工程之前的项目为主体建筑工程。

(1)堤防与河湖整治工程。包括堤防工程、河道(湖泊)整治工程、清淤疏浚工程等。

(2)渠道工程。包括灌溉工程的明渠、排水沟(渠)工程，渠道附属小型建筑物等。

(3)输水管线工程。包括灌溉工程的输水管线工程、管线附属小型建筑物等。

(4)建筑物工程。包括水闸、泵站工程等。

(5)交叉工程。

(6)交通工程。指永久性对外公路、运行管理道路等工程。

(7)房屋建筑工程。包括为生产运行服务的永久性辅助生产用房、办公用房、值班宿舍及文化福利建筑等房屋建筑工程和室外工程。

(8)供电设施工程。指工程生产运行供电线路及变配电设施工程。

(9)数字孪生设施工程。包括雨水情监测预报设施、工程安全监测设施、通信网络设施、信息基础环境设施等工程。

(10)其他建筑工程。包括照明线路，厂坝(水闸、泵站)区供水、供热、排水等公用设施工程，劳动安全与工业卫生设施，工程管理安防设施，管理区绿化措施，水文化设施及其他。

田间工程包括渠道、机井、灌溉塘坝、田间土地平整等工程。

3.1.1.2 第二部分 机电设备及安装工程

a. 枢纽工程

指构成枢纽工程固定资产的全部机电设备及安装工程。包括发电设备及安装工程、升压变电设备及安装工程、数字孪生设备及安装工程和公用设备及安装工程。大型泵站和大型拦河水闸的机电设备及安装工程的项目组成参考引水工程及河道工程。

(1)发电设备及安装工程。包括水轮机、发电机、主阀、起重机、水力机械辅助设备、电气设备等设备及安装工程。

(2)升压变电设备及安装工程。包括主变压器、高压电气设备、一次拉线等设备及安装工程。

(3)数字孪生设备及安装工程。包括雨水情监测预报设备、工程安全监测设备、运行视频监视设备、通信网络设备、自动化控制系统、信息基础环境设备、数字孪生平台、网络安全和数据安全系统、工程综合应用系统等设备及安装工程。

(4)公用设备及安装工程。包括供电设备、通风采暖设备、机修设备、全厂接地及保护网，电梯，厂坝区供水、排水、供热设备，消防设备，劳动安全与工业卫生设备，交通工具等设备及安装工程。

b. 引水工程及河道工程

指构成引水工程、河道工程固定资产的全部机电设备及安装工程。包括泵站设备及安装工程、水闸(涵)设备及安装工程、消能电站设备及安装工程、供电设备及安装工程、数字孪生设备及安装工程和公用设备及安装工程。

(1)泵站设备及安装工程。包括水泵、电动机、主阀、起重设备、水力机械辅助设备、电气设备等设备及安装工程。

(2)水闸(涵)设备及安装工程。包括电气一次设备和电气二次设备及安装工程。

(3)消能电站设备及安装工程。其组成内容可以参照枢纽工程的发电设备及安装工程和升压变电设备及安装工程。

(4)供电设备及安装工程。包括供电、变配电设备及安装工程。

(5)数字孪生设备及安装工程。包括雨水情监测预报设备、工程安全监测设备、运行视频监视设备、通信网络设备、自动化控制系统、信息基础环境设备、数字孪生平台、网络安全和数据安全系统、工程综合应用系统等设备及安装工程。

(6)公用设备及安装工程。包括电站(水闸、泵站)通风采暖设备,机修设备,全厂接地及保护网,厂坝(水闸、泵站)区供水、排水、供热设备,消防设备,劳动安全与工业卫生设备,交通工具等设备及安装工程。

田间设施设备及安装工程包括首部设备及安装工程、田间灌水设施设备及安装工程等。

(1)首部设备及安装工程。包括过滤、施肥、控制调节、计量等设备及安装工程等。

(2)田间灌水设施设备及安装工程。指管道输水灌溉、喷灌、微灌等节水灌溉工程灌水设施设备及安装工程,包括田间配水管道、管件、阀门、灌溉机组、灌水器等灌水设施设备及安装工程。

田间设施设备及安装工程可以全部列入机电设备及安装工程或输水管线设备及安装工程,也可以将管道、管件、阀门等列入输水管线设备及安装工程,其余项目列入机电设备及安装工程。

3.1.1.3 第三部分 金属结构设备及安装工程

指构成枢纽工程、引水工程和河道工程固定资产的全部金属结构设备及安装工程。枢纽工程的一级项目组成与建筑工程基本一致,引水工程及河道工程的一级项目为主要建筑物,二级项目划分为闸门、启闭机、拦污设备、升船机、鱼道、升鱼机和集运鱼系统设备等设备及安装工程,水电站(泵站)压力钢管制作及安装工程等。

3.1.1.4 第四部分 输水管线设备及安装工程

指构成引水工程[含供水工程、灌溉工程(1)、其他调水工程]、河道工程[指灌溉工程(2)]固定资产的输水管线设备及安装工程。该部分的项目组成与建筑工程基本一致,划分为输水管线阀门设备及安装工程,以及输水管道、管件、管道附件等安装工程。

水电站(泵站)的站内各类管路设备及安装工程计入机电设备及安装工程,压力钢管制作及安装工程计入金属结构设备及安装工程。

3.1.1.5 第五部分 施工临时工程

指为辅助主体工程施工而必须修建的生产和生活大型临时设施工程。本部分组成内容如下:

(1)导流工程。包括导流明渠、导流洞、施工围堰、施工期下游断流补偿设施、金属结构设备及安装工程等。

(2)施工交通工程。包括工程施工需要建设的对外交通、场内交通工程,如公路、铁路、桥梁、施工支洞、施工工作井、码头、转运站等。施工支洞数量较多时可以作为一级项目列项。

(3)施工专项工程。包括缆机平台、掘进机专项临时设施、施工期通航工程、料场防护工程、施工安全生产专项,以及其他需要单独计列的专项工程。

①掘进机专项临时设施。指管片预制系统设施、轨道安装与拆除、施工专用供电线路、通风管道、泥浆制备处理系统设施、泥浆输送系统管路、盾构基座、反力架及其他专项设施。

②施工安全生产专项。指施工期为保证工程安全作业环境及安全施工采取的相关措施。包括:完善、改造和维护安全防护设施设备支出,含施工现场临时用电系统、洞口或临边防护、高处作业或交叉作业防护、临时安全防护、支护及防治边坡滑坡、工程有害气体监测和通风、保障安全的机械设备、防火、防爆、防触电、防尘、防毒、防雷、防台风、防地质灾害等设施设备支出;应急救援技术装备、设施配置及维护保养支出,事故逃生和紧急避险设施设备的配置和应急救援队伍建设、应急预案制(修)订与应急演练支出;开展施工现场重大危险源检测、评估、监控支出,安全风险分级防控和事故隐患排查整改支出,工程项目安全生产信息化建设、运维和网络安全支出;安全生产检查、评估评价(不含新建、改建、扩建项目安全评价)、咨询和标准化建设支出;配备和更新现场作业人员安全防护用品支出;安全生产宣传、教育、培训和从业人员发现并报告事故隐患的奖励支出;安全生产适用的新技术、新标准、新工艺、新装备的推广应用支出;安全设施及特种设备检测检验、检定校准支出;安全生产责任保险支出;与安全生产直接相关的其他支出;按照水利安全生产要求完成安全生产目标管理(含伤亡控制指标、施工安全达标、文明施工目标等)需要的相关支出。

(4)施工场外供电工程。包括从现有电网向施工现场供电的高压输电线路(枢纽工程35 kV及以上等级,引水工程、河道工程10 kV及以上等级)、施工变电设施设备工程(不含施工单位负责建设的场内施工供电工程),以及按两部制电价政策计算的容(需)量电费。

(5)施工房屋建筑工程。包括施工仓库和施工办公、生活及文化福利建筑两部分。

①施工仓库。指工程施工需要建设的设备、材料、工器具等仓库。

②施工办公、生活及文化福利建筑。指施工单位、建设单位、监理单位及设计代表机构在工程建设期建造或租赁的办公室、宿舍、招待所、食堂、其他文化福利设施等房屋建筑工程及室外配套工程。

施工房屋建筑工程不包括计入临时设施和其他施工临时工程的施工供电(场内)、供水、供风、供热、制冷系统,通信系统,砂石料系统,混凝土拌和及浇筑系统,混凝土预制构件厂,木工、钢筋、机修等辅助加工厂,施工排水等工程的厂房等生产用房。

(6)其他施工临时工程。指除施工导流、施工交通、施工专项工程、施工场外供电、施工房屋建筑外的大型施工临时工程。主要包括施工供水系统设施(大型泵房及干管)、砂石料加工系统设施、混凝土拌和浇筑系统设施、混凝土预制构件厂、大型施工机械安装拆卸、防汛、防冰、施工排水、施工通信、施工信息化系统等工程。

①施工排水。指基坑排水、河道降水等集中排水系统建设和运行。

②施工信息化系统。指工程建设期间施工信息化建设需要的软件、设施设备建设和运行,包括建设管理信息系统、智能施工与管理信息系统、临时工程安全监测系统的建设和运行,以及永久安全监测系统的施工期运行(施工期观测与分析)等,不包括安全生产信息化系统。施工期先期建设使用、为运行管理服务的信息化系统相关项目列入永久工程。

3.1.1.6 第六部分 独立费用

本部分由建设管理费、工程建设监理费、生产准备费、科研勘测设计费和其他等五项组成。

(1)建设管理费。

(2)工程建设监理费。

(3)生产准备费。包括生产及管理单位提前进厂费、生产职工培训费、管理用具购置费、备品备件购置费、工器具及生产家具购置费、联合试运转费。

(4)科研勘测设计费。包括工程科学研究试验费和工程勘测设计费。

(5)其他。包括工程保险费、其他税费。

3.1.2 建设征地移民补偿

建设征地移民补偿划分为农村部分补偿、城(集)镇部分补偿、工业企业补偿、专业项目补偿、防护工程、库底清理和其他费用七个部分。具体编制方法详见《水利工程设计概(估)算编制规定(建设征地移民补偿)》(水总〔2014〕429 号)。

3.1.3 环境保护工程

水利工程环境保护工程设计概算项目划分为环境保护措施投资、独立费用、基本预备费和环境影响补偿费四部分。具体编制方法详见《水利工程设计概(估)算编制规定(环境保护工程)》(水总〔2024〕323 号)。

3.1.4 水土保持工程

水土保持工程概算由工程措施费、植物措施费、监测措施费、施工临时工程费和独立费用五个部分及预备费、水土保持补偿费构成。具体编制方法详见《水利工程设计概(估)算编制规定(水土保持工程)》(水总〔2024〕323 号)。

本书主要讲述依据现行部颁《编规》进行工程部分概(估)算的编制,建设征地移民补偿、环境保护工程、水土保持工程分别执行相应的编制规定,并将结果汇总到工程总概算中。

3.2 项目划分

为了更详细地对水利工程项目进行划分,根据水利工程性质和工程分类,分别按枢纽工程、引水工程和河道工程划分,工程各部分下设一级、二级、三级项目。对照基本建设项目划分,一级项目相当于单项工程,二级项目相当于单位工程,三级项目相当于分部、分项工程。

建筑工程项目划分见本书附录 1 的附表 1-1,机电设备及安装工程、金属结构设备及安装工程、输水管线设备及安装工程、施工临时工程、独立费用项目划分见附表1-3~附表1-7。金属结构设备及安装工程、输水管线设备及安装工程的一级项目一般与建筑工程的一级项目对应一致。

引水工程可以根据项目具体情况确定项目划分,但工程各部分项目划分方法应当一致。一级项目可以按工程项目属性(如渠道、建筑物等)进行项目划分,也可以先按渠段或渠系(如总干渠、干渠、分干渠、支渠、分支渠等)进行项目划分,再按工程项目属性(渠道、建筑物等)进一步划分。

永久与临时结合的项目,即先按临时工程建设、后期作为永久工程使用的项目,列入永久工程。

项目划分表的二级、三级项目仅列示了代表性子目,编制概算时,二级、三级项目可以根据初步设计阶段的工作深度和工程实际情况增减后再划分。结合《水利水电工程设计工程量计算规定》(SL 328—2005),下列项目宜作必要的再划分。

(1)土方开挖工程,应将土方开挖与砂砾石开挖分列。

(2)石方开挖工程,应将明挖与暗挖,平洞与斜井、竖井分列。

(3)土石方回填工程,应将土方回填与石方回填分列。

(4)混凝土工程,应将不同工程部分、不同强度等级、不同级配的混凝土分列。

(5)模板工程,应将不同规格形状和材质的模板分列。

(6)砌石工程,应将干砌石、浆砌石、抛石、铅丝(钢筋)笼块石等分列。

(7)钻孔工程,应按使用不同钻孔机械及钻孔的不同用途分列。

(8)灌浆工程,应按不同灌浆种类分列。

(9)机电、金属结构设备及安装工程,应根据设计提供的设备清单,按分项要求逐一列出。

(10)钢管制作及安装工程,应将不同管径的钢管、叉管分列。

对于招标工程,应根据已批准的初步设计概算,按水利水电工程业主预算项目划分进行项目管理预算的编制。

4 项目划分注意事项

(1)现行的项目划分适用于投资匡算、投资估算、设计概算、预算等。对于招标文件和项目管理预算,要根据工程分标及合同管理的需要来调整项目划分。

(2)建筑安装工程三级项目的设置除深度应满足现行部颁《编规》的规定外,还必须与所采用定额相适应。

(3)对有关部门提供的工程量和预算资料,应按项目划分和费用构成正确处理。如施工临时工程,按其规模、性质,有的应在第四部分施工临时工程一至四项中单独列项,有的包括在"其他施工临时工程"中,不单独列项。

(4)注意设计单位的习惯与概算项目划分的差异。如施工导流用的闸门及启闭设备大多由金属结构设计人员提供,但应列在第四部分施工临时工程内,而不是第三部分金属结构设备及安装工程内。

任务2　水利工程费用构成

建设项目费用是指工程项目从筹建到竣工验收、交付使用所需要的费用总和。水利水电建设项目一般投资多、规模大、涉及范围广,为合理确定与预测水利工程造价,根据现行部颁《编规》,水利工程工程部分概算的费用由工程费(包括建筑安装工程费和设备费)、独立费用、预备费、建设期融资利息组成。

码2-2　微课:
水利工程费用构成

1　建筑安装工程费

建筑安装工程费(简称"建安工程费")是建筑工程费和安装工程费的统称,包括工程各部分概算属于建筑工程、安装工程性质的全部费用,其中建筑工程费是永久和临时建筑物的建造费用,安装工程费是设备、装置性材料等安装过程中发生的费用。按费用构成要素,建筑安装工程费由直接费、间接费、利润和税金组成。

根据一般纳税人的有关政策计算建筑安装工程费,税金之前的相关费用不含增值税进项税额。

1.1　直接费

直接费指建筑安装工程施工过程中消耗的用于形成工程实体的直接费用,以及为完成工程项目施工发生的措施费用和设施费用。直接费包括基本直接费、其他直接费。

1.1.1　基本直接费

基本直接费包括人工费、材料费、施工机械使用费。

1.1.1.1　人工费

人工费指直接从事建筑安装工程施工的生产工人开支的工资性费用,包括:

(1)基本工资。由岗位工资和年应工作天数内非作业天数的工资组成。

①岗位工资指按照职工所在岗位确定的计时工资。

②生产工人年应工作天数以内非作业天数的工资,包括生产工人开会学习、培训期间的工资,调动工作、探亲、休假期间的工资,因气候影响的停工工资,女工哺乳期间的工资,病假在六个月以内的工资及产、婚、丧假期的工资。

(2)辅助工资。指在基本工资外,以其他形式支付给生产工人的工资性收入,包括根据国家有关规定属于工资性质的各种津贴,主要包括艰苦边远地区津贴、施工津贴、夜餐津贴、节假日加班津贴等。

1.1.1.2　材料费

材料费指用于建筑安装工程的消耗性材料费、装置性材料费,以及周转性材料的摊销费,包括定额规定的计价材料费和未计价材料费。

材料预算价格一般包括材料原价、运杂费、运输保险费和采购及保管费四项。

(1)材料原价。指材料指定交货地点的价格。

(2)运杂费。指材料从指定交货地点至工地分仓库或相当于工地分仓库(材料堆放场)所发生的全部费用。包括运输费、装卸费及其他杂费。

(3)运输保险费。指材料在运输途中的保险费。

(4)采购及保管费。指材料在采购、供应和保管过程中所发生的各项费用。主要包括材料的采购、供应和保管部门工作人员的基本工资、辅助工资、基本养老保险费、基本医疗保险费(含生育保险费)、失业保险费、工伤保险费、住房公积金、职工福利费、工会经费、职工教育经费、劳动保护费、办公费、差旅交通费及工具用具使用费,仓库、转运站等设施的检修费、固定资产折旧费,材料在运输、保管过程中发生的损耗等。

1.1.1.3 施工机械使用费

施工机械使用费指消耗在建筑安装工程的机械磨损、维修和动力燃料费用等,包括折旧费、修理及替换设备费、安装拆卸费、机上人工费和动力燃料费等。

(1)折旧费。指施工机械在规定使用年限内回收原值的台时折旧摊销费用。

(2)修理及替换设备费。

①修理费指施工机械使用过程中,为了使机械保持正常功能而进行修理所需的摊销费用和机械正常运转及日常保养所需的润滑油料、擦拭用品的费用,以及保管机械所需的费用。

②替换设备费指施工机械正常运转时所耗用的替换设备及随机使用的工具附具等摊销费用。

(3)安装拆卸费。指施工机械在现场进行安装与拆卸所需的人工、材料、机械和试运转费用,以及机械辅助设施的折旧、搭设、拆除等费用。根据定额要求,部分大型施工机械的安装拆卸不在其施工机械使用费中计列,包含在其他施工临时工程中。

(4)机上人工费。指施工机械机上操作人员费用。

(5)动力燃料费。指施工机械正常运转时所耗用的风、水、电、油和煤等费用。

1.1.2 其他直接费

其他直接费包括冬雨季施工增加费、夜间施工增加费、特殊地区施工增加费、临时设施费和其他。

1.1.2.1 冬雨季施工增加费

冬雨季施工增加费指在冬雨季施工期间为保证工程质量所需增加的费用,包括增加施工工序,增设防雨、保温、排水等设施增耗的动力、燃料、材料,以及因人工、机械效率降低而增加的费用。

1.1.2.2 夜间施工增加费

夜间施工增加费指施工场地和公用施工道路的照明费用。照明线路工程费用包括在“临时设施费”中;施工附属企业系统、加工厂、车间的照明费用,列入相应的产品中,均不包括在本项费用之内。

1.1.2.3 特殊地区施工增加费

特殊地区施工增加费指在高海拔、原始森林、沙漠等特殊地区施工而增加的费用。

1.1.2.4 临时设施费

临时设施费指建筑安装工程施工必需的但又未被计入施工临时工程的小型临时建筑物、构筑物、临时设施的建设、维修、拆除、摊销等费用。临时设施主要包括:供电(场内)、供水(支线)、供风、照明、供热、制冷系统设施及通信支线,土石料场场区施工道路等设施

(不含计入施工专项工程的防护工程),简易砂石料加工系统设施,小型混凝土拌和浇筑系统设施,混凝土预制构件厂,木工、钢筋、机修等辅助加工厂,场内施工排水与降水,施工场地平整,施工道路等临时工程维护,以及其他小型临时设施等。

1.1.2.5　其他

包括施工工具用具使用费、工程项目及设备仪表移交生产前的维护费、工程定位复测及施工控制网测设费、工程点交费、竣工场地清理费、超前地质预报措施费、工程质量检测费等。

(1)施工工具用具使用费。指施工生产所需,但不属于固定资产的生产工具,检验、试验用具等的购置、摊销和维护费。

(2)工程项目及设备仪表移交生产前的维护费。指竣工验收前对已完工程及设备进行维护、保护所需费用。

(3)超前地质预报措施费。指地下工程施工采取超前地质预报措施所需的费用,不包括复杂引水工程高风险洞段超前地质预报措施费,其费用经论证可单独计列。

(4)工程质量检测费。指工程建设期间对工程质量进行检测发生的费用,包括施工企业自检费、跟踪检测费、验收检测费。

①施工企业自检费指施工企业对建筑材料、构件和建筑安装物进行一般鉴定、检查所发生的检验试验费,包括自设实验室所耗用的材料和化学药品费用,以及技术革新和研究试验费,不包括新结构、新材料的试验费和建设单位要求对具有出厂合格证明的材料进行试验、对构件进行破坏性试验,以及其他特殊要求检验试验的费用。

②跟踪检测费指施工企业按照监理规范要求配合监理单位完成跟踪检测工作发生的费用。

③验收检测费指各级验收阶段对工程实体质量进行检测发生的费用。

1.2　间接费

间接费指施工企业为完成建筑安装工程施工而组织施工生产和进行经营管理所发生的各项费用。间接费包括规费和企业管理费。

1.2.1　规费

规费指政府和有关部门规定必须缴纳的费用,包括社会保险费和住房公积金。

(1)社会保险费。指企业按照规定标准为职工缴纳的基本养老保险费、基本医疗保险费(含生育保险费)、失业保险费、工伤保险费。

(2)住房公积金。指企业按照规定标准为职工缴纳的住房公积金。

1.2.2　企业管理费

企业管理费包括管理人员工资、差旅交通费、办公费、固定资产使用费、工具用具使用费、职工福利费、工会经费、职工教育经费、劳动保护费、保险费、财务费用、税金,以及其他管理性的费用。

(1)管理人员工资。指企业管理人员的基本工资、辅助工资。

(2)差旅交通费。指企业管理人员因公出差、工作调动的差旅费,误餐补助费,职工探亲路费,劳动力招募费,职工离退休、退职一次性路费,工伤人员就医路费,工地转移费,交通工具运行费及牌照费等。

(3)办公费。指企业办公用文具、印刷、邮电、书报、会议、水电、燃煤(气)等费用。

(4)固定资产使用费。指企业属于固定资产的房屋、设备、仪器等的折旧、大修理、维修费或租赁费等。

(5)工具用具使用费。指企业管理使用的不属于固定资产的工具、用具、家具、交通工具和检验、试验、测绘、消防用具等的购置、维修和摊销费。

(6)职工福利费。指企业按照国家规定支出的职工福利费,以及由企业支付离退休职工的易地安家补助费、职工退职金、六个月以上的病假人员工资、按规定支付给离休干部的各项经费。职工发生工伤时企业依法在工伤保险基金之外支付的费用,其他在社会保险基金之外依法由企业支付给职工的费用。

(7)工会经费。指企业按职工工资总额计提的工会经费。

(8)职工教育经费。指企业为职工学习先进技术和提高文化水平按职工工资总额计提的费用。

(9)劳动保护费。指企业按照国家有关部门规定标准发放的职工防寒、防暑物品及普通工作服、洗护用品等一般劳动防护用品、防疫物资的购置及修理费,保健费,防暑降温费,高空作业及进洞津贴,洗澡用水、饮用水的燃料费等。

(10)保险费。指施工企业投保的财产保险费、车辆保险费、工程质量保险费、工程保证保险费等。与安全生产相关的保险费用计入安全生产责任保险费。

(11)财务费用。指企业为筹集资金而发生短期融资利息净支出、汇兑净损失、金融机构手续费,投标和承包工程发生的保函手续费、担保费用等,其他财务费用。

(12)税金。指企业按规定缴纳的房产税、车船税、印花税、消费税、城市维护建设税、教育费附加和地方教育附加等。

(13)其他。包括施工企业进退场费、企业定额测定费、企业标准制修订费、企业办公信息化建设费,以及施工企业承担的技术方案和预案编制费、施工辅助工程设计费、投标费、工程图纸资料费及工程摄影费、科研与技术开发费、技术转让费、业务招待费、绿化费、广告费、公证费、法律顾问费、审计费、咨询费等。

1.3 利润

利润指按规定应计入建筑安装工程费的利润。

1.4 税金

税金指按规定应当计入建筑安装工程费的增值税销项税额。

2 设备费

设备费包括设备原价、运杂费、运输保险费和采购及保管费。

2.1 设备原价

(1)国产设备。原价指出厂价。

(2)进口设备。原价指到岸价、进口征收的税金、手续费、商检费及港口费等费用之和。

(3)大型机组及其他大型设备分瓣运至工地后的拼装费用,应包括在设备原价内。

2.2 运杂费

运杂费指设备由厂家运至工地安装现场所发生的运杂费用,包括运输费、装卸费、包装绑扎费、大型变压器充氮费及其他杂费。

2.3 运输保险费

运输保险费指设备在运输过程中的保险费用。

2.4 采购及保管费

采购及保管费指设备的采购、保管过程中发生的各项费用。主要包括:

(1)采购、保管部门工作人员的基本工资、辅助工资、基本养老保险费、基本医疗保险费(含生育保险费)、失业保险费、工伤保险费、住房公积金、职工福利费、工会经费、职工教育经费、劳动保护费、办公费、差旅交通费、工具用具使用费等。

(2)仓库、转运站等设施的运行费、维修费、固定资产折旧费和设备的检验、试验费等。

3 独立费用

独立费用由建设管理费、工程建设监理费、生产准备费、科研勘测设计费和其他等五项组成。

3.1 建设管理费

建设管理费指建设单位或履行建设管理职能的机构在工程项目筹建和建设期间开展管理工作所需的费用,包括建设单位开办费、建设单位人员费、项目管理费三项。

3.1.1 建设单位开办费

建设单位开办费指新组建的工程建设单位,为开展建设管理工作所必须购置的办公设施、交通工具等费用,以及开支其他用于开办工作的费用。

3.1.2 建设单位人员费

建设单位人员费指建设单位从批准组建之日起至完成该工程建设管理任务之日止,需开支的建设单位人员费用。主要包括工作人员的基本工资、辅助工资、基本养老保险费、基本医疗保险费(含生育保险费)、失业保险费、工伤保险费、住房公积金、职工福利费、工会经费、职工教育经费、劳动保护费等。

3.1.3 项目管理费

项目管理费指建设单位从筹建到竣工期间所发生的各种管理费用。主要包括以下内容:

(1)工程建设过程中用于资金筹措、召开董事(股东)会议、视察工程建设所发生的会议和差旅等费用。

(2)工程宣传费。

(3)土地使用税、房产税、印花税、合同公证费。

(4)审计费。

(5)施工期间所需的水情、水文、泥沙、气象监测费和报汛费。

(6)工程验收费。

(7)建设单位人员的办公费、差旅交通费、会议费、交通车辆使用费、技术图书资料费、固定资产折旧费、零星固定资产购置费、低值易耗品摊销费、工具用具使用费、修理费、水电费、采暖费等。

(8)招标业务费。

(9)经济技术咨询费。指建设单位委托开展经济技术咨询工作、按规定开展专项评价工作发生的费用,包括开展工程场地地震安全性评价、地质灾害危险性评价、防洪影响评价、安全评价、水资源论证,工程安全鉴定、验收技术鉴定,设计评审与咨询、建设期造价咨询及其他专项咨询等工作发生的费用。

(10)公安、消防部门派驻工地补贴费及其他工程管理费用。

3.2 工程建设监理费

工程建设监理费指建设单位在工程建设过程中委托监理单位,对工程建设的质量、进度、资金和安全生产进行监理,完成施工监理、设备制造监理等相关监理工作所发生的全部费用。

3.3 生产准备费

生产准备费指水利建设项目的生产、管理单位为准备正常的生产运行或管理发生的费用。包括生产及管理单位提前进厂费、生产职工培训费、管理用具购置费、备品备件购置费、工器具及生产家具购置费和联合试运转费。

3.3.1 生产及管理单位提前进厂费

生产及管理单位提前进厂费指在工程完工之前,生产及管理单位的部分技术人员、管理人员和工人提前进厂进行生产筹备工作所需的各项费用。内容包括提前进厂人员的基本工资、辅助工资、基本养老保险费、基本医疗保险费(含生育保险费)、失业保险费、工伤保险费、住房公积金、职工福利费、工会经费、职工教育经费、劳动保护费、办公费、差旅交通费、会议费、技术图书资料费、零星固定资产购置费、低值易耗品摊销费、工具用具使用费、修理费、水电费、采暖费、其他保险费等,以及其他属于生产筹建期间开支的费用。

3.3.2 生产职工培训费

生产职工培训费指生产及管理单位为保证生产、管理工作顺利进行,需对工人、技术人员和管理人员进行培训所发生的费用。

3.3.3 管理用具购置费

管理用具购置费指为保证新建项目的正常生产和管理所必须购置的办公和生活用具等费用。包括办公室、会议室、资料档案室、阅览室、文娱室、医务室等公用设施需要配置的家具器具。

3.3.4 备品备件购置费

备品备件购置费指工程在投产运行初期,由于易损件损耗和可能发生的事故,而必须准备的备品备件和专用材料的购置费。不包括设备购置时配备的应当计入设备费的备品备件费用。

3.3.5 工器具及生产家具购置费

工器具及生产家具购置费指为保证初期生产正常运行所必须购置的不属于固定资产标准的工具、器具、仪表、生产家具等的购置费。不包括设备购置时配备的应当计入设备费的工器具费用。

3.3.6 联合试运转费

联合试运转费指水利工程的水电站(泵站)机组等安装完毕进行整套设备带负荷联合试运转期间所需的各项费用,供水、灌溉、其他调水工程进行通水试运行发生的各项费用。主要包括联合试运转期间所消耗的燃料、动力、材料及机械使用费,工具用具购置费,工程巡视检查费,施工单位参加联合试运转人员的工资等。不包括供水、灌溉、其他调水工程进行通水试运行所需的水费、水资源税(费)等。

3.4 科研勘测设计费

科研勘测设计费指为满足工程建设需要,完成科研、勘测和设计等工作所发生的费用,包括工程科学研究试验费和工程勘测设计费。

3.4.1 工程科学研究试验费

工程科学研究试验费指建设单位为保障工程质量、安全、进度和资金使用,组织开展技术经济相关问题研究和试验,形成科研成果、技术经济标准等所需的费用。

3.4.2 工程勘测设计费

工程勘测设计费指工程从项目建议书(或可行性研究报告)阶段开始至以后各设计阶段发生的勘测费、设计费。不包括工程建设征地移民设计、环境保护设计、水土保持设计各设计阶段发生的勘测设计费。

3.5 其他

3.5.1 工程保险费

工程保险费指工程建设期间,为使工程能在遭受水灾、火灾等自然灾害和意外事故造成损失后得到经济补偿,而对工程进行投保所发生的保险费用。包括建筑安装工程一切险和第三者责任险。

3.5.2 其他税费

其他税费指按国家规定应缴纳的与工程建设有关的税费。

4 预备费

预备费是指在初设阶段难以预料而在施工过程中又可能发生的规定范围内的工程和费用,以及工程建设中发生的价差。包括基本预备费和价差预备费两项。

4.1 基本预备费

基本预备费指为工程建设过程中预留的由于变更等因素发生的费用,包括由于设计变更、技术经济标准和政策性文件调整而增加的费用,工程遭受一般自然灾害造成的损失,预防自然灾害发生的措施费用,以及其他不可预见因素发生的费用。

4.2 价差预备费

价差预备费指为工程建设过程中预留的由于价格上涨等因素发生的费用,包括人工工资、材料和设备价格上涨等因素发生的费用。

5 建设期融资利息

建设期融资利息指根据国家财政金融政策规定,工程在建设期内需偿还并应计入工程总投资的融资利息。

知识技能小结

根据现行水利部发布的《水利工程设计概(估)算编制规定(工程部分)》(水总〔2024〕323 号),水利工程按工程性质划分为枢纽工程、引水工程和河道工程三大类。在进行概(估)算编制时,水利工程概算由工程部分概算、建设征地移民补偿概算、环境保护工程概算、水土保持工程概算等组成,其中工程部分概算由建筑工程、机电设备及安装工程、金属结构设备及安装工程、输水管线设备及安装工程、施工临时工程和独立费用六大部分组成。为了更加详细地对水利工程项目进行划分,工程各部分下设一级项目、二级项目、三级项目。

根据现行水利部发布的《水利工程设计概(估)算编制规定(工程部分)》(水总〔2024〕323 号),水利工程的工程部分概算由工程费(包括建筑安装工程费和设备费)、独立费用、预备费、建设期融资利息组成。

知识技能训练

码 2-3 项目 2 自测练习

一、简答题

1. 在进行概预算编制时,根据现行部颁《编规》,如何对水利工程进行项目划分?

2. 请用图表详细列举水利工程工程部分概算的费用构成。

二、名词解释

直接费;基本直接费;其他直接费;间接费;利润;税金;设备费;基本预备费;价差预备费;建设期融资利息。

项目3　工程定额

【学习目标】

1. 能够准确解释定额及工程定额的概念，熟练掌握定额的特性及作用，正确列举定额的分类。

2. 能够准确表述施工定额、预算定额、概算定额的内涵及作用，并能清晰梳理它们之间的区别和联系。

3. 能够正确列举出水利工程定额的发展历程，准确使用现行水利工程定额，并熟练把握定额的使用原则和注意事项。

【思政目标】

培养学生的规范意识，引导学生树立遵章守纪、崇尚法治的理念，做社会主义法治的忠实崇尚者、自觉遵守者、坚定捍卫者。

任务1　认识定额

1　定额的基本概念

1.1　定额的概念

所谓"定"就是规定，"额"就是额度或限额，从广义上讲，定额就是规定的额度或限额，是一个标准或尺度。从狭义上讲，定额就是指在一定的技术和组织条件下，生产质量合格的单位产品所消耗人力、物力、财力和时间的数量标准。它是国家、地方、部门或企业制定的标准，其大小反映了社会一定时期的生产和管理水平。

在现代社会经济生活中，定额几乎无处不在。就生产领域来说，工时定额、原材料消耗定额、原材料和成品半成品储备定额、流动资金定额等，都是企业管理的重要基础。在工程建设领域也存在多种定额，它是工程造价计价的重要依据。特别是在市场经济条件下，工程定额对工程价格的影响和作用尤为重要。

1.2　工程定额的概念

工程定额指在正常的施工条件和合理劳动组织、合理使用材料及机械的条件下，完成单位合格建筑产品所必须消耗的人工、材料、机械和工期的数量标准。

在工程定额中，除规定有数量标准外，还规定了它的工作内容、质量标准、生产方法、安全要求和适用的范围等。因此，定额不单纯是一种数量关系，还是一种质、量和安全的统一体。

2 定额的特性

2.1 科学性

工程定额的制定必须用科学的态度与方法,尊重客观实际,力求定额水平合理,只有工程定额符合建筑生产客观规律,才能促进生产的发展。

2.2 法令性

定额一经颁布,在指定的执行范围内,任何单位都必须遵照执行,不得任意调整修改。

2.3 时效性与稳定性

定额是与一定时期的生产力水平及其他条件相适应的,如果这些条件发生改变,定额也应做相应的修改、补充、调整(必须经过授权机构的批准)。但在一定时期内,它又必须是相对稳定的,不能朝令夕改。

2.4 群众性

定额的拟定和执行都离不开群众。定额是在大量测定、综合、分析、研究实际生产中的有关数据和资料的基础上制定出来的;定额一旦制定颁发,在实际生产中运用,则成为广大群众奋斗的目标。

此外,定额还具有经济性、技术性和政策性等特性,其经济性表现在为项目评估决策、控制项目投资、确定工程造价、全面经济核算提供合理的尺度;其技术性表现在它直接与施工工艺和施工方法有关,并具有独特的表现方式和计算方法;其政策性表现在它必须正确处理国家、企业和劳动者个人三者之间的利益关系。

3 定额的作用

工程定额是施工企业实行科学管理的必要条件,建设过程中涉及的设计、施工、估价、结算等各项工作都必须以它作为衡量的尺度。具体地说,定额主要有以下几个方面的作用。

3.1 定额是编制工程计划、组织和加强管理的重要工具

为了更好地组织管理施工生产,相关单位必须编制施工进度计划和施工作业计划,在编制工程计划和组织管理施工生产中,会直接或间接地以各种定额为依据来计算人力、物力、财力等各种资源需要量。企业在计算和平衡资源需要量、组织材料供应,编制施工进度计划和作业计划、组织劳动力、签发任务书、考核工料消耗、实行承包责任制等一系列管理工作时,都要以定额作为标准。

3.2 定额是实行经济责任制及编制造价文件的重要依据

为了提高水利工程建设的经济效益,我国在经济改革中推行了投资包干和招标投标制度。在实施过程中,签订投资包干协议、计算招标控制价(最高投标限价)和投标报价、签订总包和分包合同协议等,都要以定额为依据。

3.3 定额是确定产品成本的依据,是评价设计方案合理性的重要尺度

建筑产品的价格是由其产品生产过程中的人工、材料、机械消耗量以及其他资源、资金的数量所决定的,而它们的消耗量又是根据定额计算得到的,因此企业可以以定额为标

准,对企业各种成本的消耗进行比较分析,并通过经济分析找出薄弱环节,提出改进措施,从而降低单位工程成本,取得更好的经济效益。同时,同一建筑产品的不同设计方案反映的技术经济水平也不相同。因此,定额也是比较和评价设计方案是否经济合理的重要尺度。

3.4　定额是总结、推广先进生产方法的重要手段

定额是在平均先进合理的条件下,通过对施工生产过程的观察、实测,并通过经济分析综合制定的,它可以较科学地反映出生产技术和劳动组织的先进合理程度。因此,可以用定额标定的方法,对同一建筑产品在同一施工操作条件下的不同生产方式进行观察、分析和总结,从而得到一套比较完善的先进生产方法,并经过试验,然后予以推广应用,使生产效率得以提高。

4　定额的分类

工程定额是工程建设中各类定额的总称,定额的种类很多,按照不同的原则和方法,一般有以下几种分类方式。

4.1　按生产要素分类

生产要素包括劳动者、劳动对象和劳动手段。与之对应的定额分别是劳动消耗定额、材料消耗定额和机械消耗定额。

4.1.1　劳动消耗定额

劳动消耗定额简称劳动定额,也称人工定额,它规定了在一定的技术装备和劳动组织条件下,某工种等级的工人或工人小组,生产单位合格产品所必须消耗的劳动时间,或是在单位工作时间内生产合格产品的数量标准。前者称为时间定额,后者称为产量定额。

4.1.2　材料消耗定额

材料消耗定额是指在正常的施工条件和合理使用材料的情况下,生产单位合格产品所必须消耗一定品种规格的原材料、半成品和构配件等的数量标准。

4.1.3　机械消耗定额

机械消耗定额是以一台施工机械一个工作班(或一小时)为计量单位,所以又称为机械台班(台时)使用定额。它规定了在正常施工条件下,利用某种施工机械,生产单位合格产品所必须消耗的机械工作时间,或者在单位时间内施工机械完成合格产品的数量标准。前者称为时间定额,后者称为产量定额。

劳动消耗定额、材料消耗定额、机械消耗定额反映了社会平均必须消耗的水平,它们是制定各种实用性定额的基础,也称为基础定额。

4.2　按定额的编制程序和用途分类

按照定额的编制程序和用途,可分为施工定额、预算定额、概算定额和投资估算指标。详细介绍见本项目任务2。

4.3　按编制单位和执行范围分类

按照定额的编制单位和执行范围,可分为全国统一定额、行业统一定额、地区定额、企业定额和补充定额。

4.3.1 全国统一定额

全国统一定额又称国家定额，是国家建设行政主管部门编制的工程建设领域统一规范标准，在全国范围内统一执行的定额。如全国统一建筑工程基础定额、全国统一安装工程预算定额、全国统一市政预算定额等。

4.3.2 行业统一定额

行业统一定额是行业主管部门根据各行业专业技术特点、施工生产与管理水平编制的专业工程定额，通常仅在本行业和相同专业性质的范围内使用。如水利建筑工程预算定额、公路工程预算定额、煤炭建设工程费用定额、铁路工程预算定额等。

4.3.3 地区定额

地区定额是地区建设行政主管部门根据本地区工程建设特点，在调整和补充全国统一定额的基础上编制而成的，具有鲜明的地域适用性。如浙江省水利水电建筑工程预算定额、广东省水利水电建筑工程预算定额、西藏自治区水利水电建筑工程概算定额等。

4.3.4 企业定额

企业定额是施工企业根据本企业的施工技术和管理水平，在全国统一定额、行业统一定额、地区定额的基础上，自行编制并在企业内部执行的定额。它是企业管理水平的一个标志，企业定额水平一般应高于国家现行定额，才能满足生产技术发展、企业管理和市场竞争的需要。

4.3.5 补充定额

补充定额是建设工程领域随着设计、施工技术的发展或新型工艺的应用，现行定额不能满足需要的情况下，为了补充计价依据的缺项所编制的定额。补充定额只能在指定的范围内使用，可以作为以后修订定额的基础。如《水利工程概预算补充定额》（水总〔2005〕389号）。

4.4 按费用性质分类

按照费用性质可分为直接费定额、间接费定额、施工机械台时费定额和其他基本建设费用定额。

4.4.1 直接费定额

直接费定额是指直接用于施工生产的人工、材料、机械消耗的定额，如《水利建筑工程概算定额》《水利设备安装工程概算定额》等。

4.4.2 间接费定额

间接费定额是指施工企业进行施工组织和管理所发生的费用定额。

4.4.3 施工机械台时费定额

施工机械台时费定额是指施工机械每运转一个台时所需的机上人员、动力、燃料消耗费用和折旧、大修理、经常修理、安装拆卸等摊销费用，如《水利工程施工机械台时费定额》。

4.4.4 其他基本建设费用定额

其他基本建设费用定额是指不属于建筑安装工程的独立的费用定额，如《建设工程监理与相关服务收费管理规定》《工程勘察设计收费管理规定》等。

上述各种定额虽然适用于不同的情况和用途，但它们是一个互相联系、有机统一的整体,在实际工作中配合使用。

任务2 定额的编制及内容

码3-1 微课：定额编制依据、原则和基本方法

1 定额的编制依据和原则

1.1 定额的编制依据

(1)现行建筑工程设计规范、施工验收技术规范、工程质量评定标准及安全技术操作规范等建筑技术法规。

(2)建筑工程通用标准图集及有关科学试验、测定、统计和经济分析资料。

(3)现行的全国统一劳动定额、地区材料消耗定额、机械台时消耗定额、地区(企业)编制的施工定额和有关定额编制资料及手册。

1.2 定额的编制原则

1.2.1 按平均水平确定定额的原则

定额作为确定建筑产品价格的工具,必须遵照价值规律的客观要求,按建筑产品生产过程中所消耗的必要劳动时间确定定额水平,定额的平均水平根据现实的平均中等的生产条件、平均劳动熟练程度、平均劳动强度下,完成单位建筑产品所需的劳动时间来确定。

1.2.2 贯彻简明适用性原则

定额的内容和形式,既要满足不同用途的需要,具有多方面的适用性,又要简单明了,易于掌握和应用。

定额适用性与定额项目的齐全与否关系很大,要注意补充那些应采用新技术、新结构、新材料和先进技术而出现的新定额项目。如果项目不全,定额的缺漏项较多,就使建筑产品价格的确定缺少充足可靠的依据。

定额的项目划分要粗细恰当,步距合理。对于那些主要的常用项目,定额划分要细一些,步距要小;次要的不常用的项目,定额划分要粗一些,步距也可以适当放大一些。

1.2.3 统一性和差别性相结合的原则

统一性就是由中央主管部门,考虑国家的方针政策和经济发展要求,统一制定定额的编制原则和方法,具体组织和颁发全国统一定额,颁发有关的规章制度和条例细则,在全国范围内统一定额分项、定额名称、定额编号,统一人工、材料和机械台时消耗量的名称及计量尺度。另外,还大大加强了预算原始数据的科学性、标准化,为推广电算化编制创造条件。

差别性就是在统一性基础上,各部门和地区可以在管辖范围内,根据各自特点,依据国家规定编制原则,编制各部门和地区性定额,颁发补充性条例细则,并加强定额的经常性管理。

2 定额编制的基本方法

编制定额需要具有足够的技术测定资料、统计资料、经验总结资料和其他有关文件,应在规范资料的基础上选择定额编制方法。常采用的编制方法如下。

2.1 调查研究法

调查研究法一般是根据老工人、施工技术人员和工程造价人员的实践经验，并参照有关技术资料，通过座谈、讨论分析和综合计算确定。这种制定方法工作环节较少，工作量较小，简单易行。但往往受主观因素的影响，缺乏详细的分析和计算，准确性较差。因此，此法只适用于企业内部，作为某种局部项目的补充定额编制。

2.2 统计分析法

统计分析法是将以往施工中所累积的同类型工程项目的工时耗用量加以科学地分析，并考虑施工技术和组织变化的因素，经分析研究后制定劳动定额的一种方法。采用统计分析法必须建立在准确的原始记录和统计工作的基础上，并且要选择正常和一般水平的企业与班组，同时还要选择部分先进和落后的企业与班组进行分析和比较。

2.3 比较类推法

比较类推法是根据同类型项目或相似项目的定额进行对比分析类推而制定定额的方法。此法简便易行，工作量小，只要所选择的典型定额具有一定代表性，一般情况下是比较合理的。但用于比较的典型定额与相关定额之间呈比例关系时才适用，一般采用主要项目或常用项目作典型定额进行比较类推。

2.4 技术测定法

技术测定法是根据先进合理的技术条件和组织条件，对工程各工序工作时间的各个组成部分，进行工作日写实、观察测时，分别测定每一工序的工时消耗，然后通过测定的资料进行分析计算并参考以往数据确定。通过测定可以获得制定定额所需要的技术资料，有比较充分的依据，准确程度较高，是一种比较科学的方法。

通过技术测定法制定定额时，要密切结合本企业的实际情况（生产特点、设备情况和技术水平），在做好思想工作的前提下，广泛听取群众意见，防止通过单纯的计算和测定来制定定额。

对于新技术、新工艺劳动定额的编制，主要采用该种方法。

2.5 计算分析法

计算分析法多用于材料消耗定额和一般开挖运输机械作业定额的编制。其方法是拟定施工条件、选择典型施工图、计算工程量，用理论计算方法确定定额数量。

在编制定额中，可以结合具体情况灵活运用，各种方法相互结合，相互借鉴。

3 定额的内容

根据定额的编制程序和用途不同，工程定额分为施工定额、预算定额、概算定额和投资估算指标。

码 3-2 微课：定额的内容

3.1 施工定额

3.1.1 施工定额的概念

施工定额是在一定的施工条件、施工方法和施工组织下，按照一定的工艺技术要求完成某一细部结构部位或结构构件的施工过程时，生产单位合格产品所必须消耗的人工、材料和施工机械台班（时）的数量标准。施工定额以施工过程（工序）为研究对象。

施工定额是施工企业内部直接用于组织与管理施工、控制工料消耗的一种技术定额,包括劳动定额、材料消耗定额、机械消耗(使用)定额。

3.1.2 施工定额的作用

施工定额是施工企业的生产定额,是企业管理工作的基础,在施工企业管理中有如下几方面的主要作用:

(1)施工定额是编制施工预算,进行"两算"(施工图预算和施工预算)对比,加强企业成本管理的依据。

施工预算是指按照施工图纸和说明书计算的工程量,根据施工组织设计的施工方法,采用施工定额并结合施工现场实际情况编制的,拟完成某一单位合格产品所需要的人工、材料、机械消耗数量和生产成本的经济文件。没有施工定额,施工预算无法进行编制,就无法进行"两算"对比,企业管理就缺乏基础。

(2)施工定额是组织施工的依据。

施工定额是施工企业下达施工任务单、劳动力安排、材料供应和限额领料、机械调度的依据;是编制施工组织设计,制订施工作业计划和人工、材料、机械台班(时)需用量计划的依据;是施工队向工人班组签发施工任务书和限额领料单的依据。

(3)施工定额是计算劳动报酬和按劳分配的依据。

目前,施工企业内部推行多种形式的经济承包责任制,是计算承包指标和考核劳动成果、发放劳动报酬和奖励的依据;是实行计件、定额包工包料、考核工效的依据;是班组开展劳动竞赛、班组核算的依据。

(4)施工定额能促进技术进步和降低工程成本。

施工定额的编制采用平均先进水平,所谓平均先进水平,是指在正常条件下,多数施工班组或生产者经过努力可以达到,少数班组或生产者可以接近,个别班组或生产者可以超过的水平。一般来说,它低于先进水平,略高于平均水平。这种水平使先进的班组或工人感到有一定压力,能鼓励他们进一步提高技术水平;大多数处于中间水平的班组或工人感到定额水平可望也可即,能增强他们达到定额甚至超过定额的信心。平均先进水平不迁就少数后进者,而是使他们产生努力工作的责任感,认识到必须花较大的精力去改善施工条件,改进技术操作方法,才能缩短差距,尽快达到定额水平。所以,平均先进水平是一种鼓励先进、勉励中间、鞭策后进的定额水平。只有贯彻这样的定额水平,才能达到不断提高劳动生产率,进而提高企业经济效益的目的。

因此,施工定额不仅可以计划、控制、降低工程成本,而且可以促进基层学习,采用新技术、新工艺、新材料和新设备,提高劳动生产率,达到快、好、省地完成施工任务的目的。

(5)施工定额是编制预算定额的基础。

预算定额是在施工定额的基础上通过综合和扩大编制而成的。由于新技术、新结构、新工艺等的采用,在预算定额或单位估价表中缺项时,要补充或测定的新预算定额及单位估价表都是以施工定额为基础来制定的。

3.2 预算定额

3.2.1 预算定额的概念

预算定额是在正常的施工条件下,完成一定计量单位合格分项工程或结构构件所必须消耗的人工、材料和施工机械台班(时)的数量标准。预算定额是由国家或行业主管部门或其授权单位组织编制、审批并发布执行的,包括人工、材料、施工机械台班(时)三个部分,是在施工定额基础上,按照平均合理水平、简明适用、严谨准确的原则综合编制的,是一种计价性定额,也是编制概算定额的基础。

现行水利部发布的预算定额包括《水利建筑工程预算定额》《水利设备安装工程预算定额》。

3.2.2 预算定额的作用

3.2.2.1 预算定额是编制施工图预算的依据

施工图预算是施工图设计文件之一,是控制和确定建筑安装工程造价的必要手段。编制施工图预算时,除设计文件决定的建设工程功能、规模、尺寸和文字说明是计算分项工程量或结构构件数量的依据外,预算定额是确定一定计量单位分项工程或结构构件的人工、材料、机械台班(时)消耗量的重要依据。

3.2.2.2 预算定额是对设计方案进行技术经济分析和比较的依据

设计方案的确定在设计工作中居中心地位。设计方案的选择要满足功能要求、符合设计规范,既要技术先进,又要经济合理。根据预算定额对方案进行技术经济分析和比较,是选择经济合理设计方案的重要方法。对设计方案进行比较,主要是通过定额对不同方案所需人工、材料和机械台班(时)消耗量,材料重量、材料资源等进行比较。这种比较可以判明不同方案对工程造价的影响,从而选择经济合理的设计方案。

对于新结构、新材料的应用和推广,也需要借助预算定额进行技术经济分析和比较,从技术与经济的结合上考虑普遍采用的可能性和效益。

3.2.2.3 预算定额是编制施工组织设计的依据

施工组织设计的重要任务之一,是确定施工中所需人力、物力的供求量,并做出最佳安排,施工单位在缺乏本企业的施工定额情况下,根据预算定额,也能比较精确地计算出施工中各项资源的需要量,为有计划地组织材料采购和预制件加工、劳动力和施工机械的调配提供可靠的计算依据。

3.2.2.4 预算定额是施工企业进行经济活动分析的依据

实行经济核算的根本目的,是用经济的方法促使企业在保证质量和工期的条件下,用少的劳动消耗取得好的经济效益。目前,预算定额仍决定着施工企业的效益,企业必须以预算定额作为评价施工企业工作的重要标准,施工企业可根据预算定额,对施工中的人工、材料、机械的消耗情况进行具体的分析,以便找出低功效、高消耗的薄弱环节及其原因,为实现经济效益的增长,由粗放型向集约型转变提供对比数据,促进企业提高在市场上的竞争能力。

3.2.2.5 预算定额是编制招标控制价(最高投标限价)和投标报价的依据

预算定额是国家或行业主管部门考虑专业工程技术特点及施工生产和管理的平均水平而统一组织编制的定额,具有科学性和权威性。

在招标投标工作活动中,预算定额常作为编制招标控制价、施工企业编制投标报价的重要依据。

3.2.2.6 预算定额是拨付工程价款和竣工结算的依据

按照进度支付工程款,需要根据预算定额将已完成分项工程造价算出,单位工程验收后,再按照竣工工程量、预算定额和施工合同规定进行结算,以保证建设单位资金的合理使用和施工单位的经济收入。

3.2.2.7 预算定额是编制概算定额和概算指标的基础

概算定额和概算指标是在预算定额基础上经综合扩大编制的,需要利用预算定额作为编制依据,这样做不但可以节约编制工作中大量的人力、物力和时间,收到事半功倍的效果,还可以使概算定额和概算指标在水平上与预算定额一致,以免造成同一工程项目在不同阶段造价管理中的不一致。

3.3 概算定额

3.3.1 概算定额的概念

概算定额是在预算定额的基础上,确定完成合格的单位扩大分项工程或结构构件所必须消耗的人工、材料和机械台班(时)的数量标准,其内容比预算定额有更大的综合性。概算定额是编制概算指标和投资估算指标的基础。

3.3.2 概算定额的作用

(1)概算定额是编制投资匡算、投资估算、设计概算、修正概算的主要依据。

(2)概算定额是对设计方案进行技术经济分析比较的基础资料之一。

(3)概算定额是编制施工进度计划及材料和机械需用计划的依据。

(4)概算定额是编制概算指标、投资估算指标的基础。

3.4 投资估算指标

投资估算指标是在编制项目建议书、可行性研究报告和编制设计任务书阶段进行投资估算、计算投资需要量时使用的一种定额。它具有较强的综合性、概括性,往往以独立的单项工程或完整的工程项目为计算对象。它的概略程度与可行性研究阶段相适应。

投资估算指标的主要作用是为项目决策和投资控制提供依据,是一种扩大的技术经济指标。

投资估算指标是确定和控制建设项目全过程各项投资支出的技术经济指标。其范围涉及建设前期、建设实施期和竣工验收交付使用期等各个阶段的费用支出,内容因行业不同而异,一般可分为建设项目综合指标、单项工程指标和单位工程指标3个层次。建设项目综合指标一般以项目的综合生产能力单位投资表示。单项工程指标一般以单项工程生产能力单位投资表示。单位工程指标按专业性质的不同采用不同的方法表示。

3.5 各定额之间关系

根据各工程定额的基本概念、作用,各工程定额的内容、编制程序、用途有相同点,也有不同点,如表3-1所示。

施工定额以施工过程(工序)为研究对象,预算定额以分项工程或结构构件为研究对象,概算定额以扩大的分项工程或结构构件为研究对象。投资估算指标以独立的单项工程和完整的工程项目为研究对象。

施工定额作为企业内部生产技术定额,反映企业的平均先进水平。它是编制施工预算的基础。

预算定额、概算定额、投资估算指标均为由国家或行业主管部门发布的统一定额,反映的是社会平均水平,是用来计价的定额。预算定额是编制概算定额和投资估算指标的基础。

表3-1 各定额之间的关系

定额分类	施工定额	预算定额	概算定额	投资估算指标
对象	施工过程或基本工序	分部工程或结构构件	扩大的分项工程或结构构件	建设项目、单项工程、单位工程
用途	编制施工预算	编制施工图预算、招标控制价、投标报价、竣工结算与决算	编制投资匡算、投资估算、设计概算	编制投资匡算、投资估算
项目划分	最细	细	较粗	很粗
定额水平	平均先进	平均	平均	平均
定额性质	生产性定额	计价性定额	计价性定额	计价性定额

任务3 水利工程定额

1 水利工程定额颁发简况

中华人民共和国成立以来,随着我国水利水电建设事业的发展,水利工程建设的各种定额及相关规定也经历了多次修订,如表3-2所示。

自2025年4月1日起,编制水利工程概预算的主要计价依据为水利部2024年发布的《水利工程设计概(估)算编制规定》和系列定额。

表3-2 水利水电工程历年定额表

颁发年份	定额名称	颁发单位
1954	水利水电工程预算定额(草案)	水利部、燃料工业部水电总局
	水力发电建筑安装工程施工定额(草案)	
	水力发电建筑安装工程预算定额(草案)	
1956	水力发电建筑安装工程预算定额	电力部
1957	水利工程施工定额(草案)	水利部

续表 3-2

<table>
<tr><th>颁发年份</th><th>定额名称</th><th>颁发单位</th></tr>
<tr><td rowspan="2">1958</td><td>水利水电建筑工程预算定额</td><td rowspan="7">水利电力部</td></tr>
<tr><td>水力发电设备安装价目表</td></tr>
<tr><td rowspan="3">1964</td><td>水利水电安装工程工、料、机械施工指标</td></tr>
<tr><td>水利水电建筑安装工程预算指标(征求意见稿)</td></tr>
<tr><td>水力发电设备安装价目表(征求意见稿)</td></tr>
<tr><td>1965</td><td>水利水电工程预算指标(“65”定额)</td></tr>
<tr><td>1973</td><td>水利水电建筑安装工程定额(讨论稿)</td></tr>
<tr><td rowspan="2">1975</td><td>水利水电建筑工程概算指标</td><td rowspan="3">水利电力部</td></tr>
<tr><td>水利水电设备安装工程概算指标</td></tr>
<tr><td>1980</td><td>水利水电工程设计预算定额(试行)</td></tr>
<tr><td>1983</td><td>水利水电建筑安装工程统一劳动定额</td><td>水利电力部水电总局</td></tr>
<tr><td rowspan="2">1985</td><td>水利水电工程其他工程和费用定额</td><td rowspan="7">水利电力部</td></tr>
<tr><td>水利水电建筑安装工程机械台班费定额</td></tr>
<tr><td rowspan="3">1986</td><td>水利水电设备安装工程预算定额</td></tr>
<tr><td>水利水电设备安装工程概算定额</td></tr>
<tr><td>水利水电建筑工程预算定额</td></tr>
<tr><td>1988</td><td>水利水电建筑工程概算定额</td></tr>
<tr><td>1989</td><td>水利水电工程设计概(估)算费用构成及计算标准</td></tr>
<tr><td>1990</td><td>水利水电工程投资估算指标(试行)</td><td rowspan="2">能源部、水利部</td></tr>
<tr><td rowspan="3">1991</td><td>水利水电工程勘测设计收费标准(试行)</td></tr>
<tr><td>水利水电工程勘测设计生产定额</td><td>水利水电规划设计总院</td></tr>
<tr><td>水利水电工程施工机械台班费定额</td><td>能源部、水利部</td></tr>
<tr><td rowspan="2">1994</td><td>水利水电建筑工程补充预算定额</td><td rowspan="2">水利部</td></tr>
<tr><td>水利水电工程设计概(估)算费用构成及计算标准</td></tr>
<tr><td rowspan="3">1997</td><td>水力发电建筑工程概算定额(上、下册)</td><td rowspan="3">电力工业部</td></tr>
<tr><td>水力发电设备安装工程概算定额</td></tr>
<tr><td>水力发电工程施工机械台时费定额</td></tr>
<tr><td>1998</td><td>水利水电工程设计概(估)算费用构成及计算标准</td><td>水利部</td></tr>
<tr><td rowspan="2">1999</td><td>水利水电设备安装工程预算定额</td><td rowspan="2">水利部
(水建管〔1999〕523号)</td></tr>
<tr><td>水利水电设备安装工程概算定额</td></tr>
</table>

续表 3-2

颁发年份	定额名称	颁发单位
2002	水利建筑工程预算定额(上、下册)	水利部 (水总〔2002〕116 号)
	水利建筑工程概算定额(上、下册)	
	水利工程施工机械台时费定额	
	水利工程设计概(估)算编制规定	
2005	水利工程概预算补充定额	水利部 (水总〔2005〕389 号)
2014	水利工程设计概(估)算编制规定(工程部分)	水利部 (水总〔2014〕429 号)
	水利工程设计概(估)算编制规定(建设征地移民补偿)	
2016	水利工程营业税改征增值税计价依据调整办法	水利部办公厅 (办水总〔2016〕132 号)
2019	水利部办公厅关于调整水利工程计价依据增值税 计算标准的通知	水利部办公厅 (办财务函〔2019〕448 号)
2023	水利部办公厅关于调整水利工程计价依据安全生产措施费 计算标准的通知	水利部办公厅 (水总函〔2023〕38 号)
2024	水利工程设计概(估)算编制规定(工程部分)	水利部 水总〔2024〕323 号
	水利工程设计概(估)算编制规定(环境保护工程)	
	水利工程设计概(估)算编制规定(水土保持工程)	
	水利建筑工程预算定额(上、下册)	
	水利建筑工程概算定额(上、下册)	
	水利设备安装工程预算定额	
	水利设备安装工程概算定额	
	水土保持工程概算定额	
	水利工程施工机械台时费定额	

2 水利工程定额的组成

码 3-3 微课：定额的组成

现行水利部发布的定额一般由目录、说明、定额表和附录组成,其中定额表是定额的主要组成部分。

不同定额的表现形式有所不同,通常有实物量形式、费率形式和综合式等。

现行水利部发布的《水利建筑工程概算定额》《水利建筑工程预算定额》《水利设备安装工程预算定额》采用实物量表现形式,《水利设备安装工程概算定额》采用实物量和安装费率两种定额表现形式,《水利工程施工机械台时费定额》采用金额和实物量的综合形式表现。

2.1 《水利建筑工程概算定额》

现行水利部发布的《水利建筑工程概算定额》包括土方开挖工程、石方开挖工程、土石填筑工程、混凝土工程、模板工程、砂石备料工程、钻孔灌浆及锚固工程、掘进机施工隧洞工程、疏浚工程、其他工程,共十章及附录。

该定额适用于新建、扩建、除险加固水利工程建设项目,是编制和审批水利工程投资估算、设计概算的依据。适用于海拔小于或等于 2 000 m 地区的建设项目。海拔大于 2 000 m 的地区,根据建设项目所在地的海拔及规定的调整系数(见表 3-3)计算。

表 3-3 海拔分区及人工、机械定额调整系数表

项目	海拔(m)						
	≤2 000	2 000~2 500	2 500~3 000	3 000~3 500	3 500~4 000	4 000~4 500	4 500~5 000
人工	1.00	1.10	1.15	1.20	1.25	1.30	1.35
机械	1.00	1.25	1.35	1.45	1.55	1.65	1.75

注:1. 海拔大于 2 000 m 且植被良好地区的建设项目,定额调整系数下调一档。
2. 枢纽工程的海拔以拦河坝或水闸顶部海拔为准,没有拦河坝或水闸的,以厂房等主要建筑物顶部海拔为准;其他工程的海拔以渠(管)道、隧洞或堤防顶部海拔为准。
3. 跨海拔分区建设项目的人工、机械定额调整系数可按主要建设内容所在海拔分区确定,也可按投资比例综合分析确定。
4. 机械指燃油动力机械(不包括凿岩台车、锚杆台车)和电动空气压缩机。

该定额中的汽车运输定额适用于水利工程施工路况 15 km 以内的场内运输,运距超过 15 km 时,超过部分的运输费用按工程所在地的运价标准分析计算。

该定额以人工、材料、机械消耗量形式表现,如表 3-4 所示,编制投资估算、设计概算时,人工费、材料费、机械使用费应按配套使用的编制规定和《水利工程施工机械台时费定额》的相关规定计算。

表 3-4 《水利建筑工程概算定额》定额表(部分)

一-18 1 m^3 挖掘机挖土自卸汽车运输

适用范围:露天作业。

工作内容:挖装、运输、卸除、空回。

(1) Ⅰ~Ⅱ类土

单位:100 m^3

项目	单位	运距(km)					增运
		1	2	3	4	5	1 km
工长	工时						
高级工	工时						
中级工	工时						
初级工	工时	5.2	5.2	5.2	5.2	5.2	
合计	工时	5.2	5.2	5.2	5.2	5.2	

续表 3-4

项目	单位	运距(km)					增运 1 km
		1	2	3	4	5	
零星材料费	%	4	4	4	4	4	
挖掘机 1 m^3	台时	0.95	0.95	0.95	0.95	0.95	
推土机 59 kW	台时	0.47	0.47	0.47	0.47	0.47	
自卸汽车 5 t	台时	7.13	9.33	11.34	13.24	15.06	1.67
8 t	台时	4.78	6.16	7.42	8.59	9.72	1.05
10 t	台时	4.54	5.70	6.77	7.77	8.74	0.89
编号		010332	010333	010334	010335	010336	010337

2.1.1 人工

该定额中的人工包括主要用工和辅助用工,按完成定额子目工作内容所需人工的技术等级,分别以工长、高级工、中级工、初级工列示,以“工时”为计量单位。

该定额中的人工消耗量是完成定额子目工作内容所需全部人工消耗量。

2.1.2 材料

该定额中的材料包括主要材料、其他材料和零星材料。主要材料以材料名称列示,以法定计量单位计量;其他材料、零星材料均未列示,其费用分别包含在其他材料费、零星材料费中,均以费率(%)形式表示。其他材料费以主要材料费之和为计算基数,零星材料费以人工费、机械费之和为计算基数。

该定额中的材料消耗量是完成定额子目工作内容所需全部材料消耗量。其他材料费、零星材料费指完成定额子目工作内容所需,但未在定额中列示的全部其他材料、零星材料的费用。如工作面内的脚手架、简易操作平台等的摊销费,地下工程的照明费,石方开挖工程中的钻杆、空心钢及其他用量较少的材料费等。

2.1.3 机械

该定额中的机械包括主要机械和其他机械。主要机械以机械名称列示,以“台(艘、组)时”为计量单位;其他机械未列示,其费用包含在其他机械费中,以费率(%)形式表现,以主要机械费之和为计算基数。

该定额中的机械消耗量是完成定额子目工作内容所需全部机械消耗量;其他机械费指完成定额子目工作内容所需,但未在定额中列示的全部其他机械的使用费用。

2.2 《水利建筑工程预算定额》

现行水利部发布的《水利建筑工程预算定额》包括土方开挖工程、石方开挖工程、土石填筑工程、混凝土工程、模板工程、砂石备料工程、钻孔灌浆及锚固工程、掘进机施工隧洞工程、疏浚工程、其他工程,共十章及附录。该定额是编制《水利建筑工程概算定额》的基础。

该定额按海拔小于或等于 2 000 m 地区建设项目的施工水平综合拟定。定额中的汽车运输定额按水利工程施工路况拟定。定额以人工、材料、机械消耗量形式表现,如

表3-5所示,与《水利建筑工程概算定额》中的人工、材料、机械表现形式相同。

表3-5 《水利建筑工程预算定额》定额表(部分)

一-18 1 m^3 挖掘机挖土自卸汽车运输

适用范围:Ⅲ类土、露天作业。

工作内容:挖装、运输、卸除、空回。

单位:100 m^3

项目	单位	运距(km)					增运
		1	2	3	4	5	1 km
工长	工时						
高级工	工时						
中级工	工时						
初级工	工时	5.5	5.5	5.5	5.5	5.5	
合计	工时	5.5	5.5	5.5	5.5	5.5	
零星材料费	%	4	4	4	4	4	
挖掘机 1 m^3	台时	1.00	1.00	1.00	1.00	1.00	
推土机 59 kW	台时	0.50	0.50	0.50	0.50	0.50	
自卸汽车 5 t	台时	7.54	9.86	11.98	13.99	15.91	1.77
8 t	台时	5.05	6.50	7.83	9.08	10.28	1.11
10 t	台时	4.80	6.02	7.15	8.21	9.23	0.94
编号		010262	010263	010264	010265	010266	010267

2.3 《水利设备安装工程概算定额》

现行水利部发布的《水利设备安装工程概算定额》包括水轮机安装、调速系统安装、水轮发电机安装、水泵和电动机安装、进水阀安装、水力机械辅助设备安装、电气设备安装、变电站设备安装、通信设备安装、采暖通风与空气调节设备安装、起重设备安装、闸门安装、压力钢管制作及安装、输水管道安装、节水灌溉设备及管材安装,共十五章及附录。

该定额适用于新建、扩建、除险加固水利工程建设项目,是编制和审批水利工程投资估算、设计概算的依据,适用于海拔小于或等于2 000 m地区的建设项目。海拔大于2 000 m的地区,根据建设项目所在地的海拔及规定的调整系数(见表3-3)计算。

该定额采用实物量和安装费率两种定额表现形式。

2.3.1 实物量定额

实物量定额以人工、材料、机械消耗量形式表现,如表3-6所示。

2.3.1.1 人工

该定额中的人工包括主要用工和辅助用工,按完成定额子目工作内容所需人工的技术等级,分别以工长、高级工、中级工、初级工列示,以“工时”为计量单位。

该定额中的人工消耗量是完成定额子目工作内容所需全部人工消耗量。

表 3-6 《水利设备安装工程概算定额》定额表(部分)

八-6 一次拉线

(1)钢芯铝绞线

单位:100 m 三相

项目	单位	电压(kV)			
		≤35	≤110	≤220	>220
工长	工时	16	19	28	40
高级工	工时	98	118	180	239
中级工	工时	108	127	192	274
初级工	工时	43	50	74	111
合计	工时	265	314	474	664
钢芯铝绞线	m	(336)	(336)	(336)	(336)
绝缘子	个	(77)	(115)	(154)	(450)
耐张线夹	套	(39)	(26)	(21)	(21)
固定金具	套	(77)	(76)	(76)	
间隔棒	套				(102)
均压环	套				(21)
屏蔽环	套				(21)
汽油	kg	8	13	13	24
镀锌螺栓	kg	13	18	18	34
直角挂板 Z-12	只	19	22	22	22
球头挂环 Q-6	个	19	22	22	22
碗头挂环 W-6	个	19	22	22	22
电气调整材料费	%	1.83	1.97	2.08	2.15
其他材料费	%	10	10	10	10
载重汽车 5 t	台时	0.3	0.6	0.6	0.6
汽车起重机 5 t	台时	0.3	0.6	0.6	0.9
卷扬机 单通慢速 5 t	台时	4.1	4.7	4.7	7.2
电气调整机械费	台时	14.64	15.76	16.64	17.20
其他机械费	%	5	5	5	5
编号		08140	08141	08142	08143

2.3.1.2 材料

该定额中的材料包括主要材料、电气调整材料、其他材料和零星材料。主要材料以材料名称列示,以法定计量单位计量;电气调整材料、其他材料、零星材料均未列示,其费用分别包含在电气调整材料费、其他材料费、零星材料费中,均以费率(%)形式表现。电气调整材料费以人工费为计算基数,其他材料费以主要材料费之和为计算基数,零星材料费以人工费、机械费之和为计算基数。

该定额中的材料消耗量是完成定额子目工作内容所需全部材料消耗量,包括场内运输和施工操作损耗。电气调整材料费、其他材料费、零星材料费指完成定额子目工作内容所需,但未在定额中列示的全部电气调整材料、其他材料、零星材料的费用。定额中以"(××)"表示的是未计价装置性材料消耗量。

2.3.1.3 机械

该定额中的机械包括主要机械、电气调整机械和其他机械。主要机械以机械名称列示,以"台时"为计量单位;电气调整机械、其他机械均未列示,其费用分别包含在电气调整机械费、其他机械费中,均以费率(%)形式表现,电气调整机械费以人工费为计算基数,其他机械费以主要机械费之和为计算基数。

该定额中的机械消耗量是完成定额子目工作内容所需全部机械消耗量;电气调整机械费、其他机械费指完成定额子目工作内容所需,但未在定额中列示的全部电气调整机械、其他机械的使用费用。

2.3.2 安装费率定额

安装费率定额中的人工费、材料费、机械使用费、装置性材料费均以费率(%)形式表现,如表3-7所示。

表3-7 《水利设备安装工程概算定额》定额表(部分)

七-1 发电电压设备

编号	项目	单位	安装费(%)				装置性材料费(%)
			合计	人工费	材料费	机械使用费	
07001	电压(kV) 6.3	项	11.8	7.2	2.8	1.8	4.8
07002	电压(kV) 10.5	项	8.6	4.9	2.4	1.3	3.0
07003	电压(kV) >10.5	项	6.8	3.7	2.0	1.1	2.7

2.4 《水利设备安装工程预算定额》

现行水利部发布的《水利设备安装工程预算定额》包括水轮机安装、调速系统安装、水轮发电机安装、水泵和电动机安装、进水阀安装、水力机械辅助设备安装、电气设备安装、变电站设备安装、通信设备安装、电气调整、采暖通风与空气调节设备安装、起重设备安装、闸门安装、压力钢管制作及安装、输水管道安装、节水灌溉设备及管材安装,共十六章及附录。

该定额是编制《水利设备安装工程概算定额》的基础,定额按海拔小于或等于2 000 m地区建设项目的施工水平综合拟定。定额以人工、材料、机械消耗量形式表现,如表3-8所示。

表 3-8 《水利设备安装工程预算定额》定额表(部分)

一-1 竖轴混流式水轮机

单位:台

项目	单位	设备自重(t)				
		1	3	5	10	20
工长	工时	11	27	44	76	132
高级工	工时	54	131	210	363	634
中级工	工时	129	310	500	862	1 505
初级工	工时	32	76	123	212	370
合计	工时	226	544	877	1 513	2 641
钢板	kg	7	46	70	129	197
型钢	kg	38	133	223	447	739
钢管	kg	3	10	18	40	62
铜材	kg	2	2	3	4	6
电焊条	kg	4	15	33	80	131
油漆	kg	9	13	18	32	52
抹布	kg	8	11	14	21	35
汽油	kg	17	22	28	42	70
透平油	kg	2	3	4	6	10
氧气	m^3	8	42	59	103	169
乙炔气	m^3	4	18	26	45	74
板枋材	m^3	0. 2	0. 2	0. 3	0. 3	0. 4
砂布	张	5	6	7	10	16
滤油纸 300 mm×300 mm	张	21	23	25	30	40
电	kW · h	200	435	626	1 102	1 758
其他材料费	%	11	11	11	11	11
桥式起重机	台时	2	8	12	22	35
电焊机 直流 30 kV	台时	6	20	28	48	83
车床 Φ400~600	台时	3	8	8	10	15
刨床 B650	台时	3	5	6	10	15
摇臂钻床 Φ50	台时	3	5	5	5	15
压力滤油机 150 型	台时	3	5	5	5	10
其他机械费	%	5	5	5	5	5
编号		01001	01002	01003	01004	01005

2.4.1 人工

与《水利设备安装工程概算定额》中的实物量定额表现形式相同。

2.4.2 材料

该定额中的材料包括主要材料、其他材料和零星材料。表现形式、计算基数与其他实物量定额相同。

定额中以“(××)”表示的未计价装置性材料用量,以及定额附录中的未计价装置性材料用量仅供参考。

2.4.3 机械

该定额中的机械包括主要机械和其他机械。表现形式、计算基数与其他实物量定额相同。

2.5 《水利工程施工机械台时费定额》

现行水利部发布的《水利工程施工机械台时费定额》包括土石方机械、混凝土机械、运输机械、起重机械、砂石料加工机械、钻孔灌浆机械、掘进机施工机械、工程船舶、动力机械、其他机械及水土保持工程专用机械,共十一类1 572个子目。

该定额是一种综合式定额,其一类费用以“元”为计量单位,用金额表现,二类费用以实物量形式表现,如表3-9所示。

表3-9 《水利工程施工机械台时费定额》定额表(部分)

一、土石方机械(部分)

项目		单位	单斗挖掘机				
			油动		电动		
			斗容(m^3)				
			0.5	1	2	3	4
(一)	折旧费	元	21.28	28.37	54.38	89.85	189.16
	修理及替换设备费	元	20.55	30.29	53.19	68.35	85.32
	安装拆卸费	元				4.71	7.18
	小计	元	41.83	58.66	107.57	162.91	281.66
(二)	人工	工时	2.4	2.4	2.4	2.4	2.4
	汽油	kg					
	柴油	kg	9.6	12.8			
	电	kW·h			100.6	128.1	166.8
	风	m^3					
	水	m^3					
	煤	kg					
备注							
编号			01001	01002	01003	01004	01005

3 水利工程定额的使用

定额在水利工程建设经济管理工作中起着重要作用,工程造价管理人员必须熟悉定额相关说明,正确地使用定额。

码3-4 微课:水利工程定额的使用原则

3.1 水利工程定额的使用原则

3.1.1 定额与专业适用

水利工程建设项目除主体建筑工程及水利设备工程外,还有房屋建筑工程、公路、铁路、输变电线路、通信工程等其他行业和专业工程。在编制水利工程造价的过程中,应结合不同专业选用不同的编制规定和定额。如:水利主体建筑工程和水利设备工程可采用水利部发布的编制规定和相关定额;其他工程可采用单位造价指标,也可根据相关行业的编制规定和定额进行编制。

3.1.2 定额与费用适应

在编制水利工程单价的过程中,水利工程费用不同需采用不同的定额。如编制施工机械台时费采用《水利工程施工机械台时费定额》;编制建筑工程单价采用《水利建筑工程概算定额》《水利建筑工程预算定额》;编制安装工程单价采用《水利设备安装工程概算定额》《水利设备安装工程预算定额》。

3.1.3 定额与建设阶段适用

水利工程建设阶段不同,编制的造价文件也不同,采用的定额也有所不同。如:项目建议书、可行性研究报告阶段编制投资估算采用概算定额和投资估算指标,初步设计阶段编制设计概算采用概算定额,施工准备阶段进行招标控制价(最高投标限价)和投标报价的编制应采用预算定额,竣工验收阶段编制竣工结算应采用预算定额。

3.2 水利工程定额使用注意事项

(1)认真阅读定额的总说明和分章说明。熟悉定额的适用范围、包含的工作内容和费用、有关调整系数及定额的使用方法等。

(2)了解定额子目的工作内容。根据工程部位、施工方法、施工机械和其他施工条件正确地选用定额项目,做到不错项、不漏项、不重项。

(3)学会使用定额附录。例如,土壤和岩石分级、混凝土与砂浆配合比及材料用量表、安装工程装置性材料用量等。

(4)注意定额修正的各种换算关系。当施工条件与定额项目规定条件不符时,应按定额说明和定额表下的“注”中有关规定换算修正。各种系数换算,除特殊注明者外,一般均按连乘计算。使用时,还要区分修正系数是全面修正,还是只乘在人工工时、材料消耗和机械台时的某一项或几项上。

(5)注意定额单位。定额中的计量单位有多种,在进行概预算编制时要做到定额计量单位与工程量单位统一。

(6)注意定额用数字表示的适用范围。

①用一个数字表示的,仅适用于该数字本身。

②数字后面用“以下”“以内”表示的,均包括数字本身;用“以上”“以外”表示的,均不包括数字本身。

③用阿拉伯数字表示“××～××”的,适用于这两个数字区间的范围,相当于××以上至××以下。

④用阿拉伯数字表示“××—××”的,适用于这两个数字区间的整数,包括××本身。

⑤用罗马数字表示“××～××”的,适用于这两个数字区间的整数,包括××本身。

3.3　定额的使用示例

【例3-1】　某堤防工程,Ⅲ类土,一般土方开挖采用2 m^3挖掘机挖装,10 t自卸汽车运输,平均运距2 km。根据现行水利部发布的《水利建筑工程预算定额》,试问该工程条件下,挖运1 000 m^3土方工程需要多少人工、机械?

解:查《水利建筑工程预算定额》“2 m^3挖掘机挖土自卸汽车运输”定额编号010269子目(见表3-10)可知:该工程条件下,挖运100 m^3土需初级工3.6工时;2 m^3挖掘机0.64台时;59 kW推土机0.32台时;10 t自卸汽车5.75台时。

表3-10　《水利建筑工程预算定额》定额表(部分)

一-19　2 m^3挖掘机挖土自卸汽车运输

适用范围:Ⅲ类土、露天作业。

工作内容:挖装、运输、卸除、空回。

单位:100 m^3

项目	单位	运距(km)					增运
		1	2	3	4	5	1 km
工长	工时						
高级工	工时						
中级工	工时						
初级工	工时	3.6	3.6	3.6	3.6	3.6	
合计	工时	3.6	3.6	3.6	3.6	3.6	
零星材料费	%	4	4	4	4	4	
挖掘机　2 m^3	台时	0.64	0.64	0.64	0.64	0.64	
推土机　59 kW	台时	0.32	0.32	0.32	0.32	0.32	
自卸汽车　8 t	台时	4.69	6.13	7.46	8.72	9.92	1.11
10 t	台时	4.53	5.75	6.88	7.95	8.96	0.94
12 t	台时	3.96	5.03	6.02	6.95	7.84	0.82
15 t	台时	3.30	4.15	4.94	5.69	6.40	0.66
18 t	台时	3.08	3.79	4.45	5.07	5.66	0.55
20 t	台时	2.94	3.60	4.20	4.77	5.32	0.51
编号		010268	010269	010270	010271	010272	010273

因此,该工程条件下,挖运1 000 m^3土需初级工36工时;2 m^3挖掘机6.4台时;59 kW推土机3.2台时;10 t自卸汽车57.5台时。

知识技能小结

定额是指在一定的技术和组织条件下，生产质量合格的单位产品所消耗人力、物力、财力和时间的数量标准。定额由国家、地方、部门或企业制定，其大小反映了社会一定时期的生产和管理水平。定额具有科学性、法令性、时效性、稳定性、群众性、经济性、技术性、政策性等特性。

定额根据不同的分类标准有不同的类型。按生产要素分为劳动消耗定额、材料消耗定额、机械消耗定额；按定额编制程序和用途分为施工定额、预算定额、概算定额和投资估算指标；按编制单位和执行范围分为全国统一定额、行业统一定额、地区定额、企业定额和补充定额。按费用性质分为直接费定额、间接费定额、施工机械台时费定额和其他基本建设费用定额。

现行水利工程计价依据为水利部 2024 年发布的概(估)算编制规定和系列定额，包括《水利工程设计概(估)算编制规定》《水利建筑工程概算定额》《水利建筑工程预算定额》《水利设备安装工程概算定额》《水利设备安装工程预算定额》《水利工程施工机械台时费定额》等。不同定额的表现形式有所不同，通常有实物量形式、费率形式和综合式等。

使用定额应首先了解定额的编制依据、原则和基本方法，进一步掌握施工定额、预算定额、概算定额和投资估算指标的概念、作用和内容，熟悉它们的相互关系及异同点。

在编制水利工程概预算时，要熟悉定额的组成和内容，注意定额的使用原则，根据工程实际正确选用定额子目，查找定额规定的人工、材料消耗和机械台时数量标准。

知识技能训练

码 3-5　项目 3 自测练习

一、简答题

1. 定额有哪些特性？
2. 分别阐述施工定额、预算定额、概算定额的作用。
3. 施工定额、预算定额、概算定额、投资估算指标之间有何区别和联系？
4. 列举现行水利部发布的定额。
5. 总结水利工程定额的使用步骤。

二、名词解释

定额；劳动定额；材料消耗定额；机械消耗定额；概算定额；预算定额；施工定额。

三、案例分析题

某堤防工程，Ⅲ类土，一般土方开挖采用 1 m^3 挖掘机挖装，10 t 自卸汽车运输，平均运距 2 km。试问根据现行水利部发布的《水利建筑工程概算定额》，该工程条件下，挖运 120 m^3 土方工程需要多少人工、机械？

码 3-6　参考定额

项目 4　基础单价编制

【学习目标】

1. 能够准确解释基础单价的概念,准确理解基础单价的内容及作用。

2. 能够准确理解人工预算单价、材料预算价格、施工机械台时费、施工用电水风价格、自行采备砂石料单价、混凝土及砂浆材料单价等基础单价的编制原理及方法。

3. 能够根据现行水利工程计价规定、水利工程定额及工程实际对各基础单价进行合理编制。

【思政目标】

培养学生严谨细致、认真负责的工作态度,强化造价工作的责任心。

基础单价是编制工程单价的基本依据之一,也是编制工程概预算的最基本资料。在编制水利工程概预算时,需要根据国家以及工程项目所在地区的有关规定、工程所在地的具体条件、工程规模、施工技术、材料来源等,编制人工预算单价,材料预算价格,施工机械台时费,施工用电、风、水价格,自采砂石料单价,混凝土、砂浆材料单价等,作为编制建筑安装工程单价的基础性资料。这些预算价格统称为基础单价。

根据现行部颁《编规》,配套水利行业现行系列定额是编制基础单价的依据。基础单价编制的准确与否,将直接影响工程单价的正确程度,从而影响工程概预算编制的质量。

任务 1　人工预算单价

人工预算单价是指在编制水利工程概预算过程中,用以计算各种生产工人人工费时所采用的人工工时价格,是生产工人在单位时间(工时)所需的费用。它是编制建筑安装工程单价和施工机械台时费中机上人工费的重要基础单价。

人工预算单价的组成内容和标准,在不同时期、不同地区、不同行业、不同部门都是不相同的。因此,在编制水利工程概预算时,必须根据工程所在地区的工资类别和现行水利工程施工企业人工工资标准及有关工资性津贴标准,按照国家有关规定,正确地确定生产工人人工预算单价。人工预算单价编制准确与否,对水利工程概预算的编制质量起到至关重要的作用。

生产工人按技术等级不同划分为工长、高级工、中级工、初级工四个档次,与定额中的劳动力等级相对应。

码 4-1　微课:人工预算单价计算方法

1　人工预算单价计算方法

目前,按照我国国家和行业的有关规定,结合水利工程的特点,人工预算单价按工程类别(枢纽工程、引水工程、河道工程)和工程所在地的地区类别(一般地区、艰苦边远地区和西藏地区)确定,不同类别地区人工预算单价标准不同。根据现行部颁《编规》,人工预算单价计算标准按表 4-1 确定。

表 4-1 人工预算单价计算标准 单位:元/工时

类别与等级	一般地区	一类区	二类区	三类区	四类区	五类区 西藏二类区	六类区 西藏三类区	西藏四类区
枢纽工程								
工长	35.97	36.73	37.12	37.93	39.26	41.63	44.30	46.37
高级工	16.89	17.34	17.56	18.02	18.79	20.15	21.68	22.88
中级工	12.70	13.10	13.30	13.73	14.43	15.67	17.07	18.16
初级工	11.54	11.93	12.12	12.52	13.19	14.37	15.71	16.75
引水工程								
工长	30.62	31.39	31.78	32.58	33.92	36.29	38.95	41.03
高级工	14.98	15.43	15.65	16.11	16.88	18.24	19.77	20.97
中级工	11.74	12.15	12.35	12.77	13.47	14.72	16.12	17.21
初级工	10.97	11.36	11.55	11.95	12.62	13.80	15.14	16.18
河道工程								
工长	30.05	30.82	31.21	32.01	33.35	35.72	38.38	40.46
高级工	13.84	14.28	14.51	14.97	15.74	17.10	18.63	19.83
中级工	11.17	11.57	11.77	12.20	12.90	14.14	15.54	16.63
初级工	10.40	10.79	10.98	11.38	12.05	13.24	14.57	15.61

现行部颁《编规》根据有关工资制度,将水利工程人工工资区划分为一般地区、艰苦边远地区、西藏地区。一般地区指艰苦边远地区、西藏地区之外的地区。艰苦边远地区的工资区类别,执行原人事部、财政部《关于印发〈完善艰苦边远地区津贴制度实施方案〉的通知》(国人部发〔2006〕61 号)及各省(直辖市、自治区)关于艰苦边远地区津贴制度的实施意见,其一至六类区的类别划分内容见现行部颁《编规》附录 9(本书附录 2),执行时应当根据艰苦边远地区类别的最新文件进行调整。西藏自治区的工资区类别执行西藏特殊津贴制度相关文件规定,其二至四类区的划分内容见现行部颁《编规》附录 9(本书附录 2)。

跨地区建设项目的人工预算单价按人工工时数量比例综合确定,也可以简化计算方式,根据工程规模或投资规模按比例综合确定,或者按主要建筑物所在地的人工预算单价。

2 人工预算单价计算示例

码4-2 微课：人工预算单价计算示例

【例4-1】 请根据现行部颁《编规》，计算河南省洛阳市黄河大堤某堤段整修加固工程的人工预算单价。

解：(1)查《编规》附录9(本书附录2)，可知工程所在地属一般地区。

(2)黄河大堤某堤段整修加固工程属于河道工程。

(3)查"人工预算单价计算标准表"(见表4-1)，可知该工程人工预算单价分别为：

工长：30.05元/工时；高级工：13.84元/工时；中级工11.17元/工时；初级工10.40元/工时。

【例4-2】 请根据现行部颁《编规》，计算湖北省恩施土家族苗族自治州建始县某水库工程的人工预算单价。

解：(1)查《编规》附录9(本书附录2)，可知工程所在地属二类区。

(2)水库工程属于枢纽工程。

(3)查"人工预算单价计算标准表"(见表4-1)，可知该工程人工预算单价分别为：

工长：37.12元/工时；高级工：17.56元/工时；中级工13.30元/工时；初级工12.12元/工时。

任务2 材料预算价格

码4-3 微课：材料预算价格概述

1 概述

材料是指在建筑工程(如水利工程、房屋建筑工程、道路桥梁工程等)的建设过程中，直接耗用的原材料、半成品、成品、零部件等的统称。材料是各项基本建设的重要物质基础之一，是建筑安装工程加工和施工的劳动对象，它包括直接消耗在工程上的消耗性材料、构成工程实体的装置性材料和在施工过程中可重复使用的周转性材料。

材料费是建筑安装工程投资的重要组成部分。正确地计算材料预算价格，对于提高水利工程概预算质量，正确合理地控制水利工程造价具有重要意义。

1.1 基本概念

材料预算价格是指材料从购买地运到工地分仓库或相当于工地分仓库(材料堆放场)的出库价格，材料从工地分仓库至施工现场用料点的场内运杂费已计入定额内，如图4-1所示。它是编制建筑安装工程单价中材料费、施工机械台时费、混凝土及砂浆材料单价的基础单价。

1.2 水利工程材料的分类

水利工程建设中所用材料品种繁多，规格各异，按其对工程投资影响的程度，可分为主要材料和次要材料。

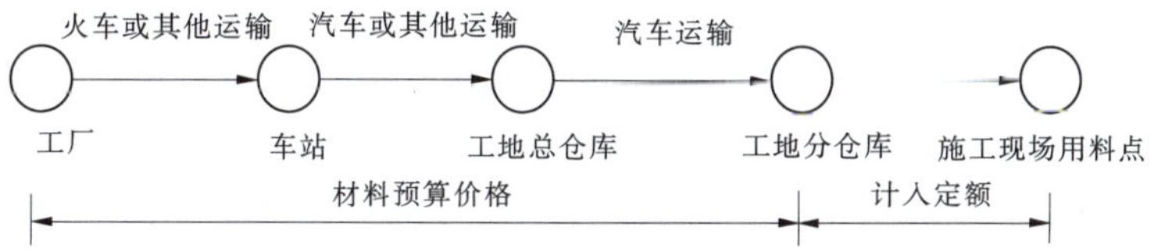

图 4-1　材料预算价格示例

1.2.1　主要材料

主要材料指占工程投资比例高的材料，一般包括柴油、汽油、水泥、钢筋、炸药、木材、粉煤灰，外购的砂、碎石、卵石等砂石料，外购的块石、料石等石料，安装工程的电缆、母线、轨道、钢板、输水管道等未计价装置性材料。主要材料类别可以根据工程实际情况进行调整。这类材料的价格应按品种逐一详细计算。

1.2.2　次要材料

次要材料指数量少、占工程投资比例低的材料。该部分材料价格不需详细计算。

2　主要材料预算价格

主要材料预算价格一般由材料原价、运杂费、运输保险费、采购及保管费四项组成。构成主要材料预算价格的材料原价和费用均不含增值税进项税额。

2.1　主要材料预算价格计算方法

2.1.1　材料原价

材料原价是指材料指定交货地点的价格。

材料原价采用主管部门发布或者价格信息发布的工程所在地材料价格。没有发布价时，结合设计要求，通过市场调查、询价或者分析论证同类工程合同价确定价格，采用不少于 3 个价格来源的平均值作为材料原价。同一种材料如有几种不同的来源，需按不同来源的材料原价和供应比例，加权平均计算。

码 4-4　微课：主要材料预算价格计算方法

2.1.2　运杂费

运杂费是指材料从指定交货地点至工地分仓库或相当于工地分仓库(材料堆放场)所发生的全部费用，包括各种运输工具的运输费、装卸费及其他杂费。

常见的建筑材料运输方式包括铁路运输、公路运输、水路运输等。在编制运杂费时，应详细收集工程所在地区及有关部门的运杂费价格资料，按施工组织设计中选定的运输方式、运输工具和里程进行计算。运杂费计算中应注意以下几个问题：

(1)编制材料预算价格时，应先绘制运输流程示意图，避免在计算过程中发生遗漏和重复。

(2)确定运量比例。一个工程若有两种或两种以上的对外交通方式，要确定各运输方式在工程材料运输中所占比例。采用铁路专用线，在施工初期往往不能通车，要采用公路等其他运输方式，因此在确定运量比例时，应充分重视施工初期的运输方式。

2.1.2.1　铁路运输

铁路运输按现行《铁路货物运价规则》及有关规定，根据货物运价号、运输里程运价率及有关规定计算运杂费。在国有线路上行驶时,其运杂费一律按《铁路货物运价规则》规定计算;属于地方营运的铁路,执行地方的规定;施工单位自备机车车辆在自营专用线上行驶的运杂费按摊销费计算。具体计算时应考虑以下因素。

(1)整车与零担比。

整车与零担比是指火车运输中整车和零担货物的比例,又叫整零比。整车运价较零担便宜,材料运输时,尽可能采用整车方式运输。具体整零比视工程规模情况而定,规模大,直供量多,整车比例就高。根据已建大中型水利水电工程实际情况,水泥、木材、汽油、柴油等按整车计算,钢材可考虑一部分零担,其比例,大型工程按10%~20%选取,中型工程按20%~30%选取。计算时,按整车和零担所占的百分率加权平均计算运价,计算公式为

$$运价=整车运价\times整车量(\%)+零担运价\times零担量(\%) \tag{4-1}$$

(2)装载系数。

材料实际运输时,因批量运输可能装不满一整车而不能满载;或虽已装满,但由于材料容重小,而其运输量达不到车皮的标记吨位;或为保证行车安全,对炸药类危险品不允许满载。这就存在实际运输质量与车辆标记质量不同的问题,而交通运输部门在整车运输时按标重收费,超过标重按实际质量计算费用,因此应考虑装载系数 K,其计算公式为

$$装载系数\ K=\frac{实际运输质量}{运输车辆标记质量} \tag{4-2}$$

只有火车整车运输钢材、木材等时,才考虑装载系数,表4-2所列装载系数供计算时参考。考虑装载系数后的实际运价计算公式为

$$实际运价=\frac{规定运价}{装载系数} \tag{4-3}$$

表4-2　装载系数表

序号	材料名称		单位	装载系数
1	水泥、油料		t/车皮 t	1.0
2	木材		m^3/车皮 t	0.90
3	钢材	大型工程	t/车皮 t	0.90
		中型工程	t/车皮 t	0.80~0.85
4	炸药		t/车皮 t	0.65~0.70

(3)毛重系数。

运输部门往往是以物资毛重计费,因此运费中要考虑材料的毛重系数,计算公式为

$$毛重系数=\frac{毛重}{净重}=\frac{实际质量+包装品质量}{实际质量} \tag{4-4}$$

$$单位毛重=材料单位质量\times毛重系数 \tag{4-5}$$

一般情况下,水泥、钢材、油罐车运输的油料的单位毛重与材料单位质量基本一致,其毛重系数为1.0;木材的单位质量与材质有关,一般为0.6~0.8 t/m^3,毛重系数为1.0;炸药毛重系数为1.17;油料自备油桶运输时其毛重系数:汽油为1.15,柴油为1.14。

综合考虑以上因素,铁路运价可按下式计算:

$$铁路运价=\frac{整车规定运价}{装载系数}\times毛重系数\times整车比例+零担规定运价\times毛重系数\times零担比例 \quad (4-6)$$

2.1.2.2 公路运输

公路运输,按工程所在省、自治区、直辖市交通部门现行规定标准或市场调查标准计算。

其中:公路运杂费的计算,按工程所在地市场价计算。汽车运输轻浮物时,按实际载重量计算。轻浮物是指每立方米质量不足 250 kg 的货物。整车运输时,其长、宽、高不得超过交通部门的有关规定,以车辆标记吨位计重。零担运输时,以货物包装的长、宽、高各自最大值计算体积,按每立方米折算 250 kg 计价。

2.1.2.3 水路运输

水路运输包括内河运输和海洋运输,按工程所在省、自治区、直辖市交通部门规定标准或市场调查标准计算。

2.1.3 运输保险费

运输保险费是指材料在运输途中的保险费。

运输保险费可按工程所在省、自治区、直辖市或中国人民保险公司的有关规定计算,也可按式(4-7)进行计算。

$$材料运输保险费=材料原价\times材料运输保险费率 \quad (4-7)$$

2.1.4 采购及保管费

采购及保管费是指材料在采购、供应和保管过程中所发生的各项费用。

根据现行部颁《编规》,采购及保管费以材料原价和运杂费之和为计算基数,按费率计算,采购及保管费率标准见表4-3,可采用式(4-8)计算。

$$材料采购及保管费=(材料原价+运杂费)\times采购及保管费率 \quad (4-8)$$

表 4-3 采购及保管费率

序号	材料名称	费率(%)
1	钢筋	2
2	水泥、粉煤灰	3
3	其他材料	2.5

主要材料预算价格计算公式为

$$材料预算价格=材料原价+运杂费+采购及保管费+运输保险费 \quad (4-9)$$

或

$$材料预算价格=(材料原价+运杂费)\times(1+采购及保管费费率)+运输保险费 \quad (4-10)$$

采用 Excel 表格编制主要材料预算价格时,可采用附表4-16、附表4-17格式。

2.2 主要材料预算价格计算示例

【例 4-3】 某水利工程用普通硅酸盐水泥,根据已知资料,计算该工程所用水泥的预算价格。

(1)水泥出厂价:P·O 42.5 水泥 360.00 元/t,所述出厂价均不含增值税进项税额。

(2)水泥运输流程如图 4-2 所示:

火车综合运价 0.138 元/(t·km),汽车运价 0.58 元/(t·km),装车费共 5.00 元/t,卸车费共 4.00 元/t,所述运价、装车费、卸车费均不含增值税进项税额。

(3)水泥运输保险费为 0.2%。

码 4-5　微课:主要材料预算价格计算示例

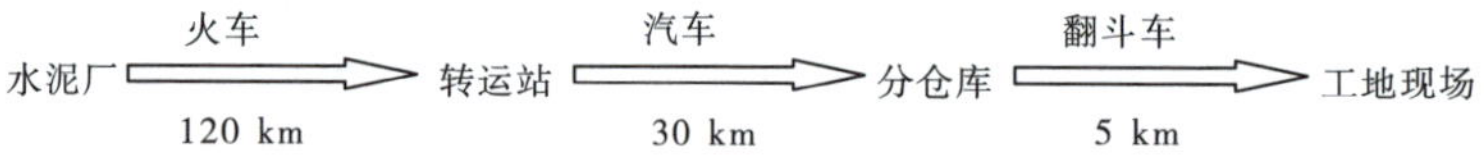

图 4-2　水泥运输流程

解:(1)P·O 42.5 水泥原价:360.00 元/t。

(2)运杂费:

运费:0.138×120+0.58×30=33.96(元/t)。

运杂费:33.96+5.00+4.00=42.96(元/t)。

(3)运输保险费:360.00×0.2%=0.72(元/t)。

(4)根据表 4-3 采购及保管费率表,水泥采购及保管费率为 3%。

采购及保管费:(360.00+42.96)×3%=12.09(元/t)。

(5)水泥预算单价:360.00+42.96+12.09+0.72=415.77(元/t)。

计算结果填入表 4-4 中。

表 4-4　主要材料预算价格计算表

编号	名称及规格	单位	每吨运费(元)	预算价格构成(元)				
				原价(不含税价)	运杂费	采购及保管费	运输保险费	预算价格
1	P·O 42.5 水泥	t	33.96	360.00	42.96	12.09	0.72	415.77

3　次要材料预算价格

次要材料预算价格采用主管部门发布或价格信息发布的价格,没有发布价时采用市场调查价格,价格不含增值税进项税额。

如果工程所在地距离就近城市比较远,可视情况加计一定的运杂费。

4　材料基价、材料补差

为避免材料市场价格起伏变化,造成间接费、利润的相应变化,有些主管部门对主要材料规定了统一的价格，按此价格进入工程单价计取有关费用，故称为取费价格。这种价格由主管部门发布，在一定时期内固定不变，故又称为基价。只规定上限的基价，称为规定价或限价。相对于基价、限价而言，按实际市场价计算出的材料预算价格与基价之差称为材料补差。

码 4-6 微课：材料基价及材料补差

在计算工程单价时，主要材料预算价格超过表 4-5 规定的限制价格（材料基价）时，应当按基价计入工程单价的基本直接费并计取费用，预算价与基价的差值计入材料补差，材料补差列入工程单价税金之前，仅计取税金。

主要材料预算价格低于基价时，按预算价格计入工程单价的材料费。

计算施工用电、风、水价格时，油料按预算价参与计算。

材料增值税税率变化时，材料基价不变。

表 4-5 材料基价表

序号	材料名称	单位	基价(元)	
			枢纽工程	引水及河道工程
1	柴油	t	4 000	2 500
2	汽油	t	4 000	4 000
3	钢筋	t	2 000	2 000
4	水泥	t	300	225
5	炸药	t	6 000	6 000
6	工业电子雷管	发	3	3
7	外购砂石料	m^3	40	40
8	外购石料	m^3	40	40

任务 3 施工机械台时费

在水利工程施工中，随着施工机械化程度的不断提高，施工机械台时费在工程投资中所占比例越来越大。因此，正确编制施工机械台时费对合理确定工程造价非常重要。

台时是指一台施工机械正常工作 1 小时。施工机械台时费指一台施工机械正常工作 1 个小时所支出和分摊的各项费用之和，它是编制建筑安装工程单价中机械使用费、施工用电水风价格的基础单价。

施工机械台时费应根据现行水利部发布的《水利工程施工机械台时费定额》（水总〔2024〕323 号）（以下简称“现行部颁《台时费定额》”）及有关规定进行编制。

现行部颁《台时费定额》包括土石方机械、混凝土机械、运输机械、起重机械、砂石料加工机械、钻孔灌浆机械、掘进机施工机械、工程船舶、动力机械、其他机械及水土保持工程专用机械，共十一类 1 572 个子目。

1 施工机械台时费的组成

码 4-7 微课：施工机械台时费的组成

水利工程施工机械台时费由一类费用和二类费用组成。

1.1 一类费用

一类费用包括折旧费、修理及替换设备费和安装拆卸费。现行部颁《台时费定额》按 2023 年价格水平编制，以“元”为计量单位，用金额表示。

现行部颁《台时费定额》备注栏内注有符号“※”的大型施工机械，表示该项定额未计列安装拆卸费，其费用包含在配套使用的编制规定的“其他施工临时工程”中；注有符号“▲”的大型施工机械，表示该项定额未计列安装拆卸费，其本体及后配套设备的安装拆卸费按一并发布的《水利建筑工程概算定额》中相关定额子目和配套使用的编制规定的有关规定计算。

1.2 二类费用

二类费用包括施工机械机上操作人员人工费、施工机械正常运转所需动力燃料或消耗材料费。在现行部颁《台时费定额》中，二类费用以实物量形式表示。

定额中人工指施工机械机上操作人员的人工消耗量，以“工时”为计量单位。定额中动力燃料或消耗材料是指施工机械正常运转所需汽油、柴油、电、风、水、煤的消耗量，以法定计量单位计量。其中，电的消耗量包括施工机械本身用电和最后一级降压变压器低压侧至施工用电点之间的线路损耗，风、水的消耗量包括施工机械本身用风、用水和移动支管的线路损耗。

2 施工机械台时费的计算

码 4-8 微课：施工机械台时费计算方法

2.1 施工机械台时费的计算方法

根据施工机械设备规格、型号、设备容量等参数，查阅现行部颁《台时费定额》进行施工机械台时费的计算。

2.1.1 一类费用

除另有规定外，一类费用按现行部颁《台时费定额》计算。

一类费用公式为

$$一类费用 = 折旧费 + 修理及替换设备费 + 安装拆卸费 \tag{4-11}$$

2.1.2 二类费用

根据现行部颁《台时费定额》，二类费用按本定额中的消耗量乘以相应单价计算，相应单价的计算方法执行配套使用的编制规定的相关规定。

其中，人工按水利工程“中级工”编制。

动力、燃料中的柴油、汽油规定了基价，当柴油、汽油的预算价格低于基价时，按预算价格计算施工机械台时费；当柴油、汽油的预算价格超过基价时，应当按基价计算施工机械台时费，预算价格与基价的差值计入材料补差，材料补差列入工程单价税金之前，仅计取税金。

二类费用公式为

二类费用 = 定额机上人工工时数 × 中级工人工预算单价 +

Σ（定额动力、燃料消耗量×动力、燃料预算价格或基价） (4-12)

一、二类费用之和即为施工机械台时费，即

施工机械台时费＝一类费用＋二类费用 (4-13)

当施工组织设计选取的施工机械在台时费定额中缺项，或规格、型号不符时，必须编制补充施工机械台时费，其水平要与同类机械相当。编制时，一般依据该机械的预算价格、年折旧率、年工作台时、额定功率以及额定动力或燃料消耗量等参数，采用按施工机械台时费定额编制方法、直线内插法、占基本折旧费比例法等进行编制。

采用 Excel 表格编制施工机械台时费时，可采用附表 4-11 格式或类似格式。

2.2 施工机械台时费计算示例

【例 4-4】 某引水工程位于一类区，柴油预算价格 6 300 元/t，试计算该工程中 0.6 m^3 液压单斗挖掘机的施工机械台时费。

码 4-9 微课：施工机械台时费计算示例

解：(1)查现行部颁《编规》“人工预算单价计算标准”（见表 4-1），一类区引水工程的中级工人工预算单价为 12.15 元/工时。

(2)查现行部颁《台时费定额》定额编号 01010（见表 4-6），可知：一类费用为 48.61 元/台时；二类费用中机上人工为 2.4 工时/台时，柴油消耗量为 7.5 kg/台时。

表 4-6 现行部颁《台时费定额》（土石方机械）

项目		单位	单斗挖掘机							
			电动		液压					
			斗容(m^3)							
			10	12	0.2	0.4	0.6	1	1.6	2
(一)	折旧费	元	546.46	903.76	14.47	23.41	28.94	35.33	57.46	69.80
	修理及替换设备费	元	196.92	325.66	10.50	16.45	19.67	22.38	32.43	36.18
	安装拆卸费	元								
	小计	元	743.38	1 229.42	24.97	39.86	48.61	57.71	89.89	105.98
(二)	人工	工时	2.6	2.6	1.2	1.2	2.4	2.4	2.4	2.4
	汽油	kg								
	柴油	kg			3.7	6.0	7.5	11.4	15.7	17.0
	电	kW · h	222.4	311.3						
	风	m^3								
	水	m^3								
	煤	kg								
备注			※	※						
编号			01006	01007	01008	01009	01010	01011	01012	01013

根据现行部颁《编规》，引水工程柴油的基价为 2 500 元/t，已知柴油的预算价格为

6 300 元/t,因此计算施工机械台时费时,应按基价计算。

二类费用(基价):2.4×12.15+7.5×2.5=47.91(元/台时)。

0.6 m^3 液压单斗挖掘机台时费(基价)为:48.61+47.91=96.52(元/台时)。

计算结果见表4-7。

【例4-5】 某引水工程位于一类区,柴油预算价格2 400 元/t,试计算该工程中0.4 m^3 液压单斗挖掘机的施工机械台时费。

解:(1)查现行部颁《编规》"人工预算单价计算标准表"(见表4-1),一类区引水工程的中级工人工预算单价为12.15 元/工时。

(2)查现行部颁《台时费定额》定额编号01009(见表4-6),可知:一类费用为39.86 元/台时;二类费用中机上人工为1.2 工时/台时,柴油消耗量为6.0 kg/台时。

根据现行部颁《编规》,引水工程柴油的基价为2 500 元/t,已知柴油的预算价格为2 400 元/t,因此计算施工机械台时费时,应按预算价格计算。

二类费用:1.2×12.15+6.0×2.4=28.98(元/台时)。

0.4 m^3 液压单斗挖掘机台时费(预算价)为:39.86+28.98=68.84(元/台时)。

计算结果见表4-7。

表4-7　施工机械台时费计算表

定额编号	名称及规格	台时费(元)		定额数量										
				一类费用				二类费用						
		预算价	基价	折旧费(元)	修理及替换设备费(元)	安装拆卸费(元)	小计(元)	人工(工时)	汽油(kg)	柴油(kg)	电(kW·h)	风(m^3)	水(m^3)	煤(kg)
01010	0.6 m^3 液压单斗挖掘机(例4-4)		96.52	28.94	19.67		48.61	2.4		7.5				
01009	0.4 m^3 液压单斗挖掘机(例4-5)	68.84		23.41	16.45		39.86	1.2		6.0				

任务4　施工用电、风、水价格

施工用电、风、水价格直接影响施工机械台时费的高低。在水利工程施工过程中,电、风、水的消耗量非常大,其价格高低对建筑安装工程的投资影响较大,因此在编制水利工程概预算时,要根据工程施工组织设计确定的电、风、水的供应方式、布置方式、设备配置情况等资料,分别计算其价格。

1　施工用电价格

1.1　施工用电的分类

施工用电按用途可分为生产用电和生活用电两部分。

生产用电是指施工机械用电、施工照明用电和其他生产用电,直接计入工程成本。生活用电是指生活、文化、福利建筑的室内、外照明和其他生活用电。

生活用电不直接用于生产,应在间接费内开支或由职工自行负担,不在施工用电电价计算范围。

码 4-10 微课:施工用电价格

水利工程概预算中的施工用电价格计算范围仅指生产用电。

1.2 施工用电的来源

水利工程施工用电来自外购电和自发电。

1.2.1 外购电

外购电是指由国家或地方电网及其他电厂供电的电网供电。电网供电电价低廉,电源可靠,是施工时的主要电源。

1.2.2 自发电

自发电是指由施工企业自备柴油发电机、自建水力或火力发电厂供电。自发电成本较高,一般作为施工企业的电源或高峰用电时使用。

1.3 施工用电价格的组成

施工用电价格由基本电价、电能损耗摊销费和供电设施维修摊销费组成。

1.3.1 基本电价

基本电价是施工用电价格的主要组成部分。

(1)外购电的基本电价,是指施工企业直接向供电单位购电,按规定所需支付的供电价格。凡是由国家电网供电,均应执行国家规定的基本电网电价中的非工业标准电价,包括电网电价、电力建设基金(三峡工程建设基金)、用电附加费(公用事业附加费、燃料附加费等)及各种按规定的加价(农网改造还贷);由地方电网或其他企业中小型电网供电的,执行地方电价主管部门规定的电价。

(2)自发电的基本电价,是指施工企业自建发电厂的单位发电成本。

1.3.2 电能损耗摊销费

(1)外购电的电能损耗摊销费,是指施工企业与供电部门从产权分界处(供电单位收费计量点)起,到现场施工点最后一级降压变压器低压侧止,在所有输配电线路和变配电设备上所发生的电能损耗摊销费。包括高压输电线路损耗、高压配电线路和变配电设备损耗两部分。前者指高压电网到施工主变压器高压侧之间的高压输电线路损耗,其损耗率可取3%~5%;后者指由施工主变压器高压侧至现场各施工点最后一级降压变压器低压侧之间的配电线路损耗和变配电设备上的电能损耗,其损耗率可取4%~7%。线路短、用电负荷集中的取小值,反之取大值。

(2)自发电的电能损耗摊销费,指施工企业自建发电厂的出线侧(或电厂变电站出线侧)至现场各施工点最后一级降压变压器低压侧止,所有变配电设备和输配电线路上发生的电能损耗摊销费用。

从最后一级降压变压器低压侧至施工用电点的施工设备和低压配电线路损耗,已包括在各用电施工设备、工(器)具的台时耗电定额内,计算电价中不再考虑。

1.3.3 供电设施维修摊销费

供电设施维修摊销费是指摊入电价的变配电设备的折旧费、修理费、安装拆卸费、设备及输配电线路的移设和运行维护费。

由于此类费用的具体计算较烦琐,初步设计阶段施工组织深度往往难以满足要求,因此不进行具体计算,而是采用经验指标直接摊入电价的方式计算,根据现行部颁《编规》,取0.04~0.05元/(kW·h)。

1.4　施工用电价格的计算

施工用电价格,根据施工组织设计确定的供电方式,按照外购电(电网供电)、自发电(柴油发电机供电)等电源的电量比例综合计算。

1.4.1　外购电电价(电网供电价格)

电网供电价格根据工程所在地区用电政策确定,采用单一制电价的,基本电价根据施工用电电压等级,按规定的电量电价和加价进行计算。价格不含增值税进项税额。

电价的计算公式为

$$\text{电网供电价格} = \text{基本电价} \div (1 - 35\ \text{kV 及以上高压输电线路损耗率}) \div (1 - 35\ \text{kV 以下变配电设备及配电线路损耗率}) + \text{供电设施维修摊销费} \tag{4-14}$$

式中:高压输电线路损耗率取3%~5%;变配电设备及配电线路损耗率取4%~7%;供电设施维修摊销费取0.04~0.05元/(kW·h)。

采用两部制电价的,电量电价计算方法与单一制电价一致。容(需)量电费按规定的容(需)量电价,根据施工组织设计确定的施工用电电压等级、用电容(需)量进行计算,费用在施工供电工程中计列。

1.4.2　柴油发电机供电价格

根据冷却水的不同供给方式,可按以下公式计算。

(1)柴油发电机供电价格(自设水泵供冷却水)。

$$\text{柴油发电机供电价格} = \frac{\text{柴油发电机组(台)时总费用} + \text{水泵组(台)时总费用}}{\text{柴油发电机额定容量之和} \times K \times (1 - \text{厂用电率})} \div (1 - \text{变配电设备及配电线路损耗率}) + \text{供电设施维修摊销费} \tag{4-15}$$

(2)柴油发电机供电价格(采用循环冷却水,不用水泵)。

$$\text{柴油发电机供电价格} = \frac{\text{柴油发电机组(台)时总费用}}{\text{柴油发电机额定容量之和} \times K \times (1 - \text{厂用电率})} \div (1 - \text{变配电设备及配电线路损耗率}) + \text{单位循环冷却水费} + \text{供电设施维修摊销费} \tag{4-16}$$

式中:K为发电机出力系数,一般取0.80~0.85;厂用电率取3%~5%;单位循环冷却水费取0.05~0.07元/(kW·h);其他符号意义同前。

1.5　施工用电价格计算示例

【例4-6】　某水利工程施工用电,由国家供电网供电90%,自发电10%。基本资料如下,计算其综合电价。

(1)外购电。①基本电价0.498元/(kW·h)(不含增值税进项税额);②损耗率:高压输电线路取5%,变配电设备及配电电线路取6%;③供电设施维修摊销费取0.04元/(kW·h)。

(2)自发电。①自备柴油发动机:容量250 kW(1台),台时费为351.39元/台时;容量 200 kW(1 台),台时费为 291.21 元/台时。②自设水泵供给冷却水:2.2 kW 潜水泵(2 台),台时费为 10.54 元/台时。③厂用电率取 5%,发电机出力系数取 0.80;变配电设备及配电线路损耗率取 6%;供电设施维修摊销费取 0.05 元/(kW·h)。

解:(1)计算外购电(电网供电价格)电价。

外购电电价 = 0.498 ÷ (1 − 5%) ÷ (1 − 6%) + 0.04 = 0.598[元/(kW·h)]

(2)自发电的电价(自设水泵供冷却水)。

$$\text{自发电电价} = \frac{351.39 + 291.21 + 10.54 \times 2}{(250 + 200) \times 0.80 \times (1 - 5\%)} \div (1 - 6\%) + 0.05 = 2.114[\text{元}/(\text{kW}\cdot\text{h})]$$

(3)综合电价 = 0.598×90%+2.114×10% = 0.75[元/(kW·h)]

所以,取定综合电价为 0.75 元/(kW·h)。

2 施工用风价格

码 4-11 微课:施工用风价格

水利工程施工用风主要用于石方开挖工程、混凝土工程等工程施工中的施工机械(如风钻、潜孔钻、风镐、凿岩台车、混凝土喷射机、风水枪等)所需的压缩空气。压缩空气一般通过自建供风系统供给,主要由固定式空压机和移动式空压机供给。在大中型工程中,一般采用多台固定式空压机组成供风系统,并以移动式空压机为辅助。对于工程量小、布局分散的工程,宜采用移动式空压机供风,此时可将其与用风的施工机械配套,以空压机台时费乘以台时使用量直接计入工程价,不再单独计算风价,相应风动机械台时费中二类费用不再计算台时耗风费用。

为保证风压和减少管道损耗,水利工程施工工地一般采用分区布置供风系统,如左区、右坝区、厂房区等。各区供风系统布置形式和机械组成不一定相同,因而各区的风价也不一定相同,此种情况下应采用加权平均的方法计算综合风价。

施工用风价格是计算各种风动机械台时费的依据。

2.1 施工用风价格的组成

施工用风价格由基本风价、供风损耗摊销费和供风设施维修摊销费组成。

2.1.1 基本风价

基本风价是指根据施工组织设计供风系统所配置的空压机设备,按台时总费用除以台时总供风量计算的单位风量价格。

2.1.2 供风损耗摊销费

供风损耗摊销费是指由压气站至用风工作面的固定供风管道,在输送压气过程中所发生的漏气损耗、压气在管道中流动时的阻力风量损耗摊销费用,其大小与管路敷设质量、管道长短有关。供风损耗率按总风量的 6%~10%计算,供风管路短的取小值,反之取大值。

2.1.3 供风设施维修摊销费

供风设施维修摊销费是指摊入风价的供风管道的维护、修理费用。

2.2 施工用风价格的计算

2.2.1 施工用风价格计算方法

施工用风价格,根据施工组织设计所确定的空气压缩机系统设备组(台)时总费用和组(台)时总有效供风量计算。

根据冷却水的不同供给方式,可按以下公式计算。

(1)采用水泵供冷却水时,计算公式为

$$\text{施工用风价格} = \frac{\text{空气压缩机组(台)时总费用} + \text{水泵组(台)时总费用}}{\text{空气压缩机额定容量之和} \times 60\ \text{min} \times K} \div (1 - \text{供风损耗率}) + \text{供风设施维修摊销费} \tag{4-17}$$

(2)采用循环水冷却时,不用水泵,则风价计算公式为

$$\text{施工用风价格} = \frac{\text{空气压缩机组(台)时总费用}}{\text{空气压缩机额定容量之和} \times 60\ \text{min} \times K} \div (1 - \text{供风损耗率}) + \text{单位循环冷却水费} + \text{供风设施维修摊销费} \tag{4-18}$$

式中:K为能量利用系数,取0.70~0.85;供风损耗率取6%~10%;单位循环冷却水费取0.007元/m^3;供风设施维修摊销费取0.004~0.005元/m^3。

2.2.2 施工用风价格计算示例

【例4-7】 某水利工程供风系统设电动固定式空压机1台,额定容量为15 m^3/min。该空压机台时费为65.09元/台时;采用循环水冷却。空压机能量利用系数取0.85,供风损耗率取9%,单位循环冷却水费取0.007元/m^3,供风设施维修摊销费取0.005元/m^3。试计算施工用风价格。

解: $\text{施工用风价格} = \frac{65.09}{15 \times 60 \times 0.85} \div (1 - 9\%) + 0.007 + 0.005 = 0.11(\text{元}/m^3)$。

3 施工用水价格

水利工程施工用水包括生产用水和生活用水两部分。生产用水指直接进入工程成本的施工用水,包括施工机械用水、砂石料筛洗用水、混凝土拌制养护用水、土石坝砂石料压实用水、钻孔灌浆生产用水,以及修配、机械加工和房屋建筑用水等。

生活用水主要指用于职工和家属的饮用和洗涤用水、生活区的公共事业等用水。生活用水在间接费内开支或由职工自行负担,不计入施工用水水价之内。

水利工程概预算中的施工用水价格计算范围,仅指生产用水。

施工用水价格是编制施工机械台时费和工程单价的依据。因水利工程多处于偏僻山区,一般均自设供水系统,大中型水利工程往往设置几个供水系统,不同的供水系统有不同的供水方式,计算时应按各供水系统供水量的比例加权平均计算综合水价。

3.1 施工用水价格的组成

施工用水价格由基本水价、供水损耗摊销费和供水设施维修摊销费组成。

3.1.1 基本水价

基本水价是根据施工组织设计确定的施工期间高峰用水量所配备的供水系统设备,按台时产量分析计算的单位水量的价格。

基本水价是构成水价的主要组成部分,其高低与生产用水的工艺要求及施工布置有关,如扬程高、用水需作沉淀处理时,水价就高,反之则低。

码 4-12 微课:施工用水价格

3.1.2 供水损耗摊销费

供水损耗摊销费是指施工用水在储存、输送、处理过程中造成水量损失的摊销费用。其大小与贮水池、供水管道的设计、施工质量,以及运行中维修管理的好坏有关。在计算水价时,损耗通常以损耗率的形式表示为

$$\text{供水损耗率}(\%)=\text{损失水量}\div\text{水泵总出水量}\times 100\% \tag{4-19}$$

供水损耗率一般可按总出水量的6%~10%计取。供水范围大、扬程高、采用两级以上泵站供水系统的取小值,反之取大值。

3.1.3 供水设施维修摊销费

供水设施维修摊销费是指摊入单位水价的水池、供水管路等供水设施的维护修理费用(注:水池、供水管路等供水设施的建筑安装费已计入施工临时工程中的其他临时工程内,不能直接摊入水价成本)。由于该项费用难以准确计算,一般可按经验指标摊入水价。

3.2 施工用水价格的计算

3.2.1 施工用水价格计算方法

施工用水价格应根据施工组织设计所确定的供水系统设备组(台)时总费用和组(台)时总有效供水量计算。

水价计算公式为

$$\text{施工用水价格}=\frac{\text{水泵组(台)时总费用}}{\text{水泵额定容量之和}\times K}\div(1-\text{供水损耗率})+\text{供水设备维修摊销费} \tag{4-20}$$

式中:K 为能量利用系数,取0.75~0.85;供水损耗率取6%~10%;供水设备维修摊销费取0.04~0.05元/m^3。

注意:

(1)施工用水为多级提水并中间有分流时,应当逐级计算水价。

(2)施工用水有循环用水时,应当根据施工组织设计的供水工艺流程计算。

(3)砂石料加工系统施工用水量较大,单独设置供水系统时,宜单独计算水价。

(4)施工采用自来水时,其价格为不含增值税进项税额的价格。

3.2.2 施工用水价格计算时应注意的问题

(1)水泵台时总出水量计算,应根据施工组织设计供水系统配置的水泵设备(不包括备用设备)选定的水泵型号、系统的实际扬程和水泵性能曲线确定。

(2)供水系统为一级供水,组(台)时总出水量按全部工作水泵的总出水量计算。

(3)供水系统为多级供水时:

①当全部水量通过最后一级水泵出水,组(台)时总出水量按最后一级工作水泵的出水量计算,但组(台)时总费用应包括所有各级工作水泵的组(台)时费。

②有部分水量不通过最后一级水泵,而由其他各级分别供水时,要逐级计算水价,其组(台)时总出水量为各级出水量之和,组(台)时总费用为所有各级工作水泵的组(台)时费之和。

③当最后一级系供生活用水时,则组(台)时总出水量包括最后一级出水量,但该级组(台)时费不应计算在组(台)时总费用内。

(4)在计算组(台)时总出水量和组(台)时总费用时,在总出水量中如果不包括备用水泵的出水量,则组(台)时总费用中也不应包括备用水泵的台时费;反之,如计入备用水泵,则(组)台时总费用中应计入备用水泵的组(台)时费。

(5)凡因生活用水而增加的费用(如净化药品费等)均不应摊入生产用水的单价内。

3.2.3 施工用水价格计算示例

【例4-8】 某水利工程施工供水系统为一级供水,采用1台15 kW的单级离心水泵,额定容量为87 m^3/h,台时费为17.00元/台时。水泵的出力系数取0.85,供水损耗率取8%,供水设施维修摊销费取0.04元/m^3。试计算施工用水价格。

解: 施工用水价格 $= \dfrac{17.00}{87 \times 0.85} \div (1 - 8\%) + 0.04 = 0.29$(元/$m^3$)

【例4-9】 某水利工程右岸施工用水设两级供水,各级泵站出水口处均设有调节水池,供水系统主要技术指标见表4-8。水泵的出力系数取0.85,供水损耗率取10%,供水设施维修摊销费取0.05元/m^3,试计算施工用水综合水价。

表4-8 供水系统主要技术指标

位置		水泵型号	电机功率(kW)	台数(台)	设计扬程(m)	水泵额定流量(m^3/h)	设计用水量(m^3/组时)	台时费(元/台时)
右岸	一级泵站	14sh-13	55	2	83	262	200	56.06
	二级泵站	D85-45×5	30	1	32.6	45	60	34.97
	小计						260	

解:(1)一级泵站供水水价 $= \dfrac{56.06 \times 2}{262 \times 2 \times 0.85} \div (1 - 10\%) + 0.05 = 0.330$(元/$m^3$)

(2)二级泵站供水水价 $= 0.330 + \dfrac{34.97}{45 \times 0.85} \div (1 - 10\%) + 0.05 = 1.396$(元/$m^3$)

(3)施工综合水价 $= 0.330 \times \dfrac{200}{260} + 1.396 \times \dfrac{60}{260} = 0.58$(元/$m^3$)

任务5 砂石料单价

砂石料是水利工程中混凝土和堆砌石等构筑物的主要建筑材料,常指砂、卵(砾)石、碎石、块石、料石等材料。小型水利工程一般可在市场上就近采购,外购砂石料的单价按编制材料预算价格的方法编制。而大中型水利工程中,由于砂石料的使用量很大,一般由施工单位自行采备,自行采备的砂石料必须单独编制其单价。本任务主要介绍自行采备砂石料的单价编制。

码 4-13　微课:砂石料单价概述

1　砂石料单价计算的基本方法

砂石料单价是指从清除覆盖层、毛料开采运输、预筛破碎、筛洗贮存直到将成品运至混凝土拌制系统骨料仓(场)为止的全部生产流程所发生的费用。砂石料单价计算方法主要有两种:系统单价法和工序单价法。

1.1　系统单价法

系统单价法是以从原料开采运输到骨料运至搅拌楼(场)骨料料仓(堆)上的生产全过程的整个砂石料生产系统为计算单元,用系统单位时间的生产总费用除以系统单位时间的骨料产量计算骨料单价。

系统单价法避免了影响计算成果准确的损耗和体积变化这两个复杂因素,计算原理相对科学。但对施工组织设计深度要求较高,在选定系统设备、型号、数量及确定单位时间产量时有一定程度的任意性。

1.2　工序单价法

工序单价法按骨料生产流程,分解成若干个工序,以工序为计算单元,按现行概预算定额相应子目计算各个工序单价,然后累计计算成品骨料单价。该方法概念明确,计算结构科学,易于结合工程实际。目前,水利工程造价广泛应用此方法。

2　砂石料生产工艺流程

砂石料生产的工艺流程主要包括覆盖层清除、毛料开采运输、预筛破碎、筛洗贮存直到将成品运至混凝土拌制系统骨料仓为止的全部生产流程。

砂石料按其来源不同一般分为天然砂石料和人工砂石料两种。天然砂石料是岩石经风化和水流冲刷而形成的。有河砂、山砂、海砂以及河卵石、山卵石和海卵石等。人工砂石料是采用爆破等方式,开采岩体经机械设备的破碎、筛洗、碾磨加工而成的碎石和人工砂。对于这两种自采砂石料来说,它们的工艺流程大致相同,但也存在细微差别,具体工艺流程如下。

2.1　覆盖层清除

天然砂砾料的料场一般在河滩,表层都有杂草、树木、腐殖土等覆盖层,在毛料开采前应剥离清除。

人工砂石料开采时,岩石料场表层一般有耕植土或残积土覆盖及风化岩层,在碎石原料开采前,均应剥离清除。

2.2　毛料开采运输

毛料(未经加工的砂砾料或碎石原料)从料场开采后,运至毛料堆存处的过程。

对于天然砂石料来说,可分为陆上开采运输和水下开采运输。毛料开采运输通常有几种情况:一是毛料开采后一部分直接运到筛分场堆存,而另一部分需暂存某堆料场,将来再倒运到筛分场,这种情况应分别计算单价,然后按比例加权平均计算综合工序单价;另一种情况是由多个料场供料时,当开挖、运输方式相同,可按料场供料比例,加权平均计算运距。如果开挖、运输方式不同,则应分别计算各料场单价,按供料比例加权平均计算工序单价。

2.3　毛料的破碎、筛分、冲洗加工

(1)天然砂石料的破碎、筛分、冲洗加工一般包括预筛分、超径石破碎、筛洗、中间破碎、二次筛分、堆存及废弃料清除等工序。

预筛分是将毛料隔离超径石的过程,包括设条筛及重型振动筛两次隔离过程。超径石是指大于设计级配最大粒径的卵石,为满足设计级配要求,充分利用料源,预筛分隔离的超径石可进行一次或两次破碎,加工为需要粒径的碎石半成品。

超径石破碎是指将预筛分隔离的超径石进行一次或两次破碎,加工成需要粒径的碎石半成品的过程。

筛洗是指将毛料和碎石半成品通过各级筛分机与洗砂机筛分、冲洗成设计需要的质量合格的不同粒径粗骨料与细骨料的过程。一般包括预筛、初筛、复筛、洗砂等过程。筛洗工序一般需设置两台筛分机,4层筛网和一台螺旋分级机,筛分为0.15~5 mm(砂)和5~20 mm、20~40 mm、40~80 mm、80~150 mm五种径级的产品,在筛分过程中,供以压力水喷洒冲洗。

中间破碎是指由于生产和级配平衡的需要,将一部分大粒径骨料进行破碎加工的过程。

二次筛分是指粗骨料在运输、贮存过程中会受污染,逊径含量也可能超标,为保证混凝土质量,有的工程在骨料上搅拌楼之前进行的第二次筛分。

为满足混凝土骨料质量和级配要求,将通过预筛分工序的半成品料,筛分为粒径等级符合设计级配、干净合格的成品料并分级堆存。为满足设计级配要求,充分利用料源,在筛洗工序中可增加中间破碎工序。

(2)人工砂石料的破碎、筛分、冲洗加工一般包括破碎(分为粗碎、中碎、细碎)、筛分(分为预筛、初筛、复筛)、清洗等工序。

由于受破碎机械性能限制须将碎石原料进行粗碎,然后对粗碎后的碎石原料进行破碎、筛分、冲洗,并分级堆存。

根据现行定额,人工砂石料加工分为三种情况,即单独生产碎石、单独生产人工砂、同时生产碎石和人工砂。当人工砂石料加工的碎石原料含泥量超过5%时,需增加预洗工序。

2.4　成品运输

成品骨料运输是指经过筛洗加工后的分级骨料,由筛分楼(场)成品料仓(场)运至混凝土拌和楼(场)骨料仓(场)的过程。运距较近采用皮带机,运距较远采用自卸汽车或机车运输。

2.5　弃料处理

弃料处理是指因天然砂砾料中的自然级配组合与设计采用级配组合不同而产生的弃料和处理的过程。包括超径石弃料和剩余骨料弃料。由于有弃料发生,为满足设计骨料

用量，需多开采砂砾料，并按设计要求对弃料进行处理，由此而增加的费用，应摊入成品骨料单价内。

人工骨料一般不存在弃料问题，若有弃料，则是成品骨料的剩余量。

3 砂石料单价计算步骤与方法

合理编制砂石料单价对工程至关重要，其计算步骤如下：收集基本资料、确定工艺流程、确定计算参数、计算各工序单价、计算砂石料综合单价。

3.1 收集基本资料

(1)料场的位置、分布、地形条件、工程地质和水文地质特性、料场砂石料松石状况、杂质或泥土含量、岩石类别及物理力学特性等。

(2)料场的储量、可开采数量、设计需用量。

(3)料场的天然级配组成与设计级配，级配平衡计算成果。

(4)料场覆盖层的清除厚度、数量及其占毛料开采量的比例，覆盖层清除方式等。

(5)砂石料的开采、运输、堆存、加工、筛洗方式。

(6)成品料的运输、堆存方式，弃料处理、运输方式等。

(7)砂石料生产系统的加工工艺流程及设备配置，各生产环节的设计生产能力及相互间的衔接方式。

3.2 确定工艺流程

根据施工组织设计方案，确定实际开采砂石料的工艺流程。

3.3 确定计算参数

计算参数是指砂石料生产流程中各工序的工序单价系数。

3.3.1 覆盖层清除单价系数

覆盖层清除单价系数即覆盖层清除摊销率，是指覆盖层的清除量占设计成品骨料总用量的比例。

覆盖层清除摊销率=覆盖层清除量(t)÷设计成品骨料总用量(t)×100%　(4-21)

3.3.2 破碎单价系数

超径石破碎摊销率=超径石破碎量(t)÷设计成品骨料总用量(t)×100%　(4-22)

中间破碎摊销率=中间破碎量(t)÷设计成品骨料总用量(t)×100%　(4-23)

二次筛分摊销率=二次筛分量(t)÷设计成品骨料总用量(t)×100%　(4-24)

3.3.3 弃料处理单价系数

砂石料加工过程中，有部分废弃的砂石料，在砂石骨料单价计算中，施工损耗已在定额中考虑，不再计入弃料处理摊销费，只对级配弃料和超径弃料、剩余骨料弃料分别计算摊销费。如施工组织设计规定某种弃料需挖装运至指定弃料地点时，则还应计算这一部分运出弃料摊销费。

弃料摊销率=弃料量(t)÷设计成品骨料总用量(t)×100%　(4-25)

级配弃料摊销率=级配弃料量(t)÷设计成品骨料总用量(t)×100%　(4-26)

超径石弃料摊销率=超径石弃料量(t)÷设计成品骨料总用量(t)×100%　(4-27)

$$\text{剩余骨料弃料摊销率}=\text{剩余骨料弃料量(t)}\div\text{设计成品骨料总用量(t)}\times 100\% \tag{4-28}$$

3.4 计算各工序单价

3.4.1 覆盖层清除单价

覆盖层清除单价应根据施工组织设计确定的施工方法,套用现行概预算定额的"一般土石方工程"计算,然后摊入砂石料成品单价中。

3.4.2 毛料开采运输单价

毛料(砂砾料或碎石原料)开采运输单价应根据施工组织设计确定的施工方法,结合砂石料加工厂生产规模,采用现行概预算定额第六章"砂石备料工程"中相应定额子目进行计算。

3.4.3 预筛分及超径石破碎单价

预筛分及超径石破碎单价根据施工组织设计确定的施工方法,采用现行概预算定额第六章"砂石备料工程"中相应定额子目进行计算。

3.4.4 筛分冲洗及中间破碎工序单价

筛分冲洗及中间破碎工序单价直接套用现行概预算定额第六章"砂石备料工程"中的筛洗定额计算。

3.4.5 成品骨料运输单价

成品骨料运输单价根据施工组织设计确定的施工方法,采用现行概预算定额第六章"砂石备料工程"中相应定额子目进行计算。

3.4.6 弃料处理单价

$$\text{超径石弃料摊销单价}=(\text{砂砾料开采运输单价}+\text{预筛分单价}+\text{超径石弃料运输单价})\times\text{超径石弃料摊销率} \tag{4-29}$$

$$\text{剩余骨料弃料摊销单价}=\text{成品骨料单价}\times\text{剩余骨料弃料摊销率} \tag{4-30}$$

$$\text{级配弃料摊销单价}=(\text{砂砾料开采运输单价}+\text{预筛分单价}+\text{级配运输单价})\times\text{级配弃料摊销率} \tag{4-31}$$

3.5 计算砂石料综合单价

砂石料综合单价等于各工序单价分别乘以其单价系数后累加。在砂石料综合单价计算中,如弃料用于其他工程项目,应按可利用量的比例从砂石单价中扣除。

4 计算砂石料单价时应注意的问题

(1)本任务定额计量单位,除注明者外,毛料开采、运输一般为成品方(堆方、码方),砂石料加工等内容为成品重量(t)。计量单位之间的换算如无实际资料,可参考表4-9。

(2)计算人工碎石加工单价时,如生产碎石的同时,附带生产人工砂,其数量不超过总量的10%,则可采用单独制碎石定额计算其单价;如果生产碎石的同时,生产的人工砂的数量通常超过总量的11%,则适用于同时制碎石和砂的加工工艺,并套用同时制碎石和砂定额分别计算其单价。

表 4-9 砂石料密度参考表

砂石料类别	天然砂石料			人工砂石料		
	松散砂砾混合料	分级砾石	砂	碎石原料	成品碎石	成品砂
密度(t/m^3)	1.74	1.65	1.55	1.76	1.45	1.50

(3)在计算砂砾料(或碎石原料)采运单价时,如果有几个料场,或有几种开采运输方式时,应分别编制单价后用加权平均方法计算毛料采运综合单价。

(4)弃料单价应为选定处理工序处的砂石料单价。在预筛时产生的超径石弃料单价,其筛洗工序单价可按砂砾料筛洗定额中的人工和机械台时数量各乘 0.2 的系数计价,并扣除用水。若余弃料需转运到指定地点时,其运输单价应按砂石备料工程有关定额子目计算。

(5)根据施工组织设计,砂石加工厂的预筛粗碎车间与成品筛洗车间距离超过 200 m 时,应按半成品料运输方式及相关定额计算其单价。

5 砂石料单价计算示例

【例 4-10】 某大型水利工程施工中,设计砂石料用量 137.5 万 m^3,其中粗骨料 97.9 万 m^3,砂 39.6 万 m^3;料场覆盖层 15.8 万 m^3,成品储备量 145.2 万 m^3;超径石弃料 3.72 万 m^3,粗骨料级配弃料 23.43 万 m^3,砂级配弃料 5.17 万 m^3。

施工企业自行采备砂石料,计算砂石料单价。

砂石料加工工艺流程:覆盖层清除→毛料开采运输→预筛分、超径石破碎运输→筛洗、运输→成品骨料运输。其中,预筛分、超径石破碎、筛洗、运输工序中需将其弃料运至指定地点。

已知:工序单价覆盖层清除:11.61 元/m^3;弃料运输:12.38 元/m^3。

粗骨料:毛料开采运输 10.98 元/m^3;预筛分、超径石破碎运输 7.06 元/m^3;筛洗、运输 9.26 元/m^3;成品骨料运输 7.98 元/m^3。

砂:毛料开采运输 14.33 元/m^3;预筛分、超径石破碎运输 7.16 元/m^3;筛洗、运输 8.35 元/m^3;成品骨料运输 16.01 元/m^3。

解:(1)砂石料基本单价:

基本单价=毛料开采运输+预筛分、超径石破碎运输+筛洗、运输+成品运输

粗骨料基本单价=10.98+7.06+9.26+7.98=35.28(元/m^3)

砂基本单价=14.33+7.16+8.35+16.01=45.85(元/m^3)

(2)砂石料摊销单价:

覆盖层清除摊销单价=覆盖层清除单价×覆盖层清除摊销率

=11.61×15.8÷145.2=1.26(元/m^3)

超径石弃料摊销单价=超径石弃料单价×超径石弃料摊销率

=(10.98+7.06+12.38)×3.72÷97.9=1.16(元/m^3)

粗骨料级配弃料摊销单价=粗骨料级配弃料单价×级配弃料摊销率

=(10.98+7.06+9.26+12.38)×23.43÷97.9

=9.50(元/m^3)

砂级配弃料摊销单价=砂级配弃料单价×砂级配弃料摊销率

=(14.33+7.16+8.35+12.38)×5.17÷39.6=5.51(元/m^3)

(3)砂石料综合单价:

砂石料综合单价=基本单价+摊销单价

粗骨料综合单价=35.28+1.26+1.16+9.50=47.20(元/m^3)

砂综合单价=45.85+1.26+5.51+=52.62(元/m^3)

6 自行采备块石、料石单价的编制

块石、料石单价是指将符合要求的石料运至施工现场堆料点的价格,一般包括料场覆盖(风化层,无用层)清除,石料开采,加工(修凿),石料运输、堆放,以及石料在开采、加工、运输、堆放过程中的损耗等。计算公式为

$$J_{石} = fD_f + (D_1 + D_2)(1 + K) \tag{4-32}$$

式中 $J_{石}$——石料单价,元/m^3,块石按成品码方计,料石、条石按清除方计;

f——覆盖层清除率,清除量占成品石料方量的百分率;

D_f——覆盖层清除单价,根据施工方法按定额相应子目计算,元/m^3;

D_1——石料开采单价,根据岩石级别、石料种类和施工方法按定额相应子目计算,元/m^3;

D_2——石料运输、堆存单价,根据施工方法和运距按定额相应子目计算,元/m^3;

K——综合损耗率,块石可取4%。

块石、料石单价应根据地质报告有关资料和施工组织设计确定的工艺流程、施工方法,选用现行定额中的相应子目计算。

任务6 混凝土、砂浆材料单价

码4-14 微课:混凝土、砂浆材料单价概述

混凝土、砂浆材料是混凝土工程、砌石工程的主要材料,其单价在混凝土、砌石工程单价中占有较大的比例,水利工程中可采用商品混凝土,也可自行拌制混凝土。

采用商品混凝土时,其价格为不含增值税进项税额的价格,并按基价200元/m^3计入基本直接费,预算价格与基价的差值计入材料补差,材料补差计列在工程单价的税金之前,仅计取税金。商品混凝土增值税税率变化时,基价不变。

自行拌制混凝土、砂浆材料单价需要单独编制,应根据设计选定的不同工程部位的混凝土及砂浆强度等级、抗冻抗渗等级、级配和龄期确定出各组成材料的用量,结合各材料预算价格,进而计算出混凝土、砂浆的材料单价。

混凝土、砂浆材料单价是指配制1 m^3混凝土、砂浆所需的水泥、砂、石、水、掺合料及外加剂等各种材料的费用之和。它不包括拌制、运输、浇筑等工序的人工、材料和机械费

用，也不包括搅拌损耗外的施工操作损耗及超填量等。

1　混凝土材料单价计算步骤与方法

混凝土各组成材料的用量是计算混凝土材料单价的基础，应按设计强度等级，根据工程试验提供的资料计算，计算时水泥、砂、石预算用量要比配合比理论计算量分别增加 2.5%、3%与 4%。若设计深度或试验资料不足，可查用现行部颁《水利建筑工程概算定额》附录 7（或本书附录 3）中的“混凝土、砂浆配合比及材料用量参考表”来确定混凝土各组成材料用量。

码 4-15　微课：混凝土材料单价计算步骤与方法

1.1　确定混凝土的种类

根据工程所采用混凝土的组成材料不同，选择纯混凝土、掺外加剂混凝土、掺粉煤灰混凝土、泵送纯混凝土、泵送掺外加剂混凝土、碾压混凝土、特种混凝土等对应的混凝土材料配合比及材料用量表。

1.2　确定混凝土的强度等级和级配

按照《混凝土结构设计标准》（GB/T 50010—2010）规定，普通混凝土划分为 14 个等级，即 C15、C20、C25、C30、C35、C40、C45、C50、C55、C60、C65、C70、C75、C80。工程中常见的混凝土级配有一级配、二级配、三级配、四级配。

混凝土强度等级和级配应根据水工建筑物各结构部位的运用条件、设计要求和施工条件确定，以工程量标注的为准。

现浇混凝土强度等级的选取，一般应根据设计对不同水工建筑物的不同运用要求，尽可能利用混凝土的后期强度（60 d、90 d、180 d、360 d），以降低混凝土强度等级，节省水泥用量。现行部颁《水利建筑工程概算定额》“混凝土、砂浆配合比及材料用量参考表”中，除碾压混凝土材料配合比及材料用量参考表外，水泥混凝土强度等级均以 28 d 设计龄期用标准试验方法测得的具有 95%保证率的抗压强度标准值确定。如设计龄期超过 28 d，应进行换算，折算为 28 d 的强度等级，才能使用定额附录混凝土配合比及材料用量参考表。

码 4-16　微课：混凝土龄期的系数换算

换算系数如表 4-10 所示，当换算结果介于两种强度等级之间时，应选用高一级的强度等级。如某大坝普通硅酸盐水泥混凝土采用 180 d 龄期，设计强度等级为 C20，则换算为 28 d 龄期时对应的混凝土强度等级为 C20×0.79≈C16，其结果介于 C15 与 C20 之间，则混凝土的强度等级取 C20。

表 4-10　混凝土龄期与强度等级换算系数

水泥品种	混凝土设计龄期(d)			
	28	60	90	180
普通硅酸盐水泥	1.00	0.91	0.83	0.79
矿渣硅酸盐水泥	1.00	0.83	0.77	—
火山灰质硅酸盐水泥	1.00	0.87	0.80	—

1.3　确定水泥的强度等级与品种

工程中常见的水泥强度等级有 32.5、42.5、52.5。

拦河坝等大体积水工混凝土,一般可选用强度等级为 32.5 与 42.5 的水泥。对水位变化区外部混凝土,宜选用普通硅酸盐大坝水泥和普通硅酸盐水泥;对大体积建筑物内部混凝土、位于水下的混凝土和基础混凝土,宜选用矿渣硅酸盐大坝水泥、矿渣硅酸盐水泥和粉煤灰硅酸盐水泥。

1.4　调整各材料预算量,确定材料用量

当实际工程中采用的混凝土配合比及材料种类与定额中的混凝土配合比及材料用量参考表中相同时,可直接确定混凝土各材料用量。当实际工程中采用的混凝土配合比及材料种类与定额中的混凝土配合比及材料用量参考表中不同时,需要根据定额规定对定额中的材料预算量进行系数的调整与换算。

码 4-17　微课:混凝土骨料的系数换算

1.4.1　骨料种类、粒度换算

除特种混凝土配合比外,其他混凝土配合比粗、细骨料分别按卵石、粗砂拟定,如改用碎石或中砂、细砂,按表 4-11 系数换算。粉煤灰的换算系数同水泥的换算系数。若实际工程中同时采用碎石及中砂、细砂时,则总的换算系数应为各单项换算系数的连乘积。

表 4-11　混凝土骨料换算系数表

项目	水泥	砂	石子	水
卵石换为碎石	1.10	1.10	1.06	1.10
粗砂换为中砂	1.07	0.98	0.98	1.07
粗砂换为细砂	1.10	0.96	0.97	1.10
粗砂换为特细砂	1.16	0.90	0.95	1.16

注:水泥按质量计,砂、石子、水按体积计。

1.4.2　埋块石混凝土材料用量的调整

埋块石混凝土就是在浇筑混凝土过程中,埋入大量的大块石,其埋石率(按体积计)可以达到 25%左右。它可以提高和保证工程质量,减少水泥用量,降低造价,节约工程投资,更好地发挥水工建筑物的作用。

(1)埋块石混凝土材料用量,应按混凝土配合比及材料用量参考表中的材料用量,扣除埋块石实体的数量计算,如式(4-33)所示。块石的折方系数如式(4-34)所示。埋块石率由施工组织设计确定。

$$埋块石混凝土材料用量 = 混凝土配合比及材料用量参考表中的材料用量 \times (1 - 埋块石率) \tag{4-33}$$

$$1\ 块石实体方 = 1.67\ m^3\ 码方 \tag{4-34}$$

(2)埋块石混凝土工程单价计算。

①初级工工时数量应根据埋块石率有所增加,如表 4-12 所示。

表 4-12　埋块石混凝土浇筑定额增加的初级工工时数量

埋块石率(%)	5	10	15	20
每 100 m^3 块石混凝土增加人工工时	24.0	32.0	42.4	56.8

注:不包括块石运输及影响浇筑的工时。

②埋块石混凝土用量一般分成“混凝土”与“块石(以码方计)”材料两项,两者的用量均可由埋块石率求得。

每 100 m^3 块石混凝土中混凝土用量=1-埋块石率　(4-35)

每 100 m^3 块石混凝土中块石用量=埋块石率×1.67　(4-36)

上述调整后的混凝土,其基价仍用未埋块石的混凝土基价。“块石”在浇筑定额中的计量单位以码方计,相应块石开采、运输单价的计量单位亦以码方计。

码 4-18　微课:埋块石混凝土预算量的换算

1.4.3　水泥用量的调整

(1)原水泥强度等级与代换水泥强度等级的换算。

当工程中采用的水泥强度等级与混凝土配合比及材料用量参考表中不同时,应对混凝土配合比及材料用量参考表中的水泥、粉煤灰用量进行调整,如表 4-13 所示。

(2)水泥用量按机械拌和拟定,若采用人工拌和,水泥用量需增加 5%。

表 4-13　水泥强度等级换算系数参考表

原水泥强度等级	代换水泥强度等级		
	32.5	42.5	52.5
32.5	1.00	0.86	0.76
42.5	1.16	1.00	0.88
52.5	1.31	1.13	1.00

1.4.4　掺粉煤灰混凝土材料用量的确定

定额附录中的掺粉煤灰混凝土配合比及材料用量参考表仅给出了掺粉煤灰量为 20%、25%、30%、40%,取代系数为 1.3 的情况,如实际工程中粉煤灰级别、掺粉煤灰量与其不同时,需要重新计算各材料用量。

定额附录中的掺粉煤灰混凝土配合比及材料用量参考表是按超量取代法(也称超量系数法)确定的,即按照与纯混凝土同稠度、等强度的原则,用超量取代法对纯混凝土中的材料量进行调整,调整系数称为粉煤灰超量系数。

不同的超量系数 K 及不同的粉煤灰取代水泥百分率 f 时,掺粉煤灰混凝土的各材料用量计算步骤和计算公式如下:

(1)确定水泥用量 C,计算公式为

$$C = C_0(1 - f) \tag{4-37}$$

式中　C——掺粉煤灰混凝土的水泥用量,kg;

C_0——与掺粉煤灰混凝土同稠度、等强度的纯混凝土水泥用量,kg;

f——粉煤灰取代水泥百分率,即水泥节约量,其值可参考表4-14选取。

表4-14　粉煤灰取代水泥百分率(f)参考表

混凝土强度等级	普通硅酸盐水泥	矿渣硅酸盐水泥
≤C15	15%~25%	10%~20%
C20	10%~15%	10%
C25~C30	15%~20%	10%~15%

注:1. 32.5(R)水泥及以下取下限,42.5(R)水泥及以上取上限。C20及以上混凝土宜采用Ⅰ、Ⅱ级粉煤灰,C15及以下素混凝土可采用Ⅲ级粉煤灰。

2. 粉煤灰等级按《水工混凝土掺用粉煤灰技术规范》(DL/T 5055—2024)标准划分。

(2)确定粉煤灰掺量F,计算公式为

$$F = K(C_0 - C) \tag{4-38}$$

式中　F——粉煤灰掺量,kg;

K——粉煤灰取代(超量)系数,为粉煤灰的掺量与取代水泥节约量的比值,可按表4-15取值。

表4-15　粉煤灰的取代(超量)系数

粉煤灰级别	Ⅰ级	Ⅱ级	Ⅲ级
超量系数	1.0~1.4	1.2~1.7	1.5~2.0

(3)确定砂、石用量(S、G),计算公式如下。

由于采用超量取代法计算的掺粉煤灰混凝土的灰重(水泥及粉煤灰总重)较纯混凝土的灰重多,增加的灰重

$$\Delta C = C + F - C_0 \tag{4-39}$$

式中　ΔC——增加的灰重,kg。

按与纯混凝土容重相等的原则,掺粉煤灰混凝土砂、石总量应相应减少ΔC,按含砂率相等的原则,则掺粉煤灰混凝土砂、石重分别按下式计算

$$S \approx S_0 - \Delta C S_0/(S_0 + G_0) \tag{4-40}$$

$$G \approx G_0 - \Delta C G_0/(S_0 + G_0) \tag{4-41}$$

式中　S——掺粉煤灰混凝土砂重,kg;

S_0——纯混凝土砂重,kg;

G——掺粉煤灰混凝土石重,kg;

G_0——纯混凝土石重,kg。

由于增加的灰重ΔC主要是代替细骨料砂填充粗骨料石的空隙,故简化计算时也可

将增加的灰重 ΔC 全部从砂的质量中核减，石重不变。

(4)确定用水量 W，计算公式为

$$掺粉煤灰混凝土用水量\ W(m^3)=纯混凝土用水量\ W_0 \tag{4-42}$$

(5)确定外加剂用量 Y，计算公式如下。

外加剂用量 Y 可按掺粉煤灰混凝土的水泥用量 C 的 0.2%～0.3%计算，概算定额取 0.2%计，即

$$Y=C\times 0.2\% \tag{4-43}$$

1.5　计算混凝土材料单价

混凝土材料单价计算公式为

$$混凝土材料单价=\sum(1\ m^3\ 混凝土各材料用量\times 各材料预算价格) \tag{4-44}$$

在混凝土各组成材料中，若水泥、外购砂石料的预算价格超过基价（见表 4-5），应按水泥、外购砂石料的基价计算，超出部分以材料补差形式列至工程单价税金之前，仅计取税金；若水泥、外购砂石料的预算价格低于基价，按预算价格计算。

2　砂浆材料单价计算方法

码 4-19　微课：砂浆材料单价计算步骤与方法

砂浆材料单价的计算和混凝土材料单价的计算大致相同，应根据工程试验提供的资料确定砂浆的各组成材料及相应的用量，若无试验资料，可参照现行部颁《水利建筑工程概算定额》附录 7（或本书附录 3）中的"砂浆配合比及材料用量参考表"，确定各组成材料预算量，进而计算出砂浆材料的单价。但应注意砌筑砂浆与接缝砂浆两者的区分。砂浆材料单价的计算公式为

$$砂浆材料单价=\sum(1\ m^3\ 砂浆各材料用量\times 各材料单价) \tag{4-45}$$

采用 Excel 表格编制混凝土、砂浆材料单价时，可采用附表 4-18 格式或类似格式。

3　混凝土、砂浆材料单价计算示例

【例 4-11】　某 C20 3 级配掺粉煤灰混凝土，水泥强度等级为 42.5(R)，水灰比为 0.6，水泥取代百分率为 12%，粉煤灰的取代系数为 1.30，求该混凝土的配合比材料用量。

解：根据已知条件，查现行部颁《水利建筑工程概算定额》附录 7 附表 7-5（或本书附录 3 附表 3-1）"纯混凝土配合比及材料用量参考表"，可知 C20 3 级配纯混凝土各材料预算量。

42.5 水泥 C_0 为 216 kg，粗砂 S_0 为 693 kg，卵石 G_0 为 1 475 kg，水 W_0 为 0.127 m^3。

(1)确定水泥用量。

$$42.5\ 水泥\ C=C_0(1-f)=216\times(1-12\%)=190(kg)$$

(2)确定粉煤灰掺量。

$$粉煤灰\ F=K(C_0-C)=1.30\times(216-190)=34(kg)$$

(3)确定砂、石用量。

$$\Delta C = C + F - C_0 = 190 + 34 - 216 = 8(\text{kg})$$

$$\text{粗砂}\ S \approx S_0 - \Delta C S_0/(S_0 + G_0) = 693 - 8 \times 693 \div (693 + 1\ 475) = 690(\text{kg})$$

$$\text{卵石}\ G \approx G_0 - \Delta C G_0/(S_0 + G_0) = 1\ 475 - 8 \times 1\ 475 \div (693 + 1\ 475) = 1\ 470(\text{kg})$$

(4)确定用水量。

$$W = W_0 = 0.127\ \text{m}^3$$

(5)确定外加剂用量。

$$Y = 190 \times 0.2\% = 0.38(\text{kg})$$

【例 4-12】 某水闸工程闸墩混凝土,采用设计 C25 纯混凝土(2 级配,28 d 龄期),水灰比为 0.55,混凝土各组成材料的预算价格:42.5 级普通硅酸盐水泥为 370.00 元/t、粗砂为 183.56 元/m^3、卵石为 150.36 元/m^3、施工用水为 0.40 元/m^3。计算该混凝土材料单价并填表。

码 4-20 微课:混凝土材料单价计算示例

解:根据已知条件,查现行部颁《水利建筑工程概算定额》附录 7 附表 7-5(或本书附录 3 附表 3-1)“纯混凝土配合比及材料用量参考表”,该工程混凝土各材料预算量:

42.5 水泥 271 kg,粗砂 0.51 m^3,卵石 0.76 m^3,水 0.146 m^3。

根据已知条件各材料预算价格,枢纽工程水泥基价为 300 元/t,外购砂石料基价为 40 元/m^3,计算混凝土材料单价,计算结果见表 4-16。

表 4-16 混凝土材料单价计算表

编号	名称及规格	单位	预算量	调整系数	单价(元)			合价(元)		
					预算价	基价	价差	预算价	基价	价差
一(例 4-12)	C25 混凝土(2 级配,28 d)	m^3						308.22	132.16	176.06
1	P·O 42.5 水泥	kg	271		0.37	0.30	0.07	100.27	81.30	18.97
2	粗砂	m^3	0.51		183.56	40.00	143.56	93.62	20.40	73.22
3	卵石	m^3	0.76		150.36	40.00	110.36	114.27	30.40	83.87
4	水	m^3	0.146		0.40			0.06		
二(例 4-13)	C25 混凝土(2 级配,28 d)	m^3						293.69	125.44	168.25
1	P·O 42.5 水泥	kg	271	1.177	0.32	0.225	0.095	102.07	71.77	30.30
2	中砂	m^3	0.51	1.078	183.56	40.00	143.56	100.92	21.99	78.93
3	碎石	m^3	0.76	1.039	114.76	40.00	74.76	90.60	31.58	59.02
4	水	m^3	0.146	1.177	0.60			0.10		

混凝土材料单价(基价):271×0.30+0.51×40.00+0.76×40.00+0.146×0.40=132.16(元/m^3)。

混凝土材料单价(预算价格):271×0.37+0.51×183.56+0.76×150.36+0.146×0.40=308.22(元/m^3)。

【例4-13】 某河湖整治工程护坡现浇植生型生态混凝土,采用C25纯混凝土(2级配,28 d龄期),水灰比为0.55,混凝土各组成材料的预算价格:42.5级普通硅酸盐水泥为320.00元/t,中砂为183.56元/m^3、碎石为114.76元/m^3、施工用水为0.60元/m^3。计算该混凝土材料单价并填表。

解:根据已知条件,查现行部颁《水利建筑工程概算定额》附录7附表7-5(或本书附录3附表3-1)"纯混凝土配合比及材料用量参考表",该工程混凝土各材料预算量:

42.5水泥271 kg,粗砂0.51 m^3,卵石0.76 m^3,水0.146 m^3。

由于该混凝土采用的砂石骨料不是粗砂、卵石,而是中砂、碎石,需要进行系数的调整(见表4-11)。

根据已知条件各材料预算价格,河道工程水泥基价为225元/t,外购砂石料基价为40元/m^3,计算混凝土材料单价,计算结果见表4-16。

混凝土材料单价(基价):271×1.10×1.07×0.225+0.51×1.10×0.98×40.00+0.76×1.06×0.98×40.00+0.146×1.10×1.07×0.60=125.44(元/m^3)。

混凝土材料单价(预算价格):271×1.10×1.07×0.32+0.51×1.10×0.98×183.56+0.76×1.06×0.98×114.76+0.146×1.10×1.07×0.60=293.69(元/m^3)。

【例4-14】 某引水工程浆砌石挡土墙采用M10砌筑砂浆。砂浆各组成材料的预算价格为:32.5级普通硅酸盐水泥为290元/t、中砂为176.94元/m^3、施工用水为0.50元/m^3。计算该砂浆材料单价并填表。

解:根据已知条件,查现行部颁《水利建筑工程概算定额》附录7附表7-15(或本书附录3附表3-9)"砂浆配合比及材料用量参考表-砌筑砂浆",该工程砂浆各材料预算量:

32.5水泥320 kg,砂1.11 m^3,水0.280 m^3。

根据已知条件各材料预算价格,引水工程水泥基价为225元/t,外购砂石料基价为40元/m^3,计算砂浆材料单价,计算结果见表4-17。

码4-21　微课:砂浆材料单价计算示例

砂浆材料单价(基价):320×0.225+1.11×40.00+0.280×0.50=116.54(元/m^3)。

砂浆材料单价(预算价格):320×0.29+1.11×176.94+0.280×0.50=289.34(元/m^3)。

表4-17　砂浆材料单价计算表

编号	名称及规格	单位	预算量	调整系数	单价(元)			合价(元)		
					预算价	基价	价差	预算价	基价	价差
(例4-14)	M10砌筑砂浆	m^3						289.34	116.54	172.80
1	32.5水泥	kg	320		0.29	0.225	0.065	92.80	72.00	20.80
2	中砂	m^3	1.11		176.94	40.00	136.94	196.40	44.40	152.00
3	水	m^3	0.280		0.50			0.14		

知识技能小结

基础单价包括人工预算单价、材料预算价格、施工机械台时费、施工用电风水价格、自采砂石料单价、混凝土及砂浆材料单价等,它们是编制建筑安装工程单价的基础。

现行部颁《编规》配套水利行业现行系列定额是编制基础单价的依据。

人工预算单价按工程类别(枢纽工程、引水工程、河道工程)和工程所在地的地区类别(一般地区、艰苦边远地区和西藏地区),根据“人工预算单价计算标准”确定。

主要材料预算价格一般由材料原价、运杂费、运输保险费、采购及保管费四项组成。采购及保管费以材料原价和运杂费之和为计算基数。按规定有基价的材料有柴油、汽油、钢筋、水泥、炸药、工业电子雷管、外购砂石料、外购石料等,当其预算价格高于基价时,应当按基价计入工程单价的基本直接费并计取费用,预算价与基价的差值计入材料补差,材料补差列入工程单价税金之前,仅计取税金。当预算价格低于基价时,按预算价格计入工程单价的材料费。

施工机械台时费应根据现行部颁《台时费定额》及有关规定进行编制,由一类费用和二类费用组成。一类费用按现行部颁《台时费定额》计算;二类费用按定额中的消耗量乘以相应单价计算,其中,人工按水利工程“中级工”编制,动力、燃料中的柴油、汽油规定了基价,需考虑其预算价格与基价的高低。

施工用电(风、水)价格由基本电(风、水)价、电能(供风、供水)损耗摊销费和供电(风、水)设施维修摊销费组成。根据现行部颁《编规》计算公式、计算参数进行计算。

外购砂石料的单价按编制材料预算价格的方法编制;自行采备的砂石料需根据现行部颁《水利建筑工程概算定额》单独编制。

混凝土、砂浆材料单价可根据现行部颁《水利建筑工程概算定额》附录7“混凝土、砂浆配合比及材料用量参考表”确定各组成材料用量,结合各材料单价进行计算。若水泥、外购砂石料规定了基价,需考虑其预算价格与基价的高低。

知识技能训练

码4-22 项目4

自测练习

一、简答题

1. 试述施工用电、风、水价格的计算方法。
2. 试述天然砂石骨料单价的计算方法。
3. 试述混凝土材料单价计算步骤。

二、案例分析题

1. 某混凝土重力坝工程工地使用钢筋由某厂家供应,其中光面钢筋出厂价为2 500.00元/t,螺纹钢筋出厂价为2 800.00元/t,供应比例为6:4,由公路运输30 km到达工地分仓库,汽车运价为0.56元/(t·km),装车费6.00元/t,卸车费3.00元/t,运输保险费为5.24元/t。试计算该工程钢筋综合预算价格。

2. 某引水工程位于一类区，已知 $0^{\#}$ 柴油预算单价为 6.81 元/kg，试计算 59 kW 推土机的施工机械台时费。

3. 某河道工程位于二类区，已知 $92^{\#}$ 汽油预算单价为 6.96 元/kg，$0^{\#}$ 柴油预算单价为 6.51 元/kg，试计算 5 t 汽车起重机的施工机械台时费。

4. 某水利枢纽工程混凝土灌注桩，采用设计 C30 掺粉煤灰混凝土（掺粉煤灰量 25%，取代系数 1.3，3 级配，28 d 龄期），混凝土各组成材料的预算价格：42.5 级普通硅酸盐水泥为 374.00 元/t、粉煤灰为 120.00 元/t，中砂为 177.82 元/m^3、碎石为 90.79 元/m^3、外加剂为 3.00 元/kg，施工用水为 0.65 元/m^3。试计算该混凝土材料单价。

5. 某田间工程施工中采用 M15 接缝砂浆，砂浆各组成材料的预算价格：42.5 级普通硅酸盐水泥为 326.00 元/t，中砂为 106.68 元/m^3、施工用水为 0.38 元/m^3。试计算该砂浆材料单价。

6. 某水利枢纽工程工地距 A 市 73 km，距 B 市火车站 28 km。钢筋由某省物资站供应 30%，由 A 市金属材料公司供应 70%。两供应点供应的钢筋，低合金 20 MnSi 螺纹钢占 60%，普通 A3 光面钢筋占 40%。低合金 20 MnSi 螺纹钢出厂价为 2 400.00 元/t；普通 A3 光面钢筋出厂价为 2 200.00 元/t。

运输流程：某省物资站供应的钢筋用火车运至 B 市火车站，运距 150 km，再用汽车运至工地分仓库，运距 28 km。A 市金属材料公司供应的钢筋直接由汽车运至工地分仓库，运距 73 km。

运输费用：火车运输整车零整比 7∶3，整车装载系数 0.8；火车整车运价 20.00 元/t，零担运价 0.06 元/kg；火车出库装车综合费 4.60 元/t，卸车费 1.6 元/t。汽车运价 0.55 元/(t·km)；汽车装车费 2.00 元/t、卸车费 1.8 元/t。运输保险费率为 0.8%，毛重系数为 1。

试计算该工程钢筋预算价格。

7. 甘肃省兰州市七里河区某泵站工程，各材料预算价格：柴油为 7.40 元/kg，中砂为 90.00 元/m^3、碎石为 85.00 元/m^3、外加剂为 2.60 元/kg，施工用水为 0.65 元/m^3；该工程采用普通硅酸盐水泥 P·O 42.5，水泥的出厂价为 360.00 元/t，水泥从水泥厂通过公路直达工地分仓库，运距为 20 km，汽车运价为 0.58 元/(t·km)，装车费为 4.00 元/t，卸车费为 2.00 元/t，运输保险费率为 0.2%；该工程出水池采用 C25 外加剂混凝土（2 级配，28 d 龄期）。

(1) 请根据现行部颁《编规》，计算该工程的人工预算单价。

(2) 请根据现行部颁《编规》及已知条件，计算该工程所用普通硅酸盐水泥的预算单价。

(3) 请根据现行部颁《台时费定额》及已知条件，计算该工程中 5 m^3 轮胎式装载机的施工机械台时费。

(4) 请根据现行部颁《水利建筑工程概算定额》及已知条件，计算混凝土各组成材料的预算价格及该混凝土材料单价。

项目 5　建筑安装工程单价编制

【学习目标】

1. 能够准确掌握建筑安装工程单价的构成,熟练把握建筑安装工程单价的编制方法及步骤。

2. 能够清楚理解土方工程、石方工程、堆砌石工程、混凝土工程、模板工程、基础处理工程等各建筑工程的施工工序。

3. 能够准确把握建筑工程定额、设备安装工程定额的具体内容。

4. 能够结合工程实际,准确选用定额,对土方工程、石方工程、堆砌石工程、混凝土工程、模板工程、基础处理工程等建筑工程进行合理工程单价编制。

5. 能够根据设备规格及型号,正确选用定额,对设备安装工程进行合理工程单价编制。

【思政目标】

培养学生严谨求实的科学态度和精益求精的工匠精神,引导学生追求卓越。

任务 1　建筑安装工程单价编制方法

建筑安装工程单价,简称工程单价,指完成单位工程量(如 1 m^3、1 t 、1 台等) 所消耗的全部费用。

1　建筑安装工程单价构成

根据现行部颁《编规》,建筑安装工程单价由直接费、间接费、利润和税金四部分组成,见图 5-1。其中,材料费包括定额规定的计价材料费和未计价材料费。超出限制价格的计价材料费分为材料基价(费)和材料补差(费)两部分费用。在计算工程单价时,基价计入工程单价的基本直接费并计取费用,材料补差列入工程单价税金之前,仅计取税金。各费用的含义及组成详见本书项目 2 的任务 2。

工程单价由“量、价、费”三要素组成。

量,指完成单位工程量所需的人工、材料和施工机械台时数量,可以通过查定额等方法加以确定。

价,指人工预算单价、材料预算价格和施工机械台时费等基础单价。

费,指按规定计入工程单价的其他直接费、间接费、利润和税金。

码 5-1　微课:建筑工程单价编制方法

2　建筑安装工程单价编制方法

2.1　直接费

2.1.1　基本直接费

人工费 = 定额劳动量(工时) × 人工预算单价(元/工时)　　(5-1)

$$材料费 = 定额材料用量 \times 材料预算价格(或材料基价) \tag{5-2}$$

$$机械使用费 = 定额机械使用量(台时) \times 施工机械台时费(元/台时) \tag{5-3}$$

- 建筑安装工程单价
  - 直接费
    - 基本直接费
      - 人工费
      - 材料费
      - 机械使用费
    - 其他直接费
      - 冬雨季施工增加费
      - 夜间施工增加费
      - 特殊地区施工增加费
      - 临时设施费
      - 其他
  - 间接费
  - 利润
  - 材料补差
  - 未计价材料费(未计价装置性材料费)
  - 税金

图 5-1　建筑安装工程单价构成图

2.1.2　其他直接费

$$其他直接费 = 基本直接费 \times 其他直接费费率之和 \tag{5-4}$$

2.1.2.1　冬雨季施工增加费

根据工程所在的不同地区,以基本直接费为计算基数,按费率计算。费率标准如下:

西南区、中南区、华东区取 0.5%~1.0%;华北区取 1.0%~2.0%;西北区、东北区取 2.0%~4.0%;西藏自治区取 2.0%~4.0%。

西南区、中南区、华东区中,按规定不计冬季施工增加费的地区取小值,计算冬季施工增加费的地区可以取大值;华北区中,内蒙古等较严寒地区可以取大值,其他地区取中值或小值;西北区、东北区中,陕西、甘肃等省取小值,其他地区可以取中值或大值。各区包括的省级行政区如下:

(1)华北地区:北京、天津、河北、山西、内蒙古。

(2)东北地区:辽宁、吉林、黑龙江。

(3)华东地区:上海、江苏、浙江、安徽、福建、江西、山东。

(4)中南地区:河南、湖北、湖南、广东、广西、海南。

(5)西南地区:重庆、四川、贵州、云南。

(6)西北地区:陕西、甘肃、青海、宁夏、新疆。

2.1.2.2　夜间施工增加费

以基本直接费为计算基数,按费率计算。费率标准如下:

(1)枢纽工程为 0.5%。

(2)引水工程为 0.3%。

(3)河道工程为 0.2%。

2.1.2.3　特殊地区施工增加费

特殊地区施工增加费指在高海拔、原始森林、沙漠等特殊地区施工而增加的费用,其中高海拔地区施工增加已计入定额;其他特殊增加费(如酷热、风沙)应按工程所在地区规定的标准计算;地方没有规定的一般不计此项费用。

2.1.2.4　临时设施费

以基本直接费为计算基数,按费率计算。费率标准如下:

(1)枢纽工程为4.0%。

(2)引水工程为2.5%~3.5%。一般引水工程取中值,隧洞、渡槽等建筑物较多的引水工程及施工条件复杂的引水工程取大值,施工条件简单的引水工程取小值。

(3)河道工程为0.8%~1.0%。一般河道工程取中值,施工条件复杂的河道工程取大值,田间工程取小值。

2.1.2.5　其他

以基本直接费为计算基数,按费率计算。费率标准如下:

(1)枢纽工程为1.5%。

(2)引水工程为0.8%~1.2%。一般引水工程取中值,隧洞、渡槽等建筑物较多的引水工程及施工条件复杂的引水工程取大值,施工条件简单的引水工程取小值。

(3)河道工程为0.4%~0.6%。一般河道工程取中值,施工条件复杂的河道工程取大值,田间工程取小值。

特别说明:

砂石备料工程、掘进机施工隧洞工程其他直接费,以基本直接费为计算基数,按费率计算。费率标准如下:

(1)砂石备料工程为0.5%。

(2)掘进机施工隧洞工程。土石方类工程、钻孔灌浆及锚固类工程费率为2%~3%。敞开式掘进机取小值,其他掘进机取大值。

2.2　间接费

以直接费或人工费为计算基数,按费率计算。根据工程性质不同,费率标准划分为枢纽工程、引水工程、河道工程三类,见表5-1。

表5-1　间接费费率表

序号	工程类别	计算基础	间接费费率(%)		
			枢纽工程	引水工程	河道工程
一	建筑工程				
1	土方工程	直接费	26	18~24	10~12
2	石方工程	直接费	26	18~24	10~12
3	砌筑工程	直接费	10	6~8	5~6
4	混凝土浇筑工程	直接费	26	18~24	10~12
5	模板工程	直接费	16	10~14	7~8
6	钢筋工程	直接费	4	4	4
7	砂石备料工程	直接费	6	6	6
8	钻孔灌浆工程	直接费	8	5~6	4
9	锚固工程	直接费	14	10~12	7~8

续表 5-1

序号	工程类别	计算基础	间接费费率(%)		
			枢纽工程	引水工程	河道工程
10	掘进机施工隧洞工程	直接费	3	3	3
11	疏浚工程	直接费	6	6	5~6
12	其他工程	直接费	12	10~12	4~5
二	安装工程				
1	设备安装工程	人工费	70	60	60
2	管道安装工程	人工费	70	60	60

注:(1)建筑工程类别划分:

①土方工程。包括土方明挖、土方洞挖(不含掘进机开挖)、土方填筑等。

②石方工程。包括石方明挖、石方洞挖(不含掘进机开挖)、石方填筑等。

③砌筑工程。包括砌石、抛石、石笼等。

④混凝土浇筑工程。包括现浇混凝土、砌筑或安装预制混凝土,以及伸缩缝、止水、防水层、温控措施等。

⑤模板工程。包括现浇各种混凝土时制作及安装的各类模板工程。

⑥钢筋工程。包括钢筋、钢筋网、钢拱架、钢筋笼的制作与安装工程等。

⑦砂石备料工程。包括天然砂砾料和人工砂石料的开采加工。

⑧钻孔灌浆工程。包括各种类型的钻孔、灌浆工程,以及地下连续墙、防渗墙、灌注桩、碎石桩、搅拌桩等基础处理工程。

⑨锚固工程。包括喷混凝土、喷水泥浆、锚索、锚杆、锚筋桩,以及小导管、管棚制作与安装、注浆等锚固类工程。

⑩掘进机施工隧洞工程。指掘进机施工土石方类工程、钻孔灌浆及锚固类工程等,包括掘进机开挖、灌浆、注浆、喷混凝土、锚杆、钢筋网、钢拱架、钢筋排等。

⑪疏浚工程。指用挖泥船、水力冲挖机组等机械疏浚江河、湖泊的工程。

⑫其他工程。指上述十一类工程以外的工程。

(2)安装工程类别划分:

①设备安装工程。包括机电、金属结构、输水管线等各类设备的安装工程。

②管道安装工程。包括输水管线各类管道、管件、管道附件的安装工程。

引水工程:一般引水工程取小值,隧洞、渡槽等建筑物较多的引水工程及施工条件复杂的引水工程取大值。

河道工程:一般河道工程取大值,田间工程取小值。

建筑工程单价:　　间接费=直接费×间接费费率　　(5-5)

安装工程单价:　　间接费=人工费×间接费费率　　(5-6)

2.3 利润

按直接费和间接费之和的7%计算。

利润 =(直接费 + 间接费)× 利润率　　(5-7)

2.4 材料补差

材料补差 = 材料消耗量 ×(材料预算价格 - 材料基价)　　(5-8)

2.5 未计价材料费(建筑工程单价)

未计价材料费 = 未计价材料用量 × 材料预算价格　　(5-9)

2.6 未计价装置性材料费(安装工程单价)

未计价装置性材料费 = 未计价装置性材料用量 × 材料预算价格　　(5-10)

2.7　税金

按照建筑、安装工程单价的税金计算公式[式(5-11)、式(5-12)]计算。税率为建筑业增值税税率。

现行建筑业增值税税率为9%,税率变化时,应当根据国家财政税务主管部门发布的文件适时调整。

建筑工程单价:

税金=(直接费+间接费+利润+材料补差+未计价材料费)×税率　　(5-11)

安装工程单价:

税金=(直接费+间接费+利润+材料补差+未计价装置性材料费)×税率　　(5-12)

2.8　工程单价

建筑工程单价 = 直接费 + 间接费 + 利润 + 材料补差 + 未计价材料费 + 税金　　(5-13)

安装工程单价 = 直接费 + 间接费 + 利润 + 材料补差 + 未计价装置性材料费 + 税金　　(5-14)

综上所述,建筑工程单价的计算方法可归纳为表5-2,安装工程单价的计算方法详见本项目任务9。

表5-2　建筑工程单价计算程序表

序号	项目	计算方法
一	直接费	(一)+(二)
(一)	基本直接费	1+2+3
1	人工费	Σ(定额劳动量×人工预算单价)
2	材料费	Σ(定额材料用量×材料预算价格或材料基价)
3	机械使用费	Σ(定额机械使用量×施工机械台时费)
(二)	其他直接费	(一)×其他直接费费率之和
二	间接费	一×间接费费率
三	利润	(一+二)×利润率
四	材料补差	Σ[材料消耗量×(材料预算价格-材料基价)]
五	未计价材料费	Σ(未计价材料用量×材料预算价格)
六	税金	(一+二+三+四+五)×税率
七	工程单价合计	一+二+三+四+五+六

注:施工机械台时费的动力燃料(柴油、汽油)预算价格超过现行部颁《编规》基价时,用基价计算,并补差。

3　建筑工程单价计算示例

【例5-1】　根据已知数据(见表5-3)计算建筑工程单价。

码5-2　微课:
建筑工程单价计算示例

表 5-3 建筑工程单价表

单价编号	1	项目名称	土方开挖工程		
定额编号	概 010345			定额单位	100 m^3
施工方法	1 m^3 挖掘机挖装土 5 t 自卸汽车运输 2 km,Ⅳ类土				
编号	名称及规格	单位	数量	单价(元)	合计(元)
一	直接费				
(一)	基本直接费				
1	人工费				
	初级工	工时	6.3	11.54	
2	材料费				
	零星材料费	%	4		
3	机械使用费				
	挖掘机 液压 1 m^3	台时	1.13	133.79	
	推土机 59 kW	台时	0.57	83.07	
	自卸汽车 5 t	台时	11.18	56.41	
(二)	其他直接费	%	7		
二	间接费	%	26		
三	利润	%	7		
四	材料补差				
	柴油	kg	93.81	3.13	
五	未计价材料费				0.00
六	税金	%	9		
七	合计				
八	工程单价	元/m^3			

解:根据建筑工程单价编制的方法和步骤,计算结果如表 5-4 所示。

表 5-4 建筑工程单价表

单价编号	1	项目名称	土方开挖工程		
定额编号	概 010345			定额单位	100 m^3
施工方法	1 m^3 挖掘机挖装土 5 t 自卸汽车运输 2 km,Ⅳ类土				
编号	名称及规格	单位	数量	单价(元)	合计(元)
一	直接费				1 003.63
(一)	基本直接费				937.97

续表 5-4

编号	名称及规格	单位	数量	单价(元)	合计(元)
1	人工费				72.70
	初级工	工时	6.3	11.54	72.70
2	材料费				36.08
	零星材料费	%	4	901.89	36.08
3	机械使用费				829.19
	挖掘机　液压 1 m^3	台时	1.13	133.79	151.18
	推土机　59 kW	台时	0.57	83.07	47.35
	自卸汽车　5 t	台时	11.18	56.41	630.66
(二)	其他直接费	%	7	937.97	65.66
二	间接费	%	26	1 003.63	260.94
三	利润	%	7	1 264.57	88.52
四	材料补差				293.62
	柴油	kg	93.81	3.13	293.62
五	未计价材料费				0.00
六	税金	%	9	1 646.71	148.20
七	合计				1 794.91
八	工程单价	元/m^3			17.95

4　建筑工程单价编制步骤及应注意的问题

4.1　建筑工程单价编制步骤

码 5-3　微课：建筑工程单价编制步骤

建筑工程单价在实际工程中一般采用列表法，具体编制步骤如下：

(1)了解工程概况，熟悉设计文件与设计图纸，收集编制依据(如定额、基础单价、费用标准等)。

(2)根据施工组织设计确定的施工方法，结合工程特征、施工条件、施工工艺和设备配备情况，正确选用定额子目。

(3)列出工程单价表(见表 5-5)名称——三级项目工程名称，将查得的定额编号、定额单位、工作内容或施工方法等分别填入表中相应栏内。

(4)将定额中的人工、材料、机械台时消耗量，以及相应的人工预算单价、材料预算价格和机械台时费分别填入表中各栏。

(5)按“消耗量×单价”的方法，得出相应的人工费、材料费和机械使用费，相加得出基本直接费。

表 5-5　建筑工程单价样表

单价编号			项目名称		
定额编号			定额单位		
施工方法	（填写施工方法、土或岩石类别、运距等）				
编号	名称及规格	单位	数量	单价(元)	合计(元)
一	直接费				
(一)	基本直接费				
1	人工费				
2	材料费				
3	机械使用费				
(二)	其他直接费	%			
二	间接费	%			
三	利润	%			
四	材料补差				
五	未计价材料费				
六	税金	%			
七	合计				
八	工程单价	元/m^3、m^2			

(6)根据现行部颁《编规》费率标准，计算其他直接费、间接费、利润、税金，汇总即得出该工程单位产品价格，即工程单价。当存在材料预算价格与基价存在价差时，应将材料价差乘以材料消耗量作为材料补差并考虑税金后计入工程单价。

4.2　建筑工程单价编制应注意的问题

码 5-4　微课：建筑工程单价编制应注意的问题

(1)正确选用定额：了解工程的地质条件以及建筑物的结构形式和尺寸等；熟悉施工组织设计，了解主要施工条件、施工方法和施工机械等。

(2)除定额规定外，均不得对定额中的人工、材料、施工机械台时数量及施工机械的名称、规格、型号进行调整。

(3)定额中其他材料费、零星材料费、其他机械费均以费率(%)形式表示，其计算基数是：其他材料费以主要材料费之和为计算基数，零星材料费以人工费、机械费之和为计算基数,其他机械费以主要机械费之和为计算基数。

(4)定额中一种材料(或机械)名称之后,同时并列几种不同型号、规格的材料(或机械),表示这种材料(或机械)只能选用其中一种型号、规格的定额数量进行计价。

(5)定额中一种材料(或机械)分几种型号、规格与材料(或机械)名称同时并列的材料(或机械),则表示这些名称相同而型号、规格不同的材料(或机械)都应同时计价。

任务2　土方工程单价编制

码5-5　微课:土方工程概述

1　土方工程概述

土方工程包括土方开挖、土方填筑两大类。

1.1　土方开挖

土方开挖由“挖”“运”两个主要工序组成。

挖土是将土进行松动、破碎、挖掘并运出,主要通过人工开挖和机械开挖;按施工条件(开挖方式)分为明挖和暗挖两大类。

运土是将开挖的土方运输至指定地点。土方的运输包括集料、装土、运土、卸土、卸土场整理等工序。

1.2　土方填筑

水利工程中的土坝、堤防、道路、围堰等都有大量的土方填筑。土方填筑工程一般分为土坝(堤)填筑和一般土方填筑两种。其中,土坝(堤)填筑对土料及碾压的要求高。土方填筑主要由土料开采运输、压实两大工序组成,此外一般还包括伐树挖根、覆盖层清除、土料处理等辅助工序。

2　土方工程定额使用说明

码5-6　微课:土方工程定额使用说明

现行部颁《水利建筑工程概算定额》(以下简称《概算定额》)、《水利建筑工程预算定额》(以下简称《预算定额》),第一章土方开挖工程定额均包括一般土方、渠道、沟槽、柱坑、平洞、斜井、竖井等土方开挖和土方运输,共38节。土方开挖工程定额包含开挖、运输工序。土方开挖工程定额是按影响土方工程工效的主要因素,如土的级别、取(运)土距离、施工方法、施工条件、质量要求等参数来划分节和子目的。

土料翻晒、土料填筑、建筑物回填土、斜坡碾压等压实填筑定额分布在第三章土石填筑工程定额中。

2.1　土方开挖类型划分

定额中明挖包括一般土方开挖、渠道土方开挖、沟槽土方开挖、柱坑土方开挖。暗挖包括平洞土方开挖、斜井土方开挖、竖井土方开挖。具体分类如表5-6所示。

表 5-6 土方开挖类型划分表

开挖类型		特征
明挖	一般土方开挖	一般明挖土方工程和上口宽大于 16 m 的渠道及上口面积大于 80 m^2 的柱坑土方工程
	渠道土方开挖	上口宽小于或等于 16 m 的梯形断面、长条形、底及边坡均需要修整的渠道土方工程
	沟槽土方开挖	上口宽小于或等于 4 m 的矩形断面或边坡陡于 1∶0.5 的梯形断面，长度大于宽度 3 倍的长条形，只修底不修边坡的土方工程(如截水墙、齿墙等各类墙基和电缆沟等)
	柱坑土方开挖	上口面积小于或等于 80 m^2、长度小于宽度 3 倍、深度小于上口短边长度或直径、四侧垂直或边坡陡于 1∶0.5、只修底不修边坡的坑挖工程(如集水井、柱坑等)
暗挖	平洞土方开挖	水平夹角小于或等于 6°、断面面积大于 2.5 m^2 的洞挖工程
	斜井土方开挖	水平夹角为 6°～75°、断面面积大于 2.5 m^2 的洞挖工程
	竖井土方开挖	水平夹角大于 75°、断面面积大于 2.5 m^2、深度大于上口短边长度或直径的洞挖工程(如抽水井、闸门井、交通井、通风井等)

2.2 使用定额应注意的其他问题

(1)土方开挖工程定额的计量单位，除注明外，均为自然方。自然方指未经扰动的自然状态的土方；松方指自然方经人工或机械开挖而松动过的土方；实方指填筑(回填)并经过压实后的成品方。在编制单价时应注意统一计量单位。

(2)现行部颁概预算定额中，土质级别及岩石级别按土石十六级分类法划分，其中前四级为土类级别。砂砾(卵)石开挖和运输，按Ⅳ类土定额计算。

(3)现行部颁《概算定额》中推土机推松土时，定额乘 0.8 的系数。

(4)现行部颁《概算定额》中挖掘机、装载机挖装土自卸汽车或机动翻斗车运输定额，按挖装自然方拟定，如挖装松土，定额中的人工、挖装机械乘 0.85 的系数。

(5)现行部颁《预算定额》中挖掘机、装载机挖装土自卸汽车或机动翻斗车运输定额按挖装自然方、Ⅲ类土拟定。现行部颁《概算定额》则是按土的级别划分子目，无须调整。

(6)推土机的推土距离和铲运机的铲运距离是指取土中心至卸土中心的平均距离。挖掘机、装载机挖装土自卸汽车或机动翻斗车运输定额已包括卸料场配备的推土机。

(7)土方洞挖定额中的轴流通风机台时数量按通风长度 200 m 以内拟定。通风长度超过 200 m 时，按表 5-7 系数调整；超过 1 000 m 时，通风费用按设计拟定方案计算。

表 5-7　轴流通风机调整系数

通风长度(m)	200	300	400	500	600	700	800	900	1 000
调整系数	1.00	1.33	1.50	1.80	2.00	2.28	2.50	2.78	3.00

3　土方工程单价编制方法

码 5-7　微课：土方工程单价编制方法

编制土方开挖单价时，应根据设计开挖方案，考虑影响开挖的因素，选择相应定额子目。土方开挖的土料一般都有运输要求，编制的土方开挖单价通常已包含开挖、运输工序。在编制土方填筑工程单价时，根据设计填筑方案，可单独编制土方压实单价，也可综合各施工工序编制土方填筑综合单价。

3.1　土方开挖工程单价编制

土方开挖工程定额中编入了大量的挖运综合子目，可直接套用编制土方开挖工程单价。

3.2　土料压实工程单价编制

土料压实是土方填筑工程施工中一个重要的工序。现行部颁《概算定额》的土料压实定额包含土方运输工序，而现行部颁《预算定额》的土料压实定额是独立的，因此土料压实工程单价概预算编制方法不同。

3.3　土方填筑综合单价编制

土方填筑工程考虑料场覆盖层清除、土方开采运输、土料处理(翻晒)、土料压实等工序时，需要编制土方填筑综合单价。由于现行部颁《概算定额》和《预算定额》中的土料压实定额不同，因此土方填筑综合单价概预算编制方法也不同。

3.3.1　概算单价

在现行部颁《概算定额》中，土料压实定额已将压实所需土料运输方量(自然方)列出，无须折算。计算土方填筑综合单价时，应先计算"土料运输"单价(基本直接费)，再套用土料压实定额，即可得到土方填筑综合单价。

"土料运输"单价是指自土料场开采运输至填筑工作面每方土料的费用(基本直接费)，主要由覆盖层清除摊销单价(基本直接费)和开采运输单价(基本直接费)组成，即

定额"土料运输"单价 = 覆盖层清除摊销单价 + 开采运输单价　　(5-15)

对于土坝(堤)填筑，式(5-15)中的"开采运输单价"还应乘以坝面施工干扰系数1.02。

如为向地方购买土料，则定额"土料运输"单价中还需加计"土料购买费"。

(1)覆盖层清除摊销单价。将覆盖层清除费用摊销入填筑实际土方中，即

覆盖层清除摊销费 = 覆盖层清除总费用/设计成品方量

= 覆盖层清除单价×覆盖层清除量/设计成品方量

=覆盖层清除单价×覆盖层清除摊销率　(5-16)

覆盖层清除单价可套用土方开挖定额，计算其基本直接费。

(2)开采运输单价。

同土方开挖工程，应根据设计确定的土料级别、挖运机械、运输距离选用相应定额，计算其基本直接费。

3.3.2　预算单价

在现行部颁《预算定额》中各工序定额均独立列示，计算土方填筑综合单价时，可分别计算出覆盖层清除单价、土料开采运输单价、土料翻晒单价、压实单价等各工序单价。特别注意，现行部颁《预算定额》中，土方开挖工程定额以“自然方”计，土料压实定额按压实成品“实方”计，要统一计量单位，可根据“土石方松实系数换算表”进行换算。

4　土方工程单价编制示例

码 5-8　微课：土方工程单价编制示例

码 5-9　参考定额

【例 5-2】　湖北省荆州某田间工程，渠道(上口宽 5 m)土料为Ⅲ类土，采用 1 m^3 液压挖掘机开挖，8 t 自卸汽车运输，运距 2 km。该地区需要考虑冬季施工增加费，柴油的预算价格为 6.54 元/kg。根据已知条件及最新计价规定，试编制该渠道土方开挖概算单价。

解：(1)根据工程条件，选定定额子目，列单价表。

根据已知条件，查现行部颁《概算定额》第一章“土方开挖工程”(一—33：1 m^3 挖掘机挖渠道土方自卸汽车运输)，选用定额编号 010594，列表(见表 5-8)。

(2)计算基础单价。

①确定人工预算单价。

根据已知条件及现行部颁《编规》，湖北省荆州市属于一般地区，田间工程属于河道工程，该工程的中级工为 11.17 元/工时，初级工为 10.40 元/工时。

②计算施工机械台时费。

根据现行部颁《编规》，河道工程柴油的基价为 2.5 元/kg，已知柴油的预算价格为 6.54 元/kg，因此计算施工机械台时费时，应按基价计算，并将价差计入材料补差。

查《水利工程施工机械台时费定额》编号 01011，1 m^3 液压挖掘机台时费(基价)为：

$$57.71+2.4\times11.17+11.4\times2.5=113.02(元/台时)$$

查《水利工程施工机械台时费定额》编号 01053，59 kW 推土机台时费(基价)为：

$$22+2.1\times11.17+6.9\times2.5=62.71(元/台时)$$

查《水利工程施工机械台时费定额》编号 03013，8 t 自卸汽车台时费(基价)为：

$$29.18+1.2\times11.17+7.7\times2.5=61.83(元/台时)$$

查《水利工程施工机械台时费定额》编号 03076，胶轮车台时费为 0.68 元/台时。

(3)确定费率标准。根据现行部颁《编规》查得：冬雨季施工增加费费率为 1%，夜间施工增加费费率为0.2%,特殊地区施工增加费不计,临时设施费费率为0.8%,其他0.4%,其他直接费费率之和为2.4%;间接费费率为10%;利润率为7%;税率为9%。

(4)确定材料补差。

查《水利工程施工机械台时费定额》可知各机械柴油用量:1 m^3 液压挖掘机11.4 kg/台时,59 kW推土机6.9 kg/台时,8 t自卸汽车7.7 kg/台时。

柴油用量:11.4×1.06+6.9×0.53+7.7×6.90=68.87(kg)。

柴油价差:6.54−2.5=4.04(元/kg)。

(5)计算。

经计算,得渠道土方开挖预算单价为15.61元/m^3。

表5-8 建筑工程单价表(土方开挖)

单价编号	1	项目名称	土方开挖工程		
定额编号	概010594			定额单位	100 m^3
施工方法	渠道(上口宽5 m)土料为Ⅲ类土,采用1 m^3 液压挖掘机开挖,8 t自卸汽车运输,运距2 km				
编号	名称及规格	单位	数量	单价(元)	合计(元)
一	直接费				980.41
(一)	基本直接费				957.43
1	人工费				344.24
	初级工	工时	33.1	10.40	344.24
2	材料费				27.89
	零星材料费	%	3	929.54	27.89
3	机械使用费				585.30
	挖掘机 液压1 m^3	台时	1.06	113.02	119.80
	推土机 59 kW	台时	0.53	62.71	33.24
	自卸汽车 8 t	台时	6.90	61.83	426.63
	胶轮车	台时	8.28	0.68	5.63
(二)	其他直接费	%	2.4	957.43	22.98
二	间接费	%	10	980.41	98.04
三	利润	%	7	1 078.45	75.49
四	材料补差				278.23
	柴油	kg	68.87	4.04	278.23

续表 5-8

编号	名称及规格	单位	数量	单价(元)	合计(元)
五	未计价材料费				0.00
六	税金	%	9	1 432.17	128.90
七	合计				1 561.07
八	工程单价	元/m^3			15.61

注:柴油消耗量:1.06×11.4+0.53×6.9+6.9×7.7=68.87(kg)。

【例 5-3】 根据已知条件,计算某一般地区土石坝(心墙坝)的填筑概算单价。

(1)覆盖层为Ⅱ类土,由 88 kW 推土机推运 40 m 弃土,覆盖层清除摊销率为 5%。

(2)采用 2 m^3 挖掘机挖装Ⅲ类土,15 t 自卸汽车运 4 km 上坝。

(3)采用 74 kW 推土机推平,8~12 t 羊脚碾压实,设计干密度为 1.7 g/cm^3。

码 5-10 参考定额

(4)柴油预算价格为 6 540 元/t,电价为 0.57 元/(kW·h),其他直接费费率取 7%,其他条件参见现行部颁《编规》。

解:(1)计算土料运输单价的基本直接费。

①覆盖层清除单价(基本直接费)。

根据已知条件,查现行部颁《概算定额》第一章“土方开挖工程”(一-12:推土机推土,88 kW 推土机),选用定额编号 010226。

根据已知条件及现行部颁《编规》,该工程位于一般地区,属于枢纽工程,确定其人工预算单价:中级工 12.70 元/工时,初级工 11.54 元/工时。

根据《水利工程施工机械台时费定额》计算所采用的机械台时费,见表 5-9。

经计算,得覆盖层清除单价为 2.37 元/m^3,见表 5-10。

②土料挖运单价(基本直接费)。

根据已知条件,查现行部颁《概算定额》第一章“土方开挖工程”(一-19:2 m^3 挖掘机挖土自卸汽车运输,Ⅲ类土),选用定额编号 010359,列表(见表 5-11);

根据《水利工程施工机械台时费定额》计算所采用的机械台时费,见表 5-9。

经计算,得土料挖运单价为 8.59 元/m^3。

那么“土料运输”单价为:2.37×5%+8.59×1.02=8.88 元/m^3(自然方)。

(2)计算土料填筑单价。

根据已知条件,查现行部颁《概算定额》第三章“土石填筑工程”(三-18:土石坝物料填筑),选用定额编号 030084,列表(见表 5-12)。

根据《水利工程施工机械台时费定额》计算所采用的机械台时费,见表 5-9。

将土料运输单价代入填筑定额,并计算材料补差,经计算,得土料填筑概算单价为 27.84 元/m^3。

表 5-9　施工机械台时费计算表

定额编号	名称及规格	台时费(元)		定额一类费用				定额二类费用						
		预算价	基价	折旧费(元)	修理及替换设备费(元)	安装拆卸费(元)	小计(元)	人工(工时)	汽油(kg)	柴油(kg)	电(kW·h)	风(m^3)	水(m^3)	煤(kg)
01055	推土机　88 kW		122.61	25.35	28.59	1.20	55.14	2.1		10.2				
01013	单斗液压挖掘机　2 m^3		204.46	69.80	36.18		105.98	2.4		17.0				
01053	推土机　59 kW		76.27	9.17	12.36	0.47	22.00	2.1		6.9				
03017	自卸汽车　15 t		104.85	26.43	19.18		45.61	1.2		11.0				
01109	羊脚碾 8~12 t	2.83		1.51	1.32		2.83							
01075	履带拖拉机　74 kW		90.85	14.89	12.74	0.95	28.58	2.1		8.9				
01054	推土机　74 kW		99.66	16.81	20.92	0.86	38.59	2.1		8.6				
01115	蛙式夯实机 2.8 kW	25.29		0.14	0.86		1.00	1.8			2.5			
01114	刨毛机		63.54	4.04	4.64	0.19	8.87	2.1		7.0				

表 5-10 建筑工程单价表(覆盖层清除)

单价编号	1-1	项目名称	覆盖层清除基本直接费		
定额编号	概 010226			定额单位	100 m^3
施工方法	覆盖层为Ⅱ类土,88 kW 推土机推运 40 m 弃土				
编号	名称及规格	单位	数量	单价(元)	合计(元)
(一)	基本直接费				237.22
1	人工费				21.93
	初级工	工时	1.9	11.54	21.93
2	材料费				21.57
	零星材料费	%	10	215.65	21.57
3	机械使用费				193.72
	推土机 88 kW	台时	1.58	122.61	193.72
工程单价		元/m^3			2.37

注:柴油消耗量:1.58×10.2=16.12(kg)。

表 5-11 建筑工程单价表(土料挖运)

单价编号	1-2	项目名称	土料挖运基本直接费		
定额编号	概 010359			定额单位	100 m^3
施工方法	2 m^3 挖掘机挖装土 15 t 自卸汽车运输 4 km,Ⅲ类土				
编号	名称及规格	单位	数量	单价(元)	合计(元)
(一)	基本直接费				858.59
1	人工费				42.70
	初级工	工时	3.7	11.54	42.70
2	材料费				33.02
	零星材料费	%	4	825.57	33.02
3	机械使用费				782.87
	挖掘机 2 m^3	台时	0.67	204.46	136.99
	推土机 59 kW	台时	0.33	76.27	25.17
	自卸汽车 15 t	台时	5.92	104.85	620.71
工程单价		元/m^3			8.59

注:柴油消耗量:0.67×17+0.33×6.9+5.92×11=78.79(kg)。

表 5-12　建筑工程单价表(土方填筑)

单价编号	1	项目名称	土方填筑工程		
定额编号	概 030084			定额单位	100 m^3 实方
施工方法	74 kW 推土机推平,8~12 t 羊脚碾压实,设计干密度为 1.7 g/cm^3				
编号	名称及规格	单位	数量	单价(元)	合计(元)
一	直接费				1 667.98
(一)	基本直接费				1 558.86
1	人工费				183.49
	初级工	工时	15.9	11.54	183.49
2	材料费				40.00
	零星材料费	%	10	399.98	40.00
3	机械使用费				216.49
	羊脚碾 8~12 t 拖拉机 74 kW	组时	1.17	93.68	109.61
	推土机 74 kW	台时	0.49	99.66	48.83
	蛙式夯实机 2.8 kW	台时	0.98	25.29	24.78
	刨毛机	台时	0.49	63.54	31.13
	其他机械费	%	1	214.35	2.14
4	土料运输(自然方)	m^3	126	8.88	1 118.88
(二)	其他直接费	%	7	1 558.86	109.12
二	间接费	%	26	1 667.98	433.67
三	利润	%	7	2 101.65	147.12
四	材料补差				305.64
	柴油	kg	120.33	2.54	305.64
五	未计价材料费				0.00
六	税金	%	9	2 554.41	229.90
七	合计				2 784.31
八	工程单价	元/m^3 实方			27.84

注:柴油消耗量:1.17×8.9+0.49×8.6+0.49×7+(16.12×5%+78.79×1.02)/100×126=120.33(kg)。

任务3 石方工程单价编制

1 石方工程概述

码5-11 微课：石方工程概述

水利工程石方工程量很大，且多为基础、洞井及地下厂房工程。采用先进技术，合理安排施工，并充分利用弃渣做块石、碎石原料，可降低工程造价。

石方工程包括石方开挖、运输等工序。

1.1 石方开挖

石方开挖按施工方法不同分为人工打孔爆破、机械钻孔爆破和掘进机开挖等几种，其中钻爆法在水利工程中应用广泛，由钻孔、装药、爆破、清理等工序组成；按施工条件(开挖方式)分为明挖和暗挖两大类。

1.2 石渣运输

石渣运输按施工方法分为人力运输(人力挑抬、双胶轮车、轻轨斗车)和机械运输(汽车、电瓶机车)，按施工条件分为露天运输和洞内运输。

2 石方开挖工程定额使用说明

码5-12 微课：石方工程定额使用说明

现行部颁《概算定额》，第二章石方开挖工程定额包括一般石方、基础石方、坡面、沟槽、坑、平洞、斜井、竖井、地下厂房等石方开挖和石渣运输，共47节。

现行部颁《预算定额》，第二章石方开挖工程定额包括一般石方、保护层、沟槽、坑、平洞、斜井、竖井、地下厂房、预裂爆破等石方开挖和石渣运输，共51节。

石方开挖工程定额包括石方开挖定额和石渣运输定额，按工程部位、开挖方式、开挖断面尺寸、岩石级别、运输距离等划分节和子目。

2.1 石方开挖

石方开挖定额计量单位为自然方。定额包括钻孔、爆破、撬移、解小、翻渣、清面、修整断面、安全处理、洞挖施工排烟、排水、挖排水沟等工作，但不包括隧洞支撑和锚杆支护，其费用应根据水工设计资料单独列项计算。

石方开挖定额是按工程部位、开挖断面尺寸、开挖方式、岩石级别等划分子目的。

定额中明挖包括一般石方开挖、一般坡面石方开挖、保护层石方开挖、沟槽石方开挖、坡面沟槽石方开挖、坑石方开挖、基础石方开挖。暗挖包括平洞石方开挖、斜井石方开挖、竖井石方开挖、地下厂房石方开挖。具体分类如表5-13所示。

现行部颁《概算定额》石方开挖已按各部位的不同要求，根据规范规定分别考虑了预裂爆破、光面爆破、保护层开挖等措施。例如，厂坝基础开挖定额中已考虑了预裂和保护层开挖措施，所以无须再单独编制预裂爆破和保护层开挖单价。现行部颁《预算定额》对保护层和预裂爆破等措施均单独列项，不包括在各项石方开挖定额中。

表 5-13　石方开挖类型划分

<table>
<tr><th colspan="2" rowspan="2">开挖类型</th><th colspan="2">特征</th></tr>
<tr><th>概算定额</th><th>预算定额</th></tr>
<tr><td rowspan="7">明挖</td><td>一般石方开挖</td><td colspan="2">一般石方开挖,底宽 2~7 m 且底宽小于开挖深度的沟槽石方开挖,底宽大于 7 m 的沟槽石方开挖,坑口面积大于 160 m^2 的坑石方开挖,倾角小于或等于 20°且开挖厚度(垂直于设计面的平均厚度)大于 5 m 的坡面石方开挖</td></tr>
<tr><td>一般坡面石方开挖</td><td colspan="2">设计倾角大于 20°,垂直于设计面的平均厚度小于或等于 5 m 的石方开挖</td></tr>
<tr><td>沟槽石方开挖</td><td colspan="2">底宽 2~7 m 且底宽大于或等于开挖深度的长条形石方开挖,底宽小于或等于 2 m 的长条形石方开挖(如截水槽、排水沟等)</td></tr>
<tr><td>坡面沟槽石方开挖</td><td colspan="2">槽底轴线与水平面夹角大于 20°的沟槽石方开挖</td></tr>
<tr><td>坑石方开挖</td><td colspan="2">坑口面积小于或等于 160 m^2,深度小于或等于上口短边长度或直径的石方开挖(如墩基、柱基、混凝土基坑、集水坑等)</td></tr>
<tr><td>保护层石方开挖</td><td>无此项目
(已按各部位的不同要求,根据规范规定,考虑了保护层开挖等措施)</td><td>为防止爆破对建基面或保留岩体造成破坏等不利影响,在紧邻建基面或保留岩面预留的一定厚度岩体的石方开挖</td></tr>
<tr><td>基础石方开挖</td><td>不同开挖深度的基础石方开挖(如混凝土坝、水闸、溢洪道、厂房、消力池等基础石方开挖);
坡面基础石方开挖:设计倾角大于 20°,垂直于设计面的平均厚度小于或等于 5 m 的基础石方开挖</td><td>无此项目
(已包含在其他分项定额中)</td></tr>
<tr><td rowspan="4">暗挖</td><td>平洞石方开挖</td><td colspan="2">水平夹角小于或等于 6°的洞挖工程</td></tr>
<tr><td>斜井石方开挖</td><td colspan="2">水平夹角为 45°~75°的井挖工程。水平夹角为 6°~45°的斜井,按斜井石方开挖定额乘 0.90 系数计算</td></tr>
<tr><td>竖井石方开挖</td><td colspan="2">水平夹角大于 75°、上口面积大于 5 m^2、深度大于上口短边长度或直径的井挖工程(如调压井、闸门井等)</td></tr>
<tr><td>地下厂房石方开挖</td><td colspan="2">地下厂房或窑洞式厂房开挖</td></tr>
</table>

2.2　石方运输

石方运输定额计量单位为自然方。石方运输定额与土方运输定额相似,亦按装运方法和运输距离等划分节和子目。

挖掘机或装载机装石渣汽车运输各节定额,露天与洞内的区分,按挖掘机或装载机装车地点确定。露天运输运距按实际运输距离计算,洞内运输运距按工作面长度的一半计算,当一个工程有几个弃渣场时,可按弃渣量比例计算加权平均运距。

2.3　使用定额应注意的其他问题

(1)概预算定额中,按土石十六级分类法划分,岩石共分为十二个等级,即Ⅴ~ⅩⅥ级。石方开挖定额子目中,岩石最高级别为ⅩⅣ级,当岩石级别高于ⅩⅣ级时,可按相应各节ⅩⅢ~ⅩⅣ级岩石开挖定额,乘以表 5-14 的系数进行调整。

表 5-14　岩石级别大于ⅩⅣ系数表

项目	人工	材料	机械
风钻为主各节定额	1.30	1.10	1.40
潜孔钻为主各节定额	1.20	1.10	1.30
液压履带钻、多臂钻为主各节定额	1.15	1.10	1.15

(2)洞(井)石方开挖定额中轴流通风机台时数量按通风长度 400 m 拟定。当通风长度超过 400 m 时,应按表 5-15 系数调整。当通风长度超过 2 000 m 时,通风费用按设计拟定方案计算。

表 5-15　轴流通风机调整系数表

通风长度(m)	400	500	600	700	800	900	1 000	1 100	1 200
系数	1.00	1.20	1.33	1.43	1.50	1.67	1.80	1.91	2.00
通风长度(m)	1 300	1 400	1 500	1 600	1 700	1 800	1 900	2 000	
系数	2.15	2.29	2.40	2.50	2.65	2.78	2.90	3.00	

(3)石方开挖定额中,炸药按乳化炸药拟定,雷管按不带脚线的工业电子雷管拟定。

(4)石方开挖定额中,合金钻头指风钻用钻头,钻头 $\phi45$ 和 $\phi102$ 指液压凿岩台车用钻头,钻头 $\phi64$~76 和 $\phi89$~102 指液压履带钻用钻头,钻头 80 型、100 型和 150 型指潜孔钻用钻头。

3　石方工程单价编制方法

码5-13　微课：石方工程单价编制方法

3.1　石方开挖单价

石方开挖工程单价按开挖类型、开挖断面、施工方法、岩石类型等因素套用定额计算。

现行部颁《概算定额》石方开挖定额各节子目中均列有“石渣运输”项目，该项目的消耗数量已包括完成定额单位所需增加的超挖量和施工附加量。编制石方开挖概算单价时，应先计算石方运输的基本直接费，然后将其作为“石渣运输”单价代入石方开挖定额，即可得到石方开挖概算单价。

现行部颁《预算定额》石方开挖定额和石渣运输定额单独列项，根据施工条件直接套用石方开挖定额计算即可得到石方开挖预算单价。

3.2　石渣运输单价

现行部颁概预算定额均单独列项石渣运输定额，石渣运输定额分为“露天”和“洞内”。编制石渣运输单价时，应根据装运方法、运输距离等直接套用定额。

当有洞内外连续运输时，洞内运输部分，套用“洞内”定额的“基本运距”及“增运”子目；洞外运输部分，仅套用“露天”定额的“增运”子目，并且仅选用运输机械的台时使用量。洞内和洞外为非连续运输(如洞内为斗车，洞外为自卸汽车)时，洞内运输部分，套用“洞内”定额的“基本运距”及“增运”子目；而洞外运输部分，应套用“露天”定额的“基本运距”及“增运”子目。

3.3　石方工程综合单价

石方工程综合单价包含石方开挖和石渣运输工序单价。现行部颁概预算定额中石方开挖定额不同，编制石方工程概预算综合单价时也有所不同。

石方工程概算综合单价编制方法同石方开挖概算单价。先根据施工条件套用石渣运输定额，计算石方运输的基本直接费，然后将其作为“石渣运输”单价代入到石方开挖定额，计算出的石方开挖概算单价也就是石方工程概算综合单价。

石方工程预算综合单价编制需分别计算石方开挖单价和石渣运输单价，并考虑允许的超挖量及合理的施工附加量的费用分摊，相加即为石方工程预算综合单价。

4　石方工程单价编制示例

【例5-4】　某水库工程除险加固工程位于一类区，其上游坝脚石方露天开挖，岩石级别为Ⅵ级，采用风钻钻孔爆破开挖，1 m^3 挖掘机挖装，8 t 自卸汽车运 2 km 弃渣。根据已知基本资料(见表5-16，表中材料价格及机械台时费均不含增值税销项税额)及现行部颁计价规定，分别编制该石方工程概算单价、预算单价。

表 5-16 基础单价及费率标准

序号	名称及规格	单位	单价(元)	序号	名称及规格	单位	单价(元)
1	合金钻头	个	38.00	6	风	m^3	0.20
2	炸药	kg	6.30	7	水	m^3	0.76
3	雷管	个	14.00	8	0#柴油(预算价格)	kg	6.94
4	导电线	m	1.10	9	其他直接费费率	%	6.5
5	电	kW·h	0.59				

解:(1)计算石方工程概算单价。

①计算石渣运输的基本直接费。

根据已知条件,查现行部颁《概算定额》第二章"石方开挖工程"(二-35:1 m^3 挖掘机装石渣自卸汽车运输),选用定额编号020459。

根据已知条件及现行部颁《编规》,该工程属于枢纽工程,位于一类区,确定其人工预算单价:工长36.73元/工时,高级工17.34元/工时,中级工13.10元/工时,初级工11.93元/工时。

码 5-14 概算参考定额

根据现行部颁《台时费定额》,计算所采用的施工机械台时费,见表5-17。

根据已知条件、现行部颁《编规》,确定各费率标准,填入表5-18、表5-19。

经计算,得石渣运输基本直接费为:16.59元/m^3,见表5-18。

②计算石方开挖的单价。

根据已知条件,查现行部颁《概算定额》第二章"石方开挖工程"(二-1:一般石方开挖——风钻钻孔),选用定额编号020001。

根据现行部颁《台时费定额》,计算所采用的施工机械台时费,见表5-17。

经计算,得石方开挖单价,即石方工程综合概算单价为:52.39元/m^3,见表5-19。

(2)计算石方工程预算单价。

①计算石方开挖的单价。

根据已知条件,查现行部颁《预算定额》第二章"石方开挖工程"(二-1:一般石方开挖——风钻钻孔),选用定额编号020001。

根据已经确定的人工预算单价、施工机械台时费(见表5-17)及费率标准,经计算,得石方开挖预算单价为:19.85元/m^3,见表5-20。

码 5-15 预算参考定额

②计算石渣运输的单价。

根据已知条件,查现行部颁《预算定额》第二章"石方开挖工程"(二-39:1 m^3 挖掘机装石渣自卸汽车运输),选用定额编号020451。

根据已经确定的人工预算单价、施工机械台时费(见表5-17)及费率标准,经计算,得石渣运输预算单价为:29.47元/m^3,见表5-21。

石方工程综合预算单价为:19.85+29.47=49.32(元/m^3)。

表 5-17　施工机械台时费计算表

定额编号	名称及规格	台时费(元)		定额一类费用				定额二类费用						
		预算价	基价	折旧费(元)	修理及替换设备费(元)	安装拆卸费(元)	小计(元)	人工(工时)	汽油(kg)	柴油(kg)	电(kW·h)	风(m^3)	水(m^3)	煤(kg)
01011	单斗液压挖掘机 1 m^3		134.75	35.33	22.38		57.71	2.4		11.4				
01055	推土机　88 kW		123.45	25.35	28.59	1.20	55.14	2.1		10.2				
03013	自卸汽车　8 t		75.70	17.99	11.19		29.18	1.2		7.7				
01116	风钻手持式	38.16		0.43	1.56		1.99					180.1	0.2	

表 5-18 建筑工程单价表(石渣运输,概算)

单价编号	1-1	项目名称	石渣运输基本直接费		
定额编号	概 020459			定额单位	100 m^3
施工方法	1 m^3 挖掘机挖装,8 t 自卸汽车运 2 km 弃渣,露天				
编号	名称及规格	单位	数量	单价(元)	合计(元)
(一)	基本直接费				1 659.48
1	人工费				184.92
	初级工	工时	15.5	11.93	184.92
2	材料费				32.54
	零星材料费	%	2	1 626.94	32.54
3	机械使用费				1 442.02
	挖掘机 1 m^3	台时	2.82	134.75	380.00
	推土机 88 kW	台时	1.41	123.45	174.06
	自卸汽车 8 t	台时	11.73	75.70	887.96
工程单价		元/m^3			16.59

注:柴油消耗量:2.82×11.4+1.41×10.2+11.73×7.7=136.85(kg)。

表 5-19 建筑工程单价表(石方开挖,概算)

单价编号	1	项目名称	石方开挖工程		
定额编号	概 020001			定额单位	100 m^3
施工方法	岩石级别为Ⅵ级,采用风钻钻孔爆破开挖				
编号	名称及规格	单位	数量	单价(元)	合计(元)
一	直接费				3 085.94
(一)	基本直接费				2 897.60
1	人工费				555.48
	工长	工时	1.0	36.73	36.73
	中级工	工时	9.0	13.10	117.90
	初级工	工时	33.6	11.93	400.85
2	材料费				429.12
	合金钻头	个	1.02	38.00	38.76
	炸药	kg	26	6.00	156.00
	雷管	个	20	3.00	60.00
	导电线	m	99	1.10	108.90

续表 5-19

编号	名称及规格	单位	数量	单价(元)	合计(元)
	其他材料费	%	18	363.66	65.46
3	机械使用费				187.64
	风钻　手持式	台时	4.47	38.16	170.58
	其他机械费	%	10	170.58	17.06
4	石渣运输	m^3	104	16.59	1 725.36
(二)	其他直接费	%	6.5	2 897.60	188.34
二	间接费	%	26	3 085.94	802.34
三	利润	%	7	3 888.28	272.18
四	材料补差				646.22
	炸药	kg	26	0.3	7.80
	雷管	个	20	11	220.00
	柴油	kg	142.32	2.94	418.42
五	未计价材料费				0.00
六	税金	%	9	4 806.68	432.60
七	合计				5 239.28
八	工程单价	元/m^3			52.39

注:柴油消耗量:136.85÷100×104=142.32(kg)。

表 5-20　建筑工程单价表(石方开挖,预算)

单价编号	1	项目名称	石方开挖工程		
定额编号	预 020001			定额单位	100 m^3
施工方法	岩石级别为Ⅵ级,采用风钻钻孔爆破开挖				
编号	名称及规格	单位	数量	单价(元)	合计(元)
一	直接费				1 190.00
(一)	基本直接费				1 117.37
1	人工费				521.53
	工长	工时	0.8	36.73	29.38
	中级工	工时	8.7	13.10	113.97
	初级工	工时	31.7	11.93	378.18
2	材料费				413.67
	合金钻头	个	0.99	38.00	37.62
	炸药	kg	25.05	6.00	150.30
	雷管	个	18.98	3.00	56.94
	导电线	m	96.10	1.10	105.71
	其他材料费	%	18	350.57	63.10
3	机械使用费				182.17

续表 5-20

编号	名称及规格	单位	数量	单价(元)	合计(元)
	风钻　手持式	台时	4. 34	38. 16	165. 61
	其他机械费	%	10	165. 61	16. 56
(二)	其他直接费	%	6. 5	1 117. 37	72. 63
二	间接费	%	26	1 190. 00	309. 40
三	利润	%	7	1 499. 40	104. 96
四	材料补差				216. 30
	炸药	kg	25. 05	0. 3	7. 52
	雷管	个	18. 98	11	208. 78
五	未计价材料费				0. 00
六	税金	%	9	1 820. 66	163. 86
七	合计				1 984. 52
八	工程单价	元/m^3			19. 85

表 5-21　建筑工程单价表(石渣运输,预算)

单价编号	2	项目名称	石渣运输工程		
定额编号	预 020451			定额单位	100 m^3
施工方法	1 m^3 挖掘机挖装,8 t 自卸汽车运 2 km 弃渣,露天				
编号	名称及规格	单位	数量	单价(元)	合计(元)
一	直接费				1 715. 83
(一)	基本直接费				1 611. 11
1	人工费				178. 95
	初级工	工时	15	11. 93	178. 95
2	材料费				31. 59
	零星材料费	%	2	1 579. 52	31. 59
3	机械使用费				1 400. 57
	挖掘机　1 m^3	台时	2. 74	134. 75	369. 22
	推土机　88 kW	台时	1. 37	123. 45	169. 13
	自卸汽车　8 t	台时	11. 39	75. 70	862. 22
(二)	其他直接费	%	6. 5	1 611. 11	104. 72
二	间接费	%	26	1 715. 83	446. 12
三	利润	%	7	2 161. 95	151. 34
四	材料补差				390. 76
	柴油	kg	132. 91	2. 94	390. 76

续表 5-21

编号	名称及规格	单位	数量	单价(元)	合计(元)
五	未计价材料费				0.00
六	税金	%	9	2 704.05	243.36
七	合计				2 947.41
八	工程单价	元/m^3			29.47

注:柴油消耗量:2.74×11.4+1.37×10.2+11.39×7.7=132.91(kg)。

【例 5-5】 某引水工程位于一般地区,岩石级别为XIII~XIV级,有一条圆形引水平洞,洞长 1 500 m,开挖断面为 15 m^2,分四个工作面掘进(见图 5-2),设一条长 100 m 的施工支洞。根据已知条件及现行最新计价规定,试计算该引水隧洞石方开挖运输预算单价。

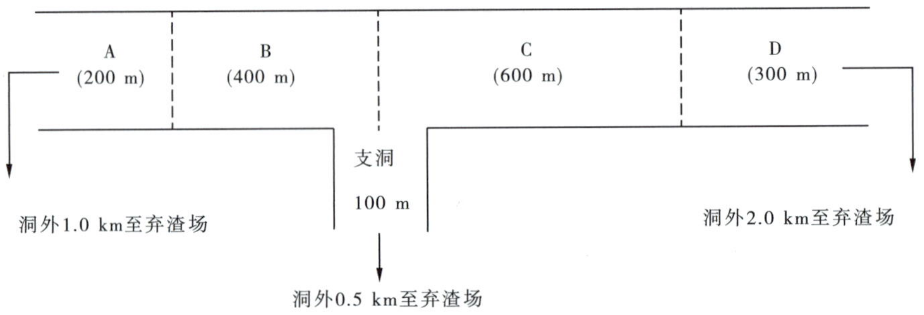

图 5-2　隧洞开挖工作面布置示意图

已知:

(1)工程超挖量为设计断面开挖量的6%,工程附加量为设计断面开挖量的7%,石方采用风钻钻孔爆破开挖,1 m^3 挖掘机装 8 t 自卸汽车运输。

(2)其他基本资料见表 5-22(表中材料价格及机械台时费均不含增值税销项税额)。

表 5-22　基础单价及费率标准

序号	名称及规格	单位	单价(元)	序号	名称及规格	单位	单价(元)
1	工长	工时	30.62	12	轴流通风机　37 kW	台时	28.61
2	高级工	工时	14.98	13	单斗液压挖掘机　1 m^3(基价)	台时	114.39
3	中级工	工时	11.74	14	1 m^3 液压单斗挖掘机的柴油用量为 11.4 kg/台时		
4	初级工	工时	10.97	15	推土机　88 kW(基价)	台时	105.29
5	合金钻头	个	38	16	88 kW 推土机的柴油用量为 10.2 kg/台时		
6	炸药	kg	6.3	17	自卸汽车　8 t(基价)	台时	62.52
7	雷管	个	14	18	8 t 自卸汽车的柴油用量为 7.7 kg/台时		
8	导电线	m	1.1	19	其他直接费费率	%	6
9	$0^{\#}$柴油(预算价格)	kg	7.39	20	间接费费率	%	24
10	风钻　气腿式	台时	57.64	21	利润率	%	7
11	风钻　手持式	台时	41.77	22	税率	%	9

解:(1)计算定额轴流通风机台时量综合调整系数和石渣综合运距。

由工作面布置图计算各工作面所占主洞工程权重为

A 段 200÷1 500=13.33%

B 段 400÷1 500=26.67%

C 段 600÷1 500=40.00%

D 段 300÷1 500=20.00%

①计算轴流通风机综合调整系数。

通风机综合调整系数为 1.23,计算过程见表 5-23。

表 5-23 通风机综合调整系数计算表

编号	权重(%)	通风长度(m)	系数
A	13.33	200	1.00
B	26.67	500	1.20
C	40.00	700	1.43
D	20.00	300	1.00
综合:13.33%×1.00+26.67%×1.20+40.00%×1.43+20.00%×1.00=1.23			

②计算石渣运输综合运距。

a. 计算洞内运输综合运距。

洞内运输综合运距为 283 m,计算过程见表 5-24。

表 5-24 洞内运输综合运距计算表

编号	权重(%)	洞内运渣计算长度(m)	计算式
A	13.33	100	200/2
B	26.67	300	100+400/2
C	40.00	400	100+600/2
D	20.00	150	300/2
综合:13.33%×100+26.67%×300+40.00%×400+20.00%×150=283(m)			

b. 计算洞外运输综合运距。

洞外运输综合运距为:

1 000×13.33%+500×26.67%+500×40.00%+2 000×20.00%=867(m)

(2)计算平洞石方开挖单价。

根据已知条件,查现行部颁《预算定额》第二章“石方开挖工程”(二-16:平洞石方开挖——风钻钻孔),选用定额编号 020164,列表(见表 5-25)。经计算,平洞石方开挖单价为 355.92 元/m^3。

码 5-16 参考定额

表 5-25　建筑工程单价表(平洞石方开挖)

单价编号	1	项目名称	平洞石方开挖工程		
定额编号	预 020164			定额单位	100 m^3
施工方法	岩石级别为ⅩⅢ～ⅩⅣ级,采用风钻钻孔爆破开挖,开挖断面为 15 m^2				
编号	名称及规格	单位	数量	单价(元)	合计(元)
一	直接费				22 827.48
(一)	基本直接费				21 535.36
1	人工费				9 594.60
	工长	工时	16.4	30.62	502.17
	中级工	工时	332.6	11.74	3 904.72
	初级工	工时	472.9	10.97	5 187.71
2	材料费				3 354.41
	合金钻头	个	13.93	38.00	529.34
	炸药	kg	198.15	6.00	1 188.90
	雷管	个	209.66	3.00	628.98
	导电线	m	663.84	1.10	730.22
	其他材料费	%	9	3 077.44	276.97
3	机械使用费				8 586.35
	风钻　气腿式	台时	85.56	57.64	4 931.68
	风钻　手持式	台时	42.85	41.77	1 789.84
	轴流通风机　37 kW	台时	42.95	28.61	1 228.80
	其他机械费	%	8	7 950.32	636.03
(二)	其他直接费	%	6	21 535.36	1 292.12
二	间接费	%	24	22 827.48	5 478.60
三	利润	%	7	28 306.08	1 981.43
四	材料补差				2 365.71
	炸药	kg	198.15	0.3	59.45
	雷管	个	209.66	11	2 306.26
五	未计价材料费				0.00
六	税金	%	9	32 653.22	2 938.79
七	合计				35 592.01
八	工程单价	元/m^3			355.92

(3)计算石渣运输单价。

洞内平均运距283 m,查现行部颁《预算定额》第二章"石方开挖工程"(二-39:1 m^3挖掘机装石渣自卸汽车运输),选用定额编号020456、020457进行外插计算,洞外平均运距867 m,选用定额编号020455进行插补计算,列表(见表5-26)。经计算,石渣运输综合单价为27.75元/m^3。

表5-26 建筑工程单价表(石渣运输)

单价编号	2	项目名称	洞内外石渣运输工程		
定额编号	预020456、020457、020455			定额单位	100 m^3
施工方法	1 m^3挖掘机挖装,8 t自卸汽车运输,洞内平均运距283 m,洞外平均运距867 m				
编号	名称及规格	单位	数量	单价(元)	合计(元)
一	直接费				1 563.45
(一)	基本直接费				1 474.95
1	人工费				204.04
	初级工	工时	18.6	10.97	204.04
2	材料费				28.92
	零星材料费	%	2	1 446.03	28.92
3	机械使用费				1 241.99
	挖掘机 1 m^3	台时	3.39	114.39	387.78
	推土机 88 kW	台时	1.70	105.29	178.99
	自卸汽车 8 t	台时	10.80	62.52	675.22
(二)	其他直接费	%	6	1 474.95	88.50
二	间接费	%	24	1 563.45	375.23
三	利润	%	7	1 938.68	135.71
四	材料补差				471.72
	柴油	kg	139.15	3.39	471.72
五	未计价材料费				0.00
六	税金	%	9	2 546.11	229.15
七	合计				2 775.26
八	工程单价	元/m^3			27.75

注:柴油消耗量:3.39×11.4+1.70×10.2+10.80×7.7=139.15(kg)。

(4)计算平洞石方超挖工程单价。

查现行部颁《预算定额》第二章“石方开挖工程”[二-29:平洞石方超挖(机械装渣)],选用定额编号 020376 计算,列表(见表 5-27)。经计算,得平洞石方超挖单价为 20.00 元/m^3。

(5)计算引水平洞挖运综合预算单价。

施工附加量单价计算可套用平洞石方开挖定额,故施工附加量单价与平洞石方开挖单价相同。其摊销单价为:355.92×7%=24.91(元/m^3)。

超挖工程所需的材料和机械消耗已包含在平洞石方开挖定额中,超挖部分所需的费用仅考虑人工费。其摊销单价为:20.00×6%=1.20(元/m^3)。

石渣运输定额中不包括超挖和施工附加量,应将超挖和施工附加量所需费用分摊到石渣运输单价中。其摊销后的石渣运输单价为:27.75×(1+7%+6%)=31.36(元/m^3)。

平洞石方开挖运输综合单价为:355.92+24.91+1.20+31.36=413.39(元/m^3)。

表 5-27　建筑工程单价表(平洞石方超挖)

单价编号	3	项目名称	平洞石方超挖工程		
定额编号	预 020376			定额单位	100 m^3
施工方法	岩石级别为XIII~XIV级,采用风钻钻孔爆破开挖,开挖断面为 15 m^2				
编号	名称及规格	单位	数量	单价(元)	合计(元)
一	直接费				1 382.79
(一)	基本直接费				1 304.52
1	人工费				1 304.52
	工长	工时	2.3	30.62	70.43
	中级工	工时	14.2	11.74	166.71
	初级工	工时	97.3	10.97	1 067.38
(二)	其他直接费	%	6	1 304.52	78.27
二	间接费	%	24	1 382.79	331.87
三	利润	%	7	1 714.66	120.03
四	材料补差				0.00
五	未计价材料费				0.00
六	税金	%	9	1 834.69	165.12
七	合计				1 999.81
八	工程单价	元/m^3			20.00

任务4 堆砌石工程单价编制

土石坝是我国最古老的坝型之一,堆石坝是土石坝的一种,它们是由土料、石料经过碾压或抛填等方式堆筑而成的。因其就地取材、施工技术简单、造价低而在我国应用较广泛,随着施工技术的不断发展,堆石坝在水利工程中所占比例越来越大。合理编制土石填筑工程单价对土石坝、堆石坝的工程造价尤为重要。

水利工程施工中还有砌筑工程,包括护底、护岸工程采用的抛石,护坡、护底、基础、墩、墙、涵洞等工程采用的块石、条石或料石砌筑等,合理编制砌筑工程单价对护坡、护底等工程具有重要的意义。

1 土石填筑工程定额使用说明

现行部颁概预算定额,第三章土石填筑工程定额包括抛石、砌石、石笼、绿滨垫、土料及石料填筑等,共20节。土石填筑工程定额包括砌筑定额和土石填筑定额。

1.1 定额石料规格及标准说明

定额中石料规格及标准说明如表5-28所示。

表5-28 石料规格标准说明表

名称	规格标准
碎石	指经破碎、加工分级后,料径大于5 mm的石块
块石	指厚度大于20 cm,长、宽各为厚度的2~3倍,至少有一面大致平整,无尖角、薄边的石块
卵石	指最小粒径大于20 cm的天然河卵石
毛条石	指一般长度大于60 cm的长条形四棱方正的石料
料石	指毛条石经修边打荒加工,外露面方正,各相邻面正交,表面凸凹不超过10 mm的石料
砂砾石	指天然砂砾(卵)石混合料
堆石料	指山场岩石经爆破后,无一定规格、无一定大小的任意石料
反滤料、过渡料	指土石坝或一般堆砌石工程的防渗体与坝壳(土料、砂砾料或堆石料)之间的过渡区石料,由粒径、级配均有一定要求的砂、砾石(碎石)组成
垫层料	指混凝土面板堆石坝工程面板的直接支撑体,向堆石体均匀传递水压力,并起辅助渗透控制作用的石料,由粒径、级配均有一定要求的砂、砾石(碎石)组成

1.2 定额计量单位

土石填筑工程定额的计量单位,除注明外,均为成品方。定额中砂石料计量单位:砂、碎石、堆石料为堆方;块石、卵石为码方;毛条石、料石为清料方。无试验资料时,不同计量单位间体积换算关系可参考表5-29。

表 5-29 土石方松实系数换算表

项目	自然方	松方	压实方	码方
土方	1	1.33	0.85	
石方	1	1.53	1.31	
砂方	1	1.07	0.94	
混合料	1	1.19	0.88	
块石	1	1.75	1.43	1.67

注:1. 松实系数是指物料不同状态下体积的比例关系。土石料体积的比例关系,供一般土石方工程换算时参考。
2. 块石压实方指堆石坝坝体方,块石松方即块石堆方。

2 砌筑工程单价编制

2.1 砌筑工程单价编制方法

砌筑定额按不同的工程项目、施工部位及施工方法划分节和子目,直接套用相应定额即可。砌筑工程包括抛石、砌石(干砌石和浆砌石)、石笼、绿滨垫等。

码 5-17 微课:砌筑工程单价编制方法

砌筑定额中的石料,在计算单价时分三种情况。第一种是外购石料,其单价按主要材料预算价格计算方法(参见本书项目 4 任务 2)编制;第二种是施工企业自采石料,其单价需单独编制(参见本书项目 4 任务 5);第三种是从开挖石渣中捡集块石、片石,此时石料单价只计人工捡石费用及从捡集石料地点到施工现场堆放点的运输费用。

浆砌石定额中砂浆单价应由设计砂浆的强度等级按试验所确定的材料配合比,并考虑施工损耗量,确定材料预算量乘以材料预算价格进行计算。如果无试验资料,可按砂浆材料单价计算方法(参见本书项目 4 任务 6)编制。

2.2 砌筑工程单价编制示例

【例 5-6】 某水闸工程位于一般地区,平面护坡采用干砌块石施工,根据已知基本资料(见表 5-30,表中材料价格和机械台时费均不含增值税销项税额)及现行部颁计价规定,试编制该干砌块石平面护坡工程概算单价。

表 5-30 基础单价及费率表

序号	名称及规格	单位	单价(元)	序号	名称及规格	单位	单价(元)
1	工长	工时	35.97	5	块石	m^3	117.00
2	高级工	工时	16.89	6	胶轮车	台时	0.68
3	中级工	工时	12.70	7	其他直接费费率	%	6.5
4	初级工	工时	11.54	8	间接费费率	%	10

解:根据已知条件,查现行部颁《概算定额》第三章“土石填筑工程”(三-4:干砌块石),选用定额编号 030008,列表(见表 5-31)。经计算,可得该干砌块石平面护坡工程概算单价为 234.62 元/m^3 砌体方。

码 5-18 参考定额

表 5-31　建筑工程单价

单价编号	1	项目名称	砌筑工程		
定额编号	概 030008			定额单位	100 m^3 砌体方
施工方法	平面护坡采用干砌块石施工				
编号	名称及规格	单位	数量	单价(元)	合计(元)
一	直接费				10 699.31
(一)	基本直接费				10 046.30
1	人工费				5 318.77
	工长	工时	8.5	35.97	305.75
	中级工	工时	141.3	12.70	1 794.51
	初级工	工时	278.9	11.54	3 218.51
2	材料费				4 686.40
	块石	m^3	116	40.00	4 640.00
	其他材料费	%	1	4 640.00	46.40
3	机械使用费				41.13
	胶轮车	台时	60.49	0.68	41.13
(二)	其他直接费	%	6.5	10 046.30	653.01
二	间接费	%	10	10 699.31	1 069.93
三	利润	%	7	11 769.24	823.85
四	材料补差				8 932.00
	块石	m^3	116	77.00	8 932.00
五	未计价材料费				0.00
六	税金	%	9	21 525.09	1 937.26
七	合计				23 462.35
八	工程单价	元/m^3 砌体方			234.62

【例 5-7】 某引水工程位于一类区,其挡土墙采用 M10 浆砌块石施工,砂浆搅拌机拌制砂浆,人工砌筑,采用 42.5 水泥,所有砂石材料均需外购,根据已知基本资料(见表 5-32,表中材料价格和机械台时费均不含增值税销项税额)及现行部颁计价规定,试编制该浆砌块石挡土墙工程概算单价。

表 5-32　基础单价及费率表

序号	名称及规格	单位	单价(元)	序号	名称及规格	单位	单价(元)
1	工长	工时	31.39	8	中砂	m^3	183.56
2	高级工	工时	15.43	9	水	m^3	0.52
3	中级工	工时	12.15	10	块石	m^3	140.36
4	初级工	工时	11.36	11	其他直接费费率	%	4.7
5	0.4 m^3 搅拌机	台时	57.67	12	间接费费率	%	10
6	胶轮车	台时	0.68	13	利润率	%	7
7	42.5 水泥预算价格	t	370.00	14	税率	%	9

解:(1)计算砂浆材料单价:

根据现行部颁《概算定额》附录7附表7-15(或本书附录3附表3-9)"砂浆配合比及材料用量参考表",表中采用的是32.5水泥,而实际工程中采用的是42.5水泥,需要参照表4-13对水泥用量进行调整,计算砂浆材料单价(见表5-33)。

表 5-33　砂浆材料单价计算表

编号	名称及规格	单位	预算量	调整系数	单价(元)			合价(元)		
					预算价	基价	价差	预算价	基价	价差
一	M10 砌筑砂浆	m^3						305.72	106.47	199.25
1	42.5 水泥	kg	320	0.86	0.37	0.225	0.145	101.82	61.92	39.90
2	中砂	m^3	1.11		183.56	40.00	143.56	203.75	44.40	159.35
3	水	m^3	0.280		0.52			0.15		

(2)计算浆砌块石挡土墙工程概算单价:

根据已知条件,查现行部颁《概算定额》第三章"土石填筑工程"(三-6:浆砌块石),选用定额编号030018,列表(见表5-34)。经计算,可得该浆砌块石挡土墙工程概算单价为401.24元/m^3砌体方。

码 5-19　参考定额

表 5-34　建筑工程单价

单价编号	1	项目名称	砌筑工程		
定额编号	概 030018			定额单位	100 m^3 砌体方
施工方法	挡土墙采用 M10 浆砌块石施工				
编号	名称及规格	单位	数量	单价(元)	合计(元)
一	直接费				16 243.16
(一)	基本直接费				15 514.00
1	人工费				7 087.93

续表 5-34

编号	名称及规格	单位	数量	单价(元)	合计(元)
	工长	工时	11.7	31.39	367.26
	中级工	工时	264.7	12.15	3 216.11
	初级工	工时	308.5	11.36	3 504.56
2	材料费				8 022.48
	块石	m^3	108	40.00	4 320.00
	砂浆	m^3	34.4	106.47	3 662.57
	其他材料费	%	0.5	7 982.57	39.91
3	机械使用费				403.59
	搅拌机 0.4 m^3	台时	5.74	57.67	331.03
	胶轮车	台时	106.7	0.68	72.56
(二)	其他直接费	%	4.7	15 514.00	729.16
二	间接费	%	10	16 243.16	1 624.32
三	利润	%	7	17 867.48	1 250.72
四	材料补差				17 693.08
	块石	m^3	108	100.36	10 838.88
	砂浆	m^3	34.4	199.25	6 854.20
五	未计价材料费				0.00
六	税金	%	9	36 811.28	3 313.02
七	合计				40 124.30
八	工程单价	元/m^3 砌体方			401.24

注:42.5 水泥用量:34.4×320×0.86=9 466.88(kg);中砂用量:34.4×1.11=38.18(m^3)。

3 堆石坝填筑单价编制

堆石坝填筑可分为石料开采、运输、压实等工序,编制工程单价时,采用单项定额计算各工序单价,然后再编制填筑综合单价。

3.1 填筑料单价

堆石坝填筑料按其填筑部位的不同,分为反滤料区、过渡料区和堆石区等,需分别列项计算。编制填筑料单价时,可将料场覆盖层(包括无效层)清除等辅助项目费用摊入开采单价中形成填筑料单价。其计算公式为

$$\text{填筑料单价}=\frac{\text{覆盖层清除费用}}{\text{填筑料总方量(自然方或成品堆方)}}+\text{填筑料开采单价(自然方或成品堆方)} \quad (5\text{-}17)$$

式中,覆盖层清除费用可根据施工方法套用土方和石方工程相应定额计算。填筑料开采单价计算可分为以下两种情况:

(1)填筑料不需加工处理:对于堆石料,其单价可按砂石备料工程碎石原料开采定额计算,计量单位为堆方;对于天然砂石料,可按土方开挖工程砂砾(卵)石采运定额(按Ⅳ

类土计)计算填筑料挖运单价,计量单位为自然方。

(2)填筑料需加工处理:这类堆石料一般对粒径有一定的要求,其开采单价是指在石料场堆存点加工为成品堆方的单价,可参照项目4任务5自采砂石料单价计算方法计算,计量单位为成品堆方。对有级配要求的反滤料和过渡料,应按砂及碎(卵)石的数量和组成比例,采用综合单价。

利用基坑等开挖弃渣作为堆石料时,不需计算备料单价,只需计算上坝运输费用。

3.2 填筑料运输单价

填筑料运输单价指从砂石料开采场或成品堆料场装车并运输上坝至填筑工作面的工序单价,包括装车、运输上坝、卸车、空回等费用。从石料场开采堆石料(碎石原料)直接上坝,运输单价套用砂石备料工程“碎石原料”运输定额计算运输单价,计量单位为“成品堆方”;利用基坑等开挖石渣作为堆石料时,运输单价采用石方开挖工程的“石渣运输”定额计算运输单价,计量单位为“自然方”;自成品供料场上坝的物料运输,采用砂石备料工程定额相应子目计算运输单价,计量单位为“成品堆方”,其中反滤料运输采用骨料运输定额。

3.3 填筑单价

堆石坝填筑以建筑成品实方计。填筑料压实定额是按碾压机械和分区材料划分节和子目。对过渡料如果无级配要求时,可采用“砂砾料”定额子目。如有级配要求,需经筛分处理,则应采用“反滤料”定额子目。

3.3.1 堆石坝填筑概算单价

《概算定额》堆石坝物料压实定额按自料场直接运输上坝与自成品供料场运输上坝两种情况分别编制,应根据施工组织设计方案正确选用定额子目。

(1)从料场直接运输上坝:砂砾料、堆石料压实定额,列有“砂石料运输(自然方)”项,适用于不需加工就可直接装运上坝的天然砂砾料和利用基坑开挖的石渣料等的填筑,编制填筑工程单价时,只需将物料的装运基本直接费(对天然砂砾料包括覆盖层清除摊销费用)计入压实定额的“砂石料运输”项,即可根据压实定额编制堆石坝填筑的综合概算单价。

(2)从成品供料场运输上坝:砂石料压实定额,列有“砂砾料、堆石料、反滤料垫层料”等项和“砂石料运输(堆方)”项,适用于需开采加工为成品料后再运输上坝的物料(如砂砾料、堆石料、反滤料垫层料等)填筑,在编制填筑单价时,将“砂砾料、堆石料、反滤料垫层料”等填筑料单价(或外购填筑料单价),以及自成品供料场运输至填筑部位的“砂石料运输”基本直接费单价,分别代入堆石坝物料压实定额,计算堆石坝填筑的综合概算单价。

3.3.2 堆石坝填筑预算单价

现行部颁《预算定额》堆石坝物料填筑压实定额单独编列,直接套用定额计算填筑预算单价,分别计算填筑料的单价和填筑料运输的单价,考虑各工序单位不同与体积换算,汇总相加即可。

3.4 编制堆石坝填筑单价应注意的问题

(1)现行部颁《概算定额》中土石坝物料填筑定额按自料场直接运输上坝与自成品供

料场运输上坝两种情况分别编制，根据施工组织设计方案采用相应的定额子目。定额已包括填筑过程中所有损耗量及坝面施工干扰因素。如为非土石坝、堰、堤的一般土石料填筑，定额中的人工、机械乘 0.8 系数。

(2)现行部颁《概算定额》反滤料(垫层料)填筑定额中的砂及碎(砾)石数量和组成比例，可按设计调整。

过渡料填筑一般采用反滤料填筑定额，如采用符合级配要求的砂砾料直接上坝填筑，应采用砂砾料填筑定额。

(3)编制土石坝填筑综合概算单价时，根据定额相关项目子目计算的物料运输上坝基本直接费应乘以坝面施工干扰系数 1.02 后代入压实单价。

任务 5　混凝土工程单价编制

1　混凝土工程、混凝土工程定额概述

混凝土在水利工程中应用十分广泛，其费用在工程总投资中常常占有很大比例。混凝土工程包括各种水工建筑物不同结构部位的现浇混凝土、预制混凝土、碾压混凝土和沥青混凝土等。此外，还有模袋混凝土、钢筋制作安装、止水、防水层、伸缩缝等项目。

现行部颁概预算定额，第四章混凝土工程包括常态混凝土、碾压混凝土、堆石混凝土、沥青混凝土，以及混凝土预制及安装、混凝土拆除、钢筋制作与安装，混凝土拌制、运输，止水等。定额的计量单位，除注明外，均为建筑物或构筑物的成品实体方。

混凝土工程单价应根据设计提供的资料，确定建筑物的施工部位、选定正确的施工方法、运输方案，并根据施工组织设计确定的拌和系统的布置形式等，选用相应定额来计算。

2　现浇混凝土工程单价编制

现浇混凝土的主要施工工序有混凝土的拌制、运输、浇筑等。现浇混凝土定额有建筑物各施工部位混凝土浇筑定额、混凝土拌制定额、混凝土运输定额。在混凝土浇筑定额各节子目中列有“混凝土”“混凝土拌制”“混凝土运输”的消耗数量。在编制现浇混凝土工程单价时，应先依次计算混凝土材料单价、混凝土拌制单价、混凝土运输单价，再将其分别代入现浇混凝土浇筑定额，即可得到现浇混凝土工程单价。

码 5-20　微课：现浇混凝土工程单价编制方法

2.1　混凝土材料单价

现浇混凝土浇筑定额中“混凝土”消耗量，是完成定额单位产品所需的混凝土半成品量，包括干缩，运输、浇筑等损耗，以及规范允许的超填量和合理的施工附加量等。混凝土半成品的配合比及材料用量应按试验资料确定；无试验资料时，可参考现行部颁《概算定额》附录 7(本书附录 3)中的混凝土配合比及材料用量，计算方法见本书项目 4 任务 6。

2.2　混凝土拌制单价

现浇混凝土拌制定额的计量单位为半成品方，不包括干缩，运输、浇筑等损耗，以及规

范允许的超填量和合理的施工附加量等所消耗的人工、材料、机械数量。混凝土的拌制包括配料、加水、加外加剂、搅拌、出料等工序。

编制混凝土拌制单价时,应根据施工组织设计选定的拌和设备选用相应的拌制定额。

(1)搅拌站、搅拌楼拌制混凝土定额中,均列有“骨料系统”和“水泥系统”,“骨料系统”指自混凝土生产系统骨料堆场至混凝土搅拌楼(站)的给料及输送设备;“水泥系统”指自水泥、掺合料罐至混凝土搅拌楼(站)的提升、输送、除尘设备。搅拌机、搅拌站、搅拌楼等的清洗用水已计入拌制定额的零星材料费中。

(2)混凝土拌制定额按拌制常态混凝土拟定。拌制钢纤维混凝土时,混凝土拌制定额乘1.5系数;拌制其他混凝土时,按表5-35系数对定额进行调整。

表5-35 拌制定额调整系数

搅拌楼(站)规格	混凝土类别				
	常态混凝土	加冰混凝土	加掺合料混凝土	高自密实性能混凝土	碾压混凝土
一、搅拌楼					
1×2.0 m^3 强制式	1.00	1.20	1.00	1.25	1.00
2×2.5 m^3 强制式	1.00	1.17	1.00	1.25	1.00
2×1.0 m^3 自落式	1.00	1.00	1.10		1.30
2×1.5 m^3 自落式	1.00	1.00	1.10		1.30
3×1.5 m^3 自落式	1.00	1.00	1.10		1.30
2×3.0 m^3 自落式	1.00	1.00	1.10		1.30
4×3.0 m^3 自落式	1.00	1.00	1.10		1.30
二、搅拌站					
50 m^3/h 搅拌站	1.00	1.00	1.10	1.25	1.30
60 m^3/h 搅拌站	1.00	1.00	1.10	1.25	1.30

2.3 混凝土运输单价

现浇混凝土运输定额的计量单位为半成品方,不包括干缩,运输、浇筑等损耗,以及规范允许的超填量和合理的施工附加量等所消耗的人工、材料、机械数量。混凝土运输包括装料、运输、卸料、空回、冲洗、清理及辅助工作。现浇混凝土运输,是指混凝土自搅拌楼(站)或搅拌机出料口至仓面的全部水平运输和垂直运输。

编制现浇混凝土运输单价时,应根据施工组织设计选定的运输方式和机械类型,按相应混凝土运输定额分别计算水平运输和垂直运输基本直接费,汇总作为混凝土运输单价。

2.4 混凝土浇筑单价

常态混凝土的浇筑包括冲毛(或凿毛)、冲洗、清仓、铺水泥砂浆、平仓、振捣、养护、工作面运输和一些辅助工作。混凝土浇筑定额中包括浇筑和工作面运输所需的全部人工、材料和机械数量。混凝土浇筑的仓面清洗及养护用水,已计入浇筑定额的用水量中。

编制现浇混凝土浇筑单价时,应根据施工部位和混凝土种类,选用相应的混凝土浇筑定额,将混凝土材料单价、混凝土拌制基本直接费单价、混凝土运输基本直接费单价代入混凝土浇筑定额,即可得到混凝土工程单价。

2.5　使用定额应注意的问题

(1)采用埋石混凝土时,因埋块石需增加的初级工工时数量见表4-12。

(2)地下厂房、平洞、竖井、底板、明(暗)渠等混凝土衬砌定额中所列示的开挖断面和衬砌厚度按设计尺寸选取。当衬砌厚度介于两子目之间时,可用插入法计算。

(3)平洞衬砌定额适用于水平夹角小于或等于6°的平洞混凝土衬砌。水平夹角6°~45°的斜井混凝土衬砌,采用平洞衬砌定额,定额中的人工、机械乘1.1系数;水平夹角45°~75°的斜井混凝土衬砌,采用平洞衬砌定额,定额中的人工、机械乘1.23系数。

(4)平洞衬砌定额按单独衬砌作业拟定,如开挖、衬砌平行作业,定额中的人工、机械乘1.1系数。

(5)混凝土拌制及浇筑定额中,不包括骨料预冷、加冰、通水等温控所需的人工、材料、机械数量。

3　现浇混凝土工程单价编制示例

【例5-8】　某调水工程位于一般地区,其中一段引水明渠建在非岩石基础上,采用现浇混凝土衬砌,机械振捣,衬砌厚度为25 cm,掺外加剂混凝土强度等级为C25(2级配)。采用0.8 m^3混凝土搅拌机拌制,机动翻斗车运输500 m。根据已知基本资料(见表5-36,表中材料价格和机械台时费均不含增值税销项税额)及现行部颁计价规定,试编制该明渠现浇混凝土工程概算单价。

表5-36　基础单价及费率表

序号	名称及规格	单位	单价(元)	序号	名称及规格	单位	单价(元)
1	工长	工时	30.62	11	柴油(预算价格)	t	7 200
2	高级工	工时	14.98	12	42.5水泥	t	310
3	中级工	工时	11.74	13	外加剂	kg	2
4	初级工	工时	10.97	14	水	m^3	0.92
5	搅拌机　0.8 m^3	台时	35.79	15	插入式振动器　1.1 kW	台时	1.61
6	胶轮车	台时	0.68	16	风水枪	台时	175.47
7	机动翻斗车　1 t(基价)	台时	19.89	17	其他直接费费率	%	4.7
8	1 t机动翻斗车的柴油用量为1.3 kg/台时			18	间接费费率	%	18
9	中砂	m^3	150.00	19	利润率	%	7
10	碎石	m^3	111.65	20	税率	%	9

解:(1)计算混凝土材料单价:

根据现行部颁《概算定额》附录7附表7-6(或本书附录3附表3-2)“掺外加剂混凝土

配合比及材料用量参考表”，计算混凝土材料单价(见表5-37)。

表5-37　混凝土材料单价计算表

编号	名称及规格	单位	预算量	调整系数	单价(元)			合价(元)		
					预算价	基价	价差	预算价	基价	价差
一	C25掺外加剂混凝土(2级配)	m^3						263.57	120.18	143.39
1	42.5水泥	kg	244	1.177	0.31	0.225	0.085	89.03	64.62	24.41
2	中砂	m^3	0.52	1.078	150.00	40.00	110.00	84.08	22.42	61.66
3	碎石	m^3	0.77	1.039	111.65	40.00	71.65	89.32	32.00	57.32
4	外加剂	kg	0.49	1	2.00			0.98		
5	水	m^3	0.146	1.177	0.92			0.16		

(2)计算混凝土拌制的基本直接费：

根据已知条件，查现行部颁《概算定额》第四章“混凝土工程”(四-47：搅拌机拌制混凝土)，选用定额编号040194，列表(见表5-38)。经计算，可得混凝土拌制的基本直接费为21.30元/m^3。

码5-21　参考定额

(3)计算混凝土运输的基本直接费：

根据已知条件，查现行部颁《概算定额》第四章“混凝土工程”(四-53：机动翻斗车运混凝土)，选用定额编号040218，列表(见表5-39)。经计算，可得混凝土运输的基本直接费为11.71元/m^3。

(4)计算该明渠现浇混凝土工程概算单价：

根据已知条件，查现行部颁《概算定额》第四章“混凝土工程”(四-13：明渠-非岩石基础)，选用定额编号040069，列表(见表5-40)。经计算，可得该明渠现浇混凝土工程概算单价为508.84元/m^3。

表5-38　建筑工程单价表(混凝土拌制)

单价编号	1-1	项目名称	混凝土拌制基本直接费		
定额编号	概040194			定额单位	100 m^3
施工方法	0.8 m^3混凝土搅拌机拌制				
编号	名称及规格	单位	数量	单价(元)	合计(元)
(一)	基本直接费				2 130.13
1	人工费				1 742.62
	中级工	工时	66.3	11.74	778.36
	初级工	工时	87.9	10.97	964.26

续表 5-38

编号	名称及规格	单位	数量	单价(元)	合计(元)
2	材料费				41.77
	零星材料费	%	2	2 088.36	41.77
3	机械使用费				345.74
	搅拌机 0.8 m^3	台时	8.17	35.79	292.40
	胶轮车	台时	78.44	0.68	53.34
工程单价		元/m^3			21.30

表 5-39 建筑工程单价表(混凝土运输)

单价编号	1-2	项目名称	混凝土运输基本直接费		
定额编号	概 040218			定额单位	100 m^3
施工方法	机动翻斗车运输 500 m				
编号	名称及规格	单位	数量	单价(元)	合计(元)
(一)	基本直接费				1 170.79
1	人工费				550.33
	中级工	工时	26.6	11.74	312.28
	初级工	工时	21.7	10.97	238.05
2	材料费				34.10
	零星材料费	%	3	1 136.69	34.10
3	机械使用费				586.36
	机动翻斗车 1 t	台时	29.48	19.89	586.36
工程单价		元/m^3			11.71

注:柴油消耗量:29.48×1.3=38.32(kg)。

表 5-40 建筑工程单价表(混凝土浇筑)

单价编号	1	项目名称	混凝土浇筑工程		
定额编号	概 040069			定额单位	100 m^3
施工方法	引水明渠建在非岩石基础上,采用现浇混凝土衬砌,衬砌厚度为 25 cm				
编号	名称及规格	单位	数量	单价(元)	合计(元)
一	直接费				24 669.10
(一)	基本直接费				23 561.70
1	人工费				6 436.47
	工长	工时	16.1	30.62	492.98

续表 5-40

编号	名称及规格	单位	数量	单价(元)	合计(元)
	高级工	工时	26.6	14.98	398.47
	中级工	工时	213.3	11.74	2 504.14
	初级工	工时	277.2	10.97	3 040.88
2	材料费				13 098.43
	混凝土	m^3	107	120.18	12 859.26
	水	m^3	119	0.92	109.48
	其他材料费	%	1	12 968.74	129.69
3	机械使用费				494.73
	振动器　1.1 kW	台时	39.24	1.61	63.18
	风水枪	台时	2.18	175.47	382.52
	其他机械费	%	11	445.70	49.03
4	混凝土拌制	m^3	107	21.30	2 279.10
5	混凝土运输	m^3	107	11.71	1 252.97
(二)	其他直接费	%	4.7	23 561.70	1 107.40
二	间接费	%	18	24 669.10	4 440.44
三	利润	%	7	29 109.54	2 037.67
四	材料补差				15 535.43
	混凝土	m^3	107	143.39	15 342.73
	柴油	kg	41.00	4.7	192.70
五	未计价材料费				0.00
六	税金	%	9	46 682.64	4 201.44
七	合计				50 884.08
八	工程单价	元/m^3			508.84

注:水泥用量:244×1.1×1.07×107=30 729.12(kg);中砂用量:0.52×1.1×0.98×107=59.98(m^3);碎石用量:0.77×1.06×0.98×107=85.59(m^3);柴油用量:38.32÷100×107=41.00(kg)。

4　其他混凝土工程单价编制

码 5-22　微课:其他混凝土工程单价编制

4.1　钢筋制作安装工程单价

钢筋制作安装包括钢筋加工、绑扎、焊接及场内运输等工序。加工工序主要为调直、除锈、划线、切断、调制、整理等,采用手工或调直机、除锈机、切断机及弯曲机等进行。绑扎是将弯曲成型的钢筋,按设计要求组成钢筋骨架。

现行部颁概预算定额不分工程部位和钢筋规格型号综合成一节“钢筋制作与安装”定额。该定额适用于现浇与预制混凝土的各部位,以“t”为计量单位。现行部颁概预算定额中,“钢筋”项的消耗量含施工操作损耗,不含施工需要的搭接、架立筋等施工附加量。

4.2 预制混凝土工程单价

预制混凝土包括混凝土预制、构件运输、构件安装等工序。

混凝土预制包括预制场冲洗、清理、配料、拌制、浇筑、振捣、养护,模板制作、安装、拆除、修整,以及预制场内混凝土运输、材料运输、预制件吊移和堆放等工作。预制混凝土构件的运输是指预制场至安装现场之间的运输。预制混凝土构件在预制场和安装现场的运输,包括在预制及安装定额内。构件安装主要包括安装现场冲洗、拌浆、吊装、砌筑、勾缝等。

混凝土构件预制、预制及安装(砌筑)定额中的模板材料为单位混凝土成品方的摊销量,已考虑了周转和回收。混凝土构件的运输、预制及安装定额,若预制混凝土构件重量超过定额中起重机械起重量,可用相应起重机械替换,台时数量不作调整。

现行部颁《概算定额》预制及安装(砌筑)定额是综合定额,已考虑了构件预制、安装和构件在预制场、安装现场内的运输所需的全部工、料、机消耗量,但不包括预制构件从预制场至安装现场之间的场外运输费用。预制及安装(砌筑)定额各节中列有“混凝土拌制”“混凝土运输”“预制件运输”项目的消耗量,预制混凝土构件的运输定额单独列项。在编制预制混凝土工程概算单价时,应先分别计算混凝土拌制、混凝土运输、预制件运输的基本直接费,再套用预制混凝土预制及安装(砌筑)定额。

现行部颁《预算定额》中混凝土预制构件的预制、运输和安装有单独的定额,在编制预制混凝土预算单价时,应先分别套用对应定额计算预制、运输、安装预算单价,再汇总即可。

4.3 沥青混凝土工程单价

水利工程常用的沥青混凝土为碾压式沥青混凝土。沥青混凝土按集料间的孔隙率可分为密级配和开级配。开级配是指面板或斜墙中的整平胶结层和排水层的沥青混凝土。密级配是指面板或斜墙中的防渗层沥青混凝土和岸边接头沥青砂浆。

现行部颁概预算定额中,沥青混凝土工程定额有沥青混凝土面板、沥青混凝土心墙铺筑、沥青涂层、斜墙碎石垫层面涂层及沥青混凝土运输等定额,适用于堆石坝和砂砾石坝的心墙、斜墙,以及均质土坝上游面的防渗处理。

沥青混凝土工程单价编制直接套用定额计算即可。

4.4 混凝土拆除工程单价

水利工程中的混凝土结构在使用寿命结束或需要改造时,通常需要进行拆除工作。

现行部颁概预算定额中,混凝土拆除定额分人工凿除、液压岩石破碎机拆除、爆破拆除、破碎剂胀裂拆除和整体拆除。能用液压岩石破碎机拆除和整体拆除的部位应尽量采用,除非施工场地、施工方法和环境不允许,才采用人工凿除、爆破拆除和破碎剂胀裂拆除。混凝土拆除定额不包括混凝土渣和拆除混凝土构件的运输。

混凝土拆除工程单价编制直接套用定额计算即可。

任务6 模板工程单价编制

1 模板工程、模板工程定额概述

模板工程是混凝土施工中的重要工序，它不仅影响混凝土工程外观质量，制约混凝土施工进度，而且对混凝土工程造价影响也很大。模板按形式分为平面模板、曲面模板、异型模板、滑模、钢模台车等；按材质分为木模板、钢模板、预制混凝土模板等；按自身结构分为悬臂组合钢模板、普通标准钢模板、普通曲面模板等。

模板工程包括模板制作、运输、安装及拆除等工序。

现行部颁概预算定额，第五章模板工程包括平面模板、曲面模板、异型模板、钢模台车、滑模等模板制作、安装及拆除，共27节。定额的计量单位“100 m^2”为立模面面积，即混凝土与模板的接触面面积。

现行部颁概预算定额将模板工程分为“制作”定额和“安装、拆除”定额两项，并在同一节定额相邻子目中编列。

2 模板工程单价编制方法

码5-23 微课：模板工程单价编制方法

2.1 模板制作单价

现行部颁概预算定额模板制作定额按模板形式、材质、结构等进行编列，编制模板制作单价时，按混凝土结构部位的不同，选择不同类型的模板制作定额，同时注意各节定额的适用范围、工作内容。

模板属周转性材料，其费用应进行摊销。模板制作定额的人工、材料、机械用量是考虑多次周转和回收后使用一次的摊销量，也就是说，按模板制作定额计算的模板制作单价是模板使用一次的摊销价格。

2.2 模板安装、拆除单价

2.2.1 模板安装、拆除概算单价

现行部颁《概算定额》模板安装、拆除定额各节子目中将“模板”作为材料列出。如采用现场制作，“模板”材料价格应采用相应模板制作定额计算的基本直接费；如采用外购模板，“模板”材料价格按式(5-18)计算：

$$\text{“模板”材料价格} = \text{外购模板预算价格} \times (1 - \text{残值率}) \div \text{周转次数} \times \text{综合系数} \tag{5-18}$$

式中：残值率为10%，周转次数为50次，综合系数为1.15(含露明系数及维修损耗系数)。

将“模板”材料价格代入相应的模板安装、拆除定额，即可计算出模板安装、拆除概算单价，也是模板工程概算单价。

特别注意：现行部颁《概算定额》模板安装、拆除定额中其他材料费的计算基数，不包括“模板”材料费。

2.2.2 模板安装、拆除预算单价

现行部颁《预算定额》中，模板安装、拆除定额按模板形式、材质、结构等进行编列，其

预算单价的编制方法与模板制作预算单价的编制方法相同。

将模板制作预算单价和模板安装、拆除预算单价相加，即可得到模板工程预算单价。

3 编制模板工程单价应注意的问题

（1）现行部颁《概算定额》中的“铁件”包括铁钉、铁丝等。除“模板”材料外，定额中的材料包括制作、安装、拆除、维修的损耗和消耗，周转性材料已考虑周转和回收。

（2）现行部颁《概算定额》中，隧洞衬砌模板及涵洞模板定额中已摊入堵头、键槽模板，堵头、键槽模板面积不再另行计算。

（3）现行部颁《概算定额》中，坝体廊道模板若采用预制混凝土模板，其预制及安装可参考预制混凝土相关定额。

（4）现行部颁概预算定额中，制作支撑模板的立柱、围檩、桁（排）架等所消耗的人工、材料、机械数量已包括在相应定额内。对于悬空建筑物（如渡槽槽身），其模板及支撑模板结构的承重梁（或枋木）已包括在相应定额内，承重梁（或枋木）以下的支撑结构未包括在定额内。

（5）现行部颁概预算定额中，钢模台车、针梁模板台车和滑模台车包括行走机构、构架、模板及其支撑型钢，以及为支立模板和拉滑模板或台车行走所配备的电动机、卷扬机、千斤顶等动力设备。

（6）现行部颁概预算定额，直墙圆拱形隧洞衬砌钢模台车定额中不包括钢模台车轨道及安装轨道所用的材料。溢流面滑模定额中的材料为滑模台车轨道和安装轨道所用的埋件、支架和铁件等。

4 模板工程单价编制示例

【例5-9】 某河道整治工程位于二类区，混凝土挡土墙工程采用普通标准钢模板，根据已知基本资料（见表5-41，表中材料价格和机械台时费均不含增值税销项税额）及现行部颁计价规定，试编制该模板工程概算单价。

表5-41 基础单价及费率表

序号	名称及规格	单位	单价（元）	序号	名称及规格	单位	单价（元）
1	工长	工时	31.21	11	汽车起重机 5 t（基价）	台时	71.79
2	高级工	工时	14.51	12	汽车起重机5 t的汽油用量为5.3 kg/台时		
3	中级工	工时	11.77	13	载重汽车 5 t（基价）	台时	50.76
4	初级工	工时	10.98	14	载重汽车5 t的汽油用量为5.2 kg/台时		
5	组合钢模板	kg	4.50	15	电焊机 交流25 kVA	台时	9.63
6	型钢	kg	3.20	16	汽油（预算价格）	kg	8.44
7	卡扣件	kg	6.00	17	其他直接费费率	%	2.8
8	铁件	kg	4.90	18	间接费费率	%	8
9	预制混凝土柱	m^3	350.00	19	利润率	%	7
10	电焊条	kg	5.70	20	税率	%	9

解:(1)计算模板制作概算单价:

根据已知条件,查现行部颁《概算定额》第五章“模板工程”(五-1:普通标准钢模板),选用定额 050001,列表(见表 5-42)。经计算,得模板制作的基本直接费单价为 8.16 元/m^2。

码 5-24　参考定额

表 5-42　建筑工程单价表(模板制作)

单价编号	1-1	项目名称	模板制作基本直接费		
定额编号	概 050001			定额单位	100 m^2
施工方法	挡土墙工程采用普通标准钢模板				
编号	名称及规格	单位	数量	单价(元)	合计(元)
(一)	基本直接费				815.63
1	人工费				84.05
	工长	工时	0.5	31.21	15.61
	高级工	工时	2.1	14.51	30.47
	中级工	工时	2.2	11.77	25.89
	初级工	工时	1.1	10.98	12.08
2	材料费				711.91
	组合钢模板	kg	81	4.50	364.50
	型钢	kg	44	3.20	140.80
	卡扣件	kg	30	6.00	180.00
	铁件	kg	2	4.90	9.80
	电焊条	kg	0.5	5.70	2.85
	其他材料费	%	2	697.95	13.96
3	机械使用费				19.67
	载重汽车　5 t	台时	0.31	50.76	15.74
	电焊机　交流 25 kVA	台时	0.31	9.63	2.99
	其他机械费	%	5	18.73	0.94
工程单价		元/m^2			8.16

注:汽油消耗量:0.31×5.2=1.61(kg)。

(2)计算模板安装、拆除概算单价:

根据已知条件,查现行部颁《概算定额》第五章“模板工程”(五-1:普通标准钢模板),选用定额 050002,列表(见表 5-43)。经计算,得模板安装、拆除概算单价,即模板工程概算单价为 56.15 元/m^2。

表 5-43 建筑工程单价表(模板安装、拆除)

单价编号	1	项目名称	模板安装、拆除工程		
定额编号	概 050002			定额单位	100 m^2
施工方法	挡土墙工程采用普通标准钢模板				
编号	名称及规格	单位	数量	单价(元)	合计(元)
一	直接费				4 282.63
(一)	基本直接费				4 165.98
1	人工费				1 967.50
	工长	工时	10.8	31.21	337.07
	高级工	工时	36.5	14.51	529.62
	中级工	工时	66.1	11.77	778.00
	初级工	工时	29.4	10.98	322.81
2	材料费				1 554.48
	模板	m^2	100	8.16	816.00
	铁件	kg	124	4.90	607.60
	预制混凝土柱	m^3	0.3	350.00	105.00
	电焊条	kg	2.0	5.70	11.40
	其他材料费	%	2	724.00	14.48
3	机械使用费				644.00
	汽车起重机 5 t	台时	8.31	71.79	596.57
	电焊机 交流 25 kVA	台时	1.74	9.63	16.76
	其他机械费	%	5	613.33	30.67
(二)	其他直接费	%	2.8	4 165.98	116.65
二	间接费	%	8	4 282.63	342.61
三	利润	%	7	4 625.24	323.77
四	材料补差				202.69
	汽油	kg	45.65	4.44	202.69
五	未计价材料费				0.00
六	税金	%	9	5 151.70	463.65
七	合计				5 615.35
八	工程单价	元/m^2			56.15

注:汽油消耗量:1.61+8.31×5.3=45.65(kg)。

任务 7 基础处理工程单价编制

基础处理是在水利工程施工中,为了提高地基的承载力和稳定性,对地基土体进行加固、稳定和排水处理的技术活动。基础处理工程包括钻孔灌浆、混凝土防渗墙、灌注桩、锚杆支护、预应力锚索、喷混凝土等。

现行部颁概预算定额,第七章钻孔灌浆及锚固工程定额包括钻孔、灌浆、地下连续墙成槽及浇筑、振冲桩、灌注桩、锚杆(索)支护、喷浆、喷混凝土、钢筋网制安、管棚与超前小导管、钢拱架、边坡防护网等,《概算定额》共62节,《预算定额》将水泥超灌、压水试验、压浆检查单独列为一节,共67节。

码5-25 微课:基础处理工程定额

码5-26 微课:基础处理工程单价编制

1 钻孔灌浆工程单价编制

钻孔灌浆按其作用分为帷幕灌浆、固结灌浆、接缝灌浆、回填灌浆等。按照灌浆顺序,灌浆方法有一次灌浆法和分段灌浆法。后者又可分为自上而下分段、自下而上分段及综合灌浆法。灌浆工艺流程一般为:施工准备、钻孔、冲洗、表面处理、压水试验、灌浆、封孔、质量检查。

1.1 定额表现形式

定额中帷幕灌浆、固结灌浆分钻孔和灌浆两部分,两者均以延长米(m)计。回填灌浆、接缝灌浆以设计回填面积(m^2)为计量单位。

1.2 编制钻孔灌浆工程单价应注意的问题

(1)应用定额一定要注意适用范围和工作内容的说明及各节定额子目下面的“注”解。

(2)现行部颁概预算定额中,地层的划分规定如下:

①钻岩石层孔定额,按岩石十六级分类法中Ⅴ~ⅩⅣ级拟定。当岩石级别大于ⅩⅣ级时,可参照有关资料拟定。

②冲击钻机和旋挖钻机钻孔定额,按地层特征划分为11类。

③钻混凝土,除节内注明外,一般按粗骨料的岩石级别计算。

(3)现行部颁《概算定额》中,地质钻机或潜孔钻钻灌浆孔、排水孔、观测孔、预应力锚杆孔、锚索孔、坝基岩石帷幕灌浆、超细水泥灌浆、孔口封闭灌浆等节定额的系数调整如下:

①在倾角大于20°的边坡上施工时,人工、机械定额乘1.1系数。

②在廊道或隧洞内施工时,人工、机械定额乘表5-44所列系数。

表5-44 人工、机械数量调整系数表

廊道或隧洞高度(m)	2.0~3.5	3.5~5.0	>5.0
系数	1.10	1.07	1.05

(4)现行部颁《概算定额》中,地质钻机钻不同角度的灌浆孔、排水孔、观测孔、预应力锚杆孔、锚索孔时,人工、机械、合金片、钻头和岩芯管定额乘表5-45所列系数。

表 5-45 人工、机械数量调整系数表

钻孔与水平夹角(°)	85~90	75~85	60~75	≤60
系数	1.00	1.02	1.05	1.19

(5)现行部颁概预算定额,灌浆定额中的水泥用量、碎石桩定额中的卵(碎)石用量和水泥碎石桩定额中的碎石、水泥用量是概预算基本量,如有实际资料,可按实际资料调整。

(6)现行部颁概预算定额中,灌浆压力划分标准为:高压≥3 MPa,中压 1.5~3 MPa,低压<1.5 MPa。

(7)现行部颁概预算定额,灌浆、喷浆、干喷混凝土定额中水泥强度等级应符合设计要求,设计未明确的,可选用 42.5 水泥。

2 地下连续墙工程单价编制

水工混凝土防渗墙的类型可按墙体结构形式、墙体材料、成槽方法和布置形式分类。地下连续防渗墙施工工序包括成槽和浇筑。常用的成槽机械有冲击钻机、液压抓斗、液压锯槽机、射水成槽机等。其施工程序与工艺主要包括:钻孔前的准备工作→泥浆固壁与造孔成槽→终孔验收与清孔换浆→墙体混凝土浇筑→质量检查与验收等。

与一般混凝土浇筑不同,地下混凝土防渗墙的浇筑是在泥浆液面下进行的,泥浆下浇筑混凝土常用直升导管法。

现行部颁概预算定额中,地下连续墙定额分为地下连续墙成槽、地下连续墙浇筑、地下连续墙钢筋笼制作与安装、地下连续墙体内预埋灌浆管等。

现行部颁《概算定额》中,地下连续墙成槽和浇筑均以阻水面积(m^2)为计量单位,按成孔深度、墙厚和不同地层分列子目。

现行部颁《预算定额》中,地下连续墙成槽也以阻水面积(m^2)为计量单位,按成孔深度、墙厚和不同地层分列子目。地下连续墙浇筑以浇筑量(m^3)为计量单位。

3 桩基工程单价编制

桩基工程包括振冲碎石桩、灌注桩等。

现行部颁概预算定额中,振冲碎石桩按孔深、地层不同划分子目,以桩深(m)为计量单位。

灌注桩分为造孔和灌注两个主要工序。现行部颁概预算定额中,造孔定额按不同地层、桩径大小划分子目,以桩长(m)为计量单位。灌注定额在《概算定额》中仍以桩长(m)为计量单位,在《预算定额》中以灌注量(m^3)为计量单位。

4 锚固工程单价编制

锚固作为岩石加固和结构稳定的经济且有效的方法,具有广泛的应用领域:边坡稳定工程、深基坑工程和抗浮工程、抵抗倾覆的结构工程、地下工程和冲击区的抗浮与保护等。常用的锚固方式包括锚杆支护、喷射混凝土支护、钢筋网支护、预应力锚索支护,等等。

现行部颁概预算定额也将不同的锚固方式分列在各节中,以不同的计量单位计量,编制时直接套用相应的定额即可。

5　基础处理工程单价编制示例

【例5-10】　某枢纽工程位于一类区,坝基岩层平均级别为Ⅸ~Ⅹ,坝体下设单排帷幕灌浆进行基岩防渗,钻孔平均深35 m,设计防渗标准:压水透水率为4 Lu,采用自下而上灌浆,露天作业。根据已知基本资料(见表5-46,表中材料价格和机械台时费均不含增值税销项税额)及现行部颁计价规定,试编制该工程帷幕灌浆钻孔、灌浆概算单价。

表5-46　基础单价及费率标准

序号	项目名称	单位	单价(元)	序号	项目名称	单位	单价(元)
1	工长	工时	36.73	11	水泥(预算价)	t	330.90
2	高级工	工时	17.34	12	灌浆泵　中压泥浆	台时	40.75
3	中级工	工时	13.10	13	灌浆自动记录仪	台时	6.16
4	初级工	工时	11.93	14	灰浆搅拌机　500 L	台时	22.25
5	金钢石钻头	个	415.00	15	地质钻机　150型	台时	50.88
6	扩孔器	个	248.00	16	胶轮车	台时	0.68
7	岩芯管	m	92.00	17	其他直接费	%	6.5
8	钻杆	m	98.00	18	间接费	%	8
9	钻杆接头	个	53.00	19	利润	%	7
10	水	m^3	0.67	20	税金	%	9

解:(1)计算帷幕灌浆钻孔概算单价:

根据已知条件,查现行部颁《概算定额》第七章"钻孔灌浆及锚固工程"(七-1:钻岩石层帷幕灌浆孔——自下而上灌浆法),选用定额编号070002,列表(见表5-47)。经计算,得帷幕灌浆钻孔单价为191.31元/m。

码5-27　参考定额

表5-47　建筑工程单价表(帷幕灌浆钻孔)

单价编号	1	项目名称	帷幕灌浆钻孔工程		
定额编号	概070002			定额单位	100 m
施工方法	坝基岩层平均级别为Ⅸ~Ⅹ,采用自下而上灌浆,露天作业				
编号	名称及规格	单位	数量	单价(元)	合计(元)
一	直接费				15 187.90
(一)	基本直接费				14 260.94
1	人工费				4 556.69
	工长	工时	16	36.73	587.68
	高级工	工时	32	17.34	554.88

续表 5-47

编号	名称及规格	单位	数量	单价(元)	合计(元)
	中级工	工时	114	13.10	1 493.40
	初级工	工时	161	11.93	1 920.73
2	材料费				4 255.00
	金刚石钻头	个	4.5	415.00	1 867.50
	扩孔器	个	2.4	248.00	595.20
	岩芯管	m	3.4	92.00	312.80
	钻杆	m	3.0	98.00	294.00
	钻杆接头	个	3.3	53.00	174.90
	水	m^3	680	0.67	455.60
	其他材料费	%	15	3 700.00	555.00
3	机械使用费				5 449.25
	地质钻机 150 型	台时	102.00	50.88	5 189.76
	其他机械费	%	5	5 189.76	259.49
(二)	其他直接费	%	6.5	14 260.94	926.96
二	间接费	%	8	15 187.90	1 215.03
三	利润	%	7	16 402.93	1 148.21
四	材料补差				0.00
五	未计价材料费				0.00
六	税金	%	9	17 551.14	1 579.60
七	合计				19 130.74
八	工程单价	元/m			191.31

(2)计算帷幕灌浆概算单价:

根据已知条件,查现行部颁《概算定额》第七章“钻孔灌浆及锚固工程”(七-4:坝基岩石帷幕灌浆——自下而上灌浆法),选用定额编号 070038,列表(见表 5-48)。经计算,得该帷幕灌浆单价为 300.42 元/m。

表 5-48 建筑工程单价表(帷幕灌浆)

单价编号	2	项目名称	帷幕灌浆工程		
定额编号	概 070038			定额单位	100 m
施工方法	设计防渗标准:压水透水率为 4 Lu,采用自下而上灌浆,露天作业				
编号	名称及规格	单位	数量	单价(元)	合计(元)
一	直接费				23 719.15
(一)	基本直接费				22 271.50
1	人工费				9 699.70
	工长	工时	36	36.73	1 322.28
	高级工	工时	83	17.34	1 439.22
	中级工	工时	220	13.10	2 882.00
	初级工	工时	340	11.93	4 056.20
2	材料费				2 179.14
	水泥	kg	4.9	300.00	1 470.00
	水	m^3	659	0.67	441.53
	其他材料费	%	14	1 911.53	267.61
3	机械使用费				10 392.66
	灌浆泵　中压泥浆	台时	142.4	40.75	5 802.8
	灌浆自动记录仪	台时	82.6	6.16	508.82
	灰浆搅拌机　500 L	台时	119.8	22.25	2 665.55
	地质钻机　150 型	台时	18	50.88	915.84
	胶轮车	台时	7	0.68	4.76
	其他机械费	%	5	9 897.77	494.89
(二)	其他直接费	%	6.5	22 271.50	1 447.65
二	间接费	%	8	23 719.15	1 897.53
三	利润	%	7	25 616.68	1 793.17
四	材料补差				151.41
	水泥	kg	4.90	30.9	151.41
五	未计价材料费				0.00
六	税金	%	9	27 561.26	2 480.51
七	合计				30 041.77
八	工程单价	元/m			300.42

任务 8　疏浚工程单价编制

1　疏浚工程概述

疏浚工程是改善河道的行洪、航运以及湖泊的蓄洪能力的主要措施之一。疏浚工程主要是指对河、湖、渠、沿海实施疏浚及吹填。

1.1 疏浚

疏浚是指通过机械或人工方式清除水体底部的泥沙、沉积物,以改善水体的通航条件或环境质量。可以按照工程规模、施工方式和疏浚对象的不同进行分类。

1.1.1 工程规模

按照工程规模,疏浚工程可以分为大型疏浚工程和小型疏浚工程。

大型疏浚工程一般指河道、港口等大型水域的清淤工程,需要大型挖泥船和专业设备进行施工。

小型疏浚工程一般指湖泊、水库等小型水域的清淤工程,施工规模较小。

1.1.2 施工方式

按照施工方式,疏浚工程可以分为机械疏浚、水力疏浚和人工疏浚。

机械疏浚一般采用挖泥船、挖掘机等大型设备进行施工,效率高但成本也比较高。

水力疏浚是通过改变水域的水流和水压,将沉积物和杂物冲刷到指定位置,再由机械设备进行清理。

人工疏浚则是利用人工清理沉积物和杂物,工作量大但成本相对较低。

1.1.3 疏浚对象

按照疏浚对象,疏浚工程可以分为河道疏浚、港口疏浚、湖泊疏浚、水库疏浚等。不同的水域疏浚对象有着不同的特点和要求。

1.2 吹填

吹填是指将挖泥船挖取的泥沙通过排泥管线输送到指定地点进行填筑的作业。根据作用的不同可分为两类,一是放淤固堤,二是场平工程。

1.2.1 放淤固堤

主要用在江堤、河堤之上,施工采用泥浆泵或挖泥船在江、河内滩吸土泥浆,通过加压接力泵输送至江堤、河堤外滩起到加固堤防的作用,江堤、河堤大部分外平台均采用此工艺施工。

1.2.2 场平工程

一般用于江、河边上较大城市,施工时使用吸砂船在江、河河道中心采砂,使用运砂船装载至定位码头,再通过泥浆泵及输送管线运至场平区域。

疏浚工程经常与吹填工程相结合,这样可充分利用江河疏浚开挖的弃土对堤身两侧的池塘洼地作充填,进行堤基加固。在土质符合要求的情况下,也可用以堵口或筑新堤。

2 疏浚工程定额说明

现行部颁概预算定额第九章疏浚工程定额包括绞吸式、链斗式、抓斗式、铲斗式挖泥船,以及吹泥船、水力冲挖机组和其他,共6节,适用于河、湖、渠、沿海机械疏浚及吹填工程。绞吸式、链斗式挖泥船及吹泥船均按名义生产率划分船型;抓斗式、铲斗式挖泥船按斗容划分船型。

2.1 一般规定

(1)定额单位。

现行部颁概预算定额中,疏浚工程定额的计量单位,除注明外,均按水下自然方计算。

疏浚、吹填工程量应按设计要求计算,吹填工程陆上方应折算为水下自然方。

(2)土、砂分类。

绞吸式、链斗式、抓斗式、铲斗式挖泥船,以及吹泥船开挖水下方的泥土及粉细砂分为Ⅰ~Ⅵ类,中、粗砂各分为松散、中密、紧密三类。水力冲挖机组的土类划分为Ⅰ~Ⅳ类。

(3)工况级别。

挖泥船、吹泥船定额均按一级工况拟定。当在开挖区、排(运、卸)泥(砂)区整个作业范围内,受超限风浪、雨雾、潮汐、水位、流速及行船避让、木排流放、冰凌,以及水下芦苇、树根、障碍物等自然条件和客观原因,而直接影响正常施工生产和增加施工难度的时间时,应根据当地水文、气象、工程地质资料,以及通航河道的通航要求和所选船舶的适应能力等,进行统计分析,确定该影响及增加施工难度的时间,按表5-49确定工况级别,并调整相应定额。

表5-49　挖泥船工况级别系数表

工况级别	绞吸式挖泥船		链斗式、抓斗式、铲斗式挖泥船,吹泥船	
	平均每班客观影响时间(h)	工况系数	平均每班客观影响时间(h)	工况系数
一	≤1.0	1.00	≤1.3	1.00
二	≤1.5	1.10	≤1.8	1.12
三	≤2.1	1.21	≤2.4	1.27
四	≤2.6	1.34	≤2.9	1.44
五	≤3.0	1.50	≤3.4	1.64

(4)挖泥船、吹泥船定额的人工是指从事辅助工作的用工。不包括绞吸式挖泥船、吹泥船陆上排泥管线的安装、拆移(除)及排泥场围堰填筑和维护用工。

(5)挖泥船挖深和绞吸式挖泥船(吹泥船)排高按下式计算:

$$挖深 = 施工期的平均水位 - 开挖设计底标高 \tag{5-19}$$

$$排高 = 排泥管出口中心点高程 - 施工期的平均水位 \tag{5-20}$$

(6)现行部颁《概算定额》,各类型挖泥船(或吹泥船)定额使用中,如大于(或小于)基本排高和超过基本挖深,人工及机械定额调整按下式计算:

$$大于基本排高,调整后的定额值\ A = 基本定额 \times (k_1)^n \tag{5-21}$$

$$小于基本排高,调整后的定额值\ B = 基本定额 \div (k_1)^n \tag{5-22}$$

$$超过基本挖深,调整后的定额增加值\ C = 基本定额 \times (n \times k_2) \tag{5-23}$$

$$调整后定额综合值\ D = A + C\ 或\ D = B + C \tag{5-24}$$

式中:k_1为各定额表注中,每增(减)1 m的超排高系数;k_2为各定额表注中,每超过基本挖深1 m的定额增加系数;n为大于(或小于)定额基本排高或超过定额基本挖深的数值,m。

在计算超排高和超挖深时,定额表中的“其他机械费”费率不变。

现行部颁《预算定额》中,挖泥船、吹泥船定额按相应的基本排高和基本挖深拟定。

2.2　绞吸式挖泥船定额

(1)排泥管:包括水上浮筒管(含浮筒一组、钢管及胶套管各一根,简称浮筒管)及陆上排泥管(简称岸管),分别按管径、组长或根长划分。

(2)排泥管线长度:指自挖泥(砂)区中心至排泥(砂)区中心,浮筒管、潜管、岸管各管线长度之和。其中,浮筒管已考虑受水流影响,与挖泥船、岸管连接的弯曲长度。排泥管线长度中的浮筒管组时、岸管根时的数量,已计入分项定额内。如所需排泥管线长度介于两定额子目之间,按"插入法"计算。

各种排泥管线的组(根)时定额,按式(5-25)计算后列入定额表中:

$$排泥管组(根)时定额 = 排泥管线长 \div 每(组)根长 \times 挖泥船艘时定额 \quad (5\text{-}25)$$

(3)定额均按非潜管拟定,如使用潜管,按该定额子目的人工、挖泥船及配套船舶定额乘 1.04 系数。所用潜管及其潜、浮所需动力装置和充水、充气、控制设备等,应根据管径、长度另行计列。

(4)定额按设计开挖层厚度与绞刀直径的比值 i 大于或等于 0.9 拟定。设计开挖层厚度与绞刀直径的比值 i 大于或等于 0.5 时,按表 5-50 系数调整定额;i 小于 0.5 时,定额不适用。

表 5-50　开挖层厚与绞刀直径影响系数表

$i=\frac{开挖层厚(m)}{绞刀直径(m)}$	$i \geqslant 0.9$	$0.9>i \geqslant 0.8$	$0.8>i \geqslant 0.7$	$0.7>i \geqslant 0.6$	$0.6>i \geqslant 0.5$
系数	1.00	1.06	1.12	1.19	1.26

(5)定额按泥泵吸口无格栅拟定。如需要在泥泵吸口加格栅,定额乘格栅系数 1.15。

2.3　链斗式挖泥船定额

(1)定额的泥驳均为开底泥驳,若为吹填工程或陆上排卸,则改为满底泥驳。

(2)定额按开挖层厚度大于或等于斗高拟定。当开挖层厚度小于斗高且大于或等于斗高的 1/2 时,按开挖定额中人工工时及船舶艘时定额乘 1.25 系数计算。当开挖层厚度小于斗高的 1/2 时,不执行本定额。各型链斗式挖泥船的斗高参考表 5-51。

表 5-51　各型链斗式挖泥船的斗高

船型(m^3/h)	100	180	350	500	750
斗高(m)	0.80	0.69	1.23	1.40	1.30

2.4　水力冲挖机组定额

(1)人工:指组织和从事水力冲挖、排泥管线及其他辅助设施的安拆、移设、检护等辅助工作用工,不包括排泥区围堰填筑等用工。

(2)定额适用于基本排高 5 m,实际排高每增(减)1 m,折合成排泥管线长度增(减)50 m。

(3)排泥管线长度按设计铺设长度计算,如计算排泥管线长度介于定额两子目之间,以"插入法"计算。

(4)定额按施工水源与作业面的距离不超过 100 m 拟定。

(5)冲挖盐碱土方,如盐碱程度较重,机械台时费中第一类费用乘1.2系数。

2.5　其他定额

(1)抓斗式、铲斗式挖泥船定额的泥驳均为开底泥驳,若为吹填工程或陆上排卸,则改为满底泥驳。

(2)吹泥船定额适用于配合链斗式、抓斗式、铲斗式挖泥船相应能力的陆上吹填工程。

(3)链斗式、抓斗式、铲斗式挖泥船,运距超过10 km时,超过部分按增运1 km的拖轮、泥驳艘时定额乘0.90系数。

3　疏浚工程单价编制示例

码5-28　参考定额

【例5-11】　广西南宁市横州市某运河河道疏浚清淤工程,采用绞吸式挖泥船进行施工,挖泥船的名义生产率为1 720 m^3/h,河底土质为Ⅲ类可塑壤土,基本排高9 m,挖深为9 m,排泥管长度为2 500 m,柴油预算价为6.97元/kg,不计冬季施工增加费,除规定外无法确定的费率取上限。试编制该挖泥船挖泥概算单价。

解:(1)根据工程条件,选定定额子目,列单价表。

根据已知条件,查现行部颁《概算定额》第九章“疏浚工程”(九-1:绞吸式挖泥船),选用定额090802,列表。

(2)计算基础单价。

①确定人工预算单价。

根据已知条件及现行部颁《编规》,广西南宁市横州市属于一类区,河道工程,该工程的中级工为11.57元/工时,初级工为10.79元/工时。

②计算施工机械台时费。

根据现行部颁《编规》,河道工程柴油的基价为2.5元/kg,已知柴油的预算价格为6.97元/kg,因此计算施工机械台时费时,应按基价计算,并将价差计入材料补差。施工机械台时费计算见表5-52。

(3)确定费率标准。

根据现行部颁《编规》得:冬雨季施工增加费费率为0.5%,夜间施工增加费费率为0.2%,特殊地区施工增加费不计,临时设施费费率为1.0%,其他为0.6%,其他直接费费率之和为2.3%;间接费费率为6%;利润率为7%;税率为9%。

(4)确定材料补差。

柴油用量:9.33×617.9+2.8×108.2+2.8×31+4.66×16=6 229.33(kg)。

柴油价差:6.97-2.5=4.47(元/kg)。

(5)计算。

分别将基础单价、费率及材料补差数据填入单价表(见表5-53)。经计算,得该挖泥船挖泥概算单价为7.71元/m^3。

表 5-52 施工机械台时费计算表

定额编号	名称及规格	台时费(元)		定额一类费用				定额二类费用						
		预算价	基价	折旧费(元)	修理及替换设备费(元)	安装拆卸费(元)	小计(元)	人工(工时)	汽油(kg)	柴油(kg)	电(kW·h)	风(m^3)	水(m^3)	煤(kg)
08029	绞吸式挖泥船 1 720 m^3/h		2 849.95	813.38	295.13		1 108.51	17.0		617.9				
08107	浮筒管 Φ700×9 000 mm	4.18		2.85	0.98	0.35	4.18							
08137	岸管 Φ700×6 000 mm	0.77		0.67	0.10		0.77							
08173	拖轮 882 kW		681.75	165.90	120.39		286.29	10.8		108.2				
08180	锚艇 243 kW		243.76	58.85	55.34		114.19	4.5		31.0				
08188	机艇 88 kW		117.60	12.77	16.24		29.01	4.2		16.0				

表 5-53　建筑工程单价表(疏竣工程)

单价编号	1	项目名称	疏浚工程		
定额编号	概 090802			定额单位	10 000 m^3
施工方法	采用绞吸式挖泥船进行施工,挖泥船的名义生产率为 1 720 m^3/h,河底土质为Ⅲ类可塑壤土,基本排高 9 m,挖深为 9 m,排泥管长度为 2 500 m				
编号	名称及规格	单位	数量	单价(元)	合计(元)
一	直接费				37 789. 55
(一)	基本直接费				36 939. 93
1	人工费				683. 85
	中级工	工时	24. 6	11. 57	284. 62
	初级工	工时	37. 0	10. 79	399. 23
2	机械使用费				36 256. 08
	绞吸式挖泥船　1 720 m^3/h	艘时	9. 33	2 849. 95	26 590. 03
	浮筒管　Φ700×9 000 mm	组时	933	4. 18	3 899. 94
	岸管　Φ700×6 000 mm	根时	2 488	0. 77	1 915. 76
	拖轮　882 kW	艘时	2. 80	681. 75	1 908. 90
	锚艇　243 kW	艘时	2. 80	243. 76	682. 53
	机艇　88 kW	艘时	4. 66	117. 60	548. 02
	其他机械费	%	2	35 545. 18	710. 90
(二)	其他直接费	%	2. 3	36 939. 93	849. 62
二	间接费	%	6	37 789. 55	2 267. 37
三	利润	%	7	40 056. 92	2 803. 98
四	材料补差				27 845. 11
	柴油	kg	6 229. 33	4. 47	27 845. 11
五	未计价材料费				0. 00
六	税金	%	9	70 706. 01	6 363. 54
七	合计				77 069. 55
八	工程单价	元/m^3			7. 71

注:柴油消耗量:9. 33×617. 9+2. 8×108. 2+2. 8×31+4. 66×16=6 229. 33(kg)。

任务 9　设备安装工程单价编制

设备安装工程包括机电设备安装工程、金属结构设备安装工程和输水管线设备安装工程。机电设备包括发电设备、升压变电设备、泵站设备、水闸(涵)设备、消耗电站设备、数字孪生设备和公用设备等。金属结构设备包括闸门、启闭机、拦污设备、升船机、鱼道、升鱼机和集运鱼系统设备、水电站(泵站)压力钢管等。输水管线设备包括输水管线阀门设备,输水管道、管件、管道附件等。

1 设备安装工程定额概述

编制设备安装工程单价需采用现行水利部发布的《水利设备安装工程概算定额》《水利设备安装工程预算定额》(以下简称"现行部颁《安装工程概算定额》《安装工程预算定额》")。

码 5-29 微课:设备安装工程定额

现行部颁《安装工程概算定额》包括水轮机安装、调速系统安装、水轮发电机安装、水泵和电动机安装、进水阀安装、水力机械辅助设备安装、电气设备安装、变电站设备安装、通信设备安装、采暖通风与空气调节设备安装、起重设备安装、闸门安装、压力钢管制作及安装、输水管道安装、节水灌溉设备及管材安装,共十五章及附录。《安装工程预算定额》多"电气调整"一章。

现行部颁《安装工程概算定额》采用实物量和安装费率两种定额表现形式。少数设备安装工程定额以安装费率形式表示,例如:水力机械辅助设备、电气设备中的发电电压设备、控制保护系统、计算机监控系统、直流系统、厂用电系统和电气试验设备、变电站高压电气设备、光纤通信设备、采暖通风与空气调节设备中的通风机和空调设备等。除此之外的设备安装工程定额均以实物量形式表示。

现行部颁《安装工程预算定额》均以实物量形式表现。

2 安装工程单价编制方法与步骤

码 5-30 微课:安装工程单价编制方法与步骤

2.1 安装工程单价的编制方法

根据现行部颁安装工程概预算定额的不同表现形式,安装工程单价编制方法有实物量法和安装费率法。

2.1.1 实物量法

安装工程实物量形式定额与建筑工程定额相似,单价的费用项目组成略有不同(见图 5-1),单价编制方法亦基本相同,具体参见本项目任务 1 中的建筑安装工程单价计算方法。

现行部颁安装工程概预算定额中以"(××)"表示的是未计价装置性材料,未计价装置性材料也会在章说明、附录中明示,编制概预算时需要列"未计价装置性材料费"计算。

2.1.2 安装费率法

现行部颁安装工程概预算定额给出了人工费、材料费、机械使用费和装置性材料费的费率。安装费率定额中的人工费、材料费、机械使用费、装置性材料费均以费率(%)形式表现,以国产设备原价为计算基数。设备原价本身受市场价格的变化而浮动,因此材料费和机械使用费费率不需调整(可认为与市场价格同步增长)。这种简化的计算方法对投资不大的辅助设备、试验设备等不失为一种节省计算工作量的好方法。

费率形式的安装工程单价具体计算方法如下。

2.1.2.1　直接费

(1)基本直接费。

$$人工费(\%)=定额人工费(\%) \tag{5-26}$$

$$材料费(\%)=定额材料费(\%) \tag{5-27}$$

$$装置性材料费(\%)=定额装置性材料费(\%) \tag{5-28}$$

$$机械使用费(\%)=定额机械使用费(\%) \tag{5-29}$$

(2)其他直接费(%)

$$其他直接费(\%)=基本直接费(\%)\times 其他直接费费率之和(\%) \tag{5-30}$$

2.1.2.2　间接费(%)。

$$间接费(\%)=人工费(\%)\times 间接费费率(\%) \tag{5-31}$$

2.1.2.3　利润(%)

$$利润(\%)=[直接费(\%)+间接费(\%)]\times 利润率(\%) \tag{5-32}$$

2.1.2.4　税金(%)

$$税金(\%)=[直接费(\%)+间接费(\%)+利润(\%)]\times 税率(\%) \tag{5-33}$$

2.1.2.5　安装工程单价

$$单价(\%)=直接费(\%)+间接费(\%)+利润(\%)+税金(\%) \tag{5-34}$$

$$安装工程单价=设备原价\times 单价(\%) \tag{5-35}$$

定额中的人工费费率按配套使用的编制规定中一般地区中级工人工预算单价拟定。工资区不同时,人工费安装费率需要进行调整,调整系数为

$$人工费安装费率调整系数=\frac{建设项目所在工资区中级工人工预算单价}{一般地区中级工人工预算单价} \tag{5-36}$$

采用进口设备时,安装费率按以下公式调整。

$$进口设备安装费率=定额安装费率\times\frac{国产设备原价}{进口设备原价} \tag{5-37}$$

综上所述,安装工程单价的具体编制方法和计算程序见表 5-54。

表 5-54　安装工程单价计算程序表

序号	项目	计算方法	
		实物量法	安装费率法(%)
一	直接费	(一)+(二)	(一)+(二)
(一)	基本直接费	1+2+3	1+2+3+4
1	人工费	Σ(定额劳动量×人工预算单价)	定额人工费×人工费调整系数
2	材料费	Σ(定额材料用量×材料预算价格或材料基价)	定额材料费
3	机械使用费	Σ(定额机械使用量×施工机械台时费)	定额机械使用费
4	装置性材料费		定额装置性材料费

续表 5-54

序号	项目	计算方法	
		实物量法	安装费率法(%)
(二)	其他直接费	(一)×其他直接费费率之和	(一)×其他直接费费率之和
二	间接费	1×间接费费率	1×间接费费率
三	利润	(一+二)×利润率	(一+二)×利润率
四	材料补差	Σ[材料消耗量×(材料预算价格-材料基价)]	
五	未计价装置性材料费	Σ(未计价材料用量×材料预算价格)	
六	税金	(一+二+三+四+五)×税率	(一+二+三)×税率
七	工程单价	一+二+三+四+五+六	单价(%)=一+二+三+六 单价=设备原价×单价(%)

2.2 安装工程单价的编制步骤

安装工程单价与建筑工程单价编制相似,同样采用列表法,具体编制步骤如下:

(1)了解工程设计情况,收集、整理、核对设计提供的项目全部设备清单并按项目划分规定进行项目归类。设备清单必须包括设备的规格、型号、重量等。

(2)要熟悉现行部颁安装工程概预算的相关内容,包括定额的总说明及各章说明,各安装项目包含的安装工作内容、定额安装费的费用构成和其他有关资料。

(3)根据设备清单提供的各项参数,正确选用定额。

(4)列安装工程单价表,填表,计算。

3 编制设备安装工程单价应注意的问题

(1)现行部颁《安装工程概算定额》中未注明桥式起重机规格的,其规格可按电(泵)站实际选用,但台时数量不作调整。利用电(泵)站主厂房桥式起重机进行安装工作时,桥式起重机台时费不计折旧费和安装拆卸费。

(2)现行部颁《安装工程概算定额》中的电气调整材料费、其他材料费、零星材料费、电气调整机械费、其他机械费均以费率(%)形式表示。电气调整材料费、电气调整机械费均以人工费为计算基数,其他材料费以主要材料费之和为计算基数,其他机械费以主要机械费之和为计算基数,零星材料费以人工费、机械费之和为计算基数。

(3)现行部颁安装工程概预算定额,除各章说明外,还包括以下工作内容和费用:

①设备安装前后的开箱、检查、清扫、搬运、滤油、注油、刷漆和喷漆工作。

②安装现场至工作面的设备运输。

③随设备成套供应的管路及部件的安装。

④设备的单体试运转、管道水压试验、焊接及安装的质量检查。

⑤施工准备及完工后的现场清理工作。

(4)现行部颁安装工程概预算定额,不包括的工作内容和费用如下:

①鉴定设备制造质量的工作,材料质量复检的工作。

②设备和构件的喷锌、镀锌、镀铬及要求特殊处理的工作;由于消防需要,电缆敷设完成后,需在电缆表面涂刷防火材料及预留孔洞消防堵料的费用。

③输水管道各类管材、管件的防腐费用。

④属厂家责任的设备、管材、管件等缺陷处理所需费用。

⑤由于设备运输条件的限制及其他原因,需在现场从事属于制造厂家的组装工作。如水轮机分瓣转轮组焊、定子硅钢片现场叠装、定子线圈现场整体下线及铁芯损耗试验工作等。

⑥设备和管道的基础开挖、浇筑、回填、灌浆等工作,各安装场地的总电源开关及以上线路的敷设、维护工作,大型临时设施费用。

(5)现行部颁安装工程概预算定额关于设备与材料的划分如下:

①制造厂成套供货范围的设备部件、备品备件、设备体腔内定量填充物(透平油、变压器油、六氟化硫等)均作为设备。

②不论成套供货、现场加工或零星购置的贮气罐、阀门、盘用仪表、机组本体上的梯子、平台和栏杆等均作为设备,不能因供货来源不同而改变设备的性质。

③管道如构成设备本体部件,应作为设备,否则应作为材料。

④随设备供应的保护罩、网门、螺栓等,凡已计入相应设备出厂价格内的,应作为设备,否则应作为材料。

⑤输水管材、管件、钢板、电缆、电缆头、母线、滑触线、钢轨等,均作为材料。

安装工程定额与建筑工程定额有许多相似之处,这里不再赘述。如定额中数字适用范围的表示方式,定额中零星材料费、其他材料费、其他机械使用费的计算基数等。

4 设备安装工程单价编制示例

【例5-12】 某河道工程位于一类区,采用不带充水装置定轮的铸铁平面闸门(9.25 t/扇),根据基本资料(见表5-55,表中材料价格和机械台时费均不含增值税销项税额),试编制该平面闸门安装工程概算单价。

表5-55 基础单价及费率标准

序号	名称及规格	单位	单价(元)	序号	名称及规格	单位	单价(元)
1	工长	工时	30.82	10	黄油	kg	13.80
2	高级工	工时	14.28	11	汽油(预算价)	kg	7.08
3	中级工	工时	11.57	12	棉纱头	kg	10.00
4	初级工	工时	10.79	13	门座式起重机 10/30 t高架	台时	204.58
5	钢板	kg	50.20	14	电焊机 交流25 kVA	台时	10.54
6	氧气	m^3	5.70	15	其他直接费费率	%	2.6
7	乙炔气	m^3	9.00	16	间接费费率	%	60
8	电焊条	kg	5.70	17	利润率	%	7
9	油漆	kg	14.00	18	税率	%	9

解:根据已知条件,查现行部颁《安装工程概算定额》第十二章"闸门安装"(十二-1:平面闸门),选用定额编号 12003,列表(见表 5-56)。经计算,得该平面闸门安装工程概算单价为 2 026.32 元/t。

码 5-31 参考定额

表 5-56 安装工程单价表(平面闸门安装)

单价编号	1	项目名称	平面闸门安装工程		
定额编号	概 12003			定额单位	t
施工方法	采用不带充水装置定轮的铸铁平面闸门(9.25 t/扇)				
编号	名称及规格	单位	数量	单价(元)	合计(元)
一	直接费				1 263.10
(一)	基本直接费				1 231.09
1	人工费				780.90
	工长	工时	3	30.82	92.46
	高级工	工时	15	14.28	214.20
	中级工	工时	27	11.57	312.39
	初级工	工时	15	10.79	161.85
2	材料费				248.46
	钢板	kg	2.8	50.20	140.56
	氧气	m^3	1.7	5.70	9.69
	乙炔气	m^3	0.8	9.00	7.20
	电焊条	kg	3.8	5.70	21.66
	油漆	kg	2.0	14.00	28.00
	黄油	kg	0.2	13.80	2.76
	汽油	kg	2.0	4.00	8.00
	棉纱头	kg	0.8	10.00	8.00
	其他材料费	%	10	225.87	22.59
3	机械使用费				201.73
	门座式起重机 10/30 t 高架	台时	0.80	204.58	163.66
	电焊机 交流 25 kVA	台时	2.70	10.54	28.46
	其他机械费	%	5	192.12	9.61
(二)	其他直接费	%	2.6	1 231.09	32.01
二	间接费	%	60	780.90	468.54
三	利润	%	7	1 731.64	121.21
四	材料补差				6.16

续表 5-56

编号	名称及规格	单位	数量	单价(元)	合计(元)
	汽油	kg	2.0	3.08	6.16
五	未计价装置性材料费				0.00
六	税金	%	9	1 859.01	167.31
七	合计				2 026.32
八	工程单价	元/t			2 026.32

【例 5-13】 某常态混凝土重力坝位于二类区,电站为坝后式,已知发电厂计算机监控系统设备原价 20 万元/项,其他直接费费率取 7%,试计算该计算机监控系统安装工程概算单价。

解:根据已知条件,查现行部颁《安装工程概算定额》第七章"电气设备安装"(七-3:计算机监控系统),选用定额编号 07005,列表(见表 5-57)。

码 5-32　参考定额

该工程位于二类区,查现行部颁《编规》,一般地区中级工人工预算单价为 12.70 元/工时,二类区中级工人工预算单价为 13.30 元/工时,因此人工费调整系数为 13.30÷12.70=1.047,调整后的人工费为 3.0%×1.047=3.14%。

经计算,得该计算机监控系统安装概算单价为 15 220 元/项。

表 5-57　安装工程单价表(计算机监控系统安装)

单价编号	1	项目名称	计算机监控系统安装工程		
定额编号	概 07005			定额单位	项
施工方法	发电厂计算机监控系统				
编号	名称及规格	单位	数量	单价(%)	合计(%)
一	直接费				4.64
(一)	基本直接费				4.34
1	人工费		3.14		3.14
2	材料费		0.4		0.40
3	机械使用费		0.5		0.50
4	装置性材料费		0.3		0.30
(二)	其他直接费	%	7	4.34	0.30
二	间接费	%	60	3.14	1.88
三	利润	%	7	6.52	0.46
四	税金	%	9	6.98	0.63
五	合计				7.61
工程单价		元/项	200 000×7.61%=15 220		

知识技能小结

建筑安装工程单价,简称工程单价,指完成单位工程量(如1 m^3、1 t、1台等)所消耗的全部费用,主要由直接费、间接费、利润和税金四部分组成,并考虑材料补差、未计价材料费或未计价装置性材料费。

目前,编制工程单价通常使用的方法是单价法,也叫定额法,即:①根据工程施工条件、设备型号及规格,通过查工程定额得到完成单位工程量所需的人工、材料、机械台时消耗量,各消耗量与各自的预算价格(基础单价)相乘再相加就是完成单位工程量所需的基本直接费。②按有关取费费率计算出其他直接费、间接费、利润和税金,将求得的直接费(包括基本直接费和其他直接费)、间接费、利润和税金相加。③考虑材料补差、未计价材料费或未计价装置性材料费,即得到工程单价。

根据现行部颁《编规》及系列定额,编制土方工程、石方工程、堆砌石工程、混凝土工程、模板工程、基础处理工程等建筑工程单价和设备安装工程单价。注意建筑工程单价和安装工程单价编制方法的异同;注意《水利建筑工程概算定额》和《水利建筑工程预算定额》、《水利设备安装工程概算定额》和《水利设备安装工程预算定额》的异同以及编制各工程单价的异同,以便正确合理地编制工程单价。

知识技能训练

码5-33 项目5 自测练习

一、简答题

1. 列举建筑工程单价的构成。
2. 简述建筑工程单价编制方法与步骤。
3. 简述土方填筑工程概算单价和预算单价编制的不同点。
4. 简述石方开挖工程概算单价和预算单价编制的不同点。
5. 简述模板工程概算单价和预算单价编制的不同点。
6. 列举安装工程单价的构成。
7. 简述安装工程单价编制方法与步骤,以及与建筑工程单价编制的区别。

二、案例分析题

码5-34 参考定额

1. 某渠道(上口宽17 m)土料为Ⅲ类土,采用2 m^3液压单斗挖掘机开挖,10 t自卸汽车运输,运距4 km。该渠道位于中南区,需要计算冬季施工增加费,属河道工程,二类地区,柴油的价格为6 000元/t(不含增值税销项税价格),区间费率可取上限。根据已知条件及最新计价文件规定,求该土方开挖预算单价。

2. 某水利枢纽工程有一条引水隧洞(见图5-3),总长6 000 m,纵坡2‰,设一条长200 m的施工支洞,分四个工作面A、B、C、D同时进行,试确定通风机台时调整系数,石渣运输综合运距(洞内运输综合运距,露天运输综合运距)。

3. 某一般地区的水利枢纽工程,挡水工程坝高45 m,一般明挖石方采用风钻钻孔爆

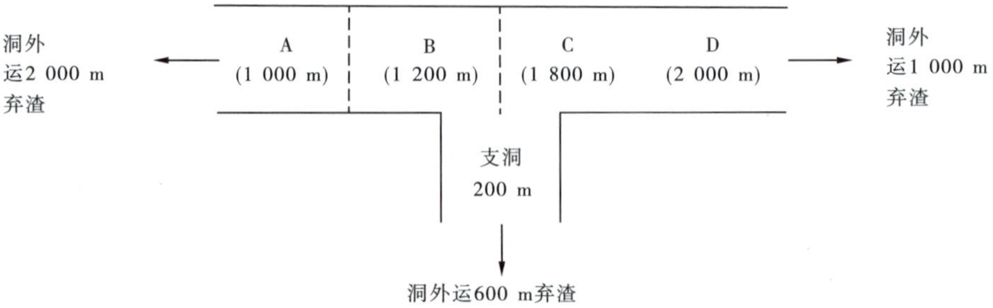

图 5-3　引水隧洞示意

破,岩石级别为Ⅺ级,2 m^3 液压单斗挖掘机装 10 t 自卸汽车运 3 km 到弃渣场弃渣。根据已知基本资料(见表 5-58,表中材料价格和机械台时费均不含增值税销项税额)及现行部颁计价规定,试编制石方工程预算单价。

表 5-58　基础单价及费率(第 3 题)

序号	名称及规格	单位	单价(元)	序号	名称及规格	单位	单价(元)
1	工长	工时	35.97	11	液压单斗挖掘机　2 m^3(基价)	台时	204.46
2	高级工	工时	16.89	12	2 m^3 液压单斗挖掘机的柴油用量为 17.0 kg/台时		
3	中级工	工时	12.70	13	推土机　88 kW(基价)	台时	122.61
4	初级工	工时	11.54	14	88 kW 推土机的柴油用量为 10.2 kg/台时		
5	合金钻头	个	38.00	15	自卸汽车　10 t(基价)	台时	84.02
6	炸药	kg	6.30	16	10 t 自卸汽车的柴油用量为 8.2 kg/台时		
7	雷管	个	14.00	17	其他直接费费率	%	7
8	导电线	m	1.10	18	间接费费率	%	26
9	0#柴油(预算价格)	kg	7.30	19	利润率	%	7
10	风钻　手持式	台时	38.14	20	税率	%	9

4. 某一般地区枢纽工程,大坝下游坝坡采用干砌石护坡(平面护坡),根据已知基本资料(见表 5-59,表中材料价格和机械台时费均不含增值税销项税额)及现行部颁计价规定,试编制该工程干砌石工程预算单价。

表 5-59　基础单价及费率(第 4 题)

序号	名称及规格	单位	单价(元)	序号	名称及规格	单位	单价(元)
1	工长	工时	35.97	6	胶轮车	台时	0.68
2	高级工	工时	16.89	7	其他直接费费率	%	7
3	中级工	工时	12.70	8	间接费费率	%	10
4	初级工	工时	11.54	9	利润率	%	7
5	块石	m^3	110.00	10	税率	%	9

5. 根据已知基本资料(见表 5-60,表中材料价格和机械台时费均不含增值税销项税额)及现行部颁计价规定,试编制某一类区枢纽工程混凝土工程预算单价:坝体上游面采用 C30

掺外加剂混凝土(2级配,42.5水泥、中砂、碎石)浇筑0.3 m厚的混凝土防渗面板。采用0.4 m^3混凝土搅拌机,混凝土水平运输采用机动翻斗车运100 m,插入式振捣器振捣。

表5-60 基础单价及费率(第5题)

序号	名称及规格	单位	单价(元)	序号	名称及规格	单位	单价(元)
1	工长	工时	36.73	11	42.5水泥	t	400.00
2	高级工	工时	17.34	12	中砂	m^3	75.00
3	中级工	工时	13.1	13	碎石	m^3	80.00
4	初级工	工时	11.93	14	外加剂	kg	1.50
5	0.4 m^3混凝土搅拌机	台时	26.08	15	水	m^3	0.76
6	胶轮车	台时	0.68	16	其他直接费费率	%	7.5
7	机动翻斗车 1 t	台时	23.47	17	间接费费率	%	26
8	1 t机动翻斗车柴油用量1.3 kg/台时			18	利润率	%	7
9	1.1 kW插入式振捣器	台时	1.40	19	税率	%	9
10	柴油(预算价格)	kg	7.30				

6. 根据已知基本资料(见表5-61,表中材料价格和机械台时费均不含增值税销项税额)及现行部颁计价规定,试编制某一类区引水工程,混凝土结构工程的钢筋制作安装工程预算单价。

表5-61 基础单价及费率(第6题)

序号	名称及规格	单位	单价(元)	序号	名称及规格	单位	单价(元)
1	工长	工时	31.39	12	钢筋弯曲机 Φ6~40	台时	18.23
2	高级工	工时	15.43	13	电焊机 交流25 kVA	台时	10.90
3	中级工	工时	12.15	14	对焊机 电弧型150 kVA	台时	68.25
4	初级工	工时	11.36	15	载重汽车 5 t(基价)	台时	50.27
5	钢筋(预算价)	t	4 200	16	5 t载重汽车汽油用量为5.2 kg/台时		
6	铁丝	kg	4.9	17	塔式起重机 10 t	台时	101.08
7	电焊条	kg	5.7	18	其他直接费费率	%	7.5
8	汽油(预算价)	kg	8.3	19	间接费费率	%	4
9	钢筋调直机 4~14 kW	台时	20.46	20	利润率	%	7
10	风砂枪	台时	65.61	21	税率	%	9
11	钢筋切断机 20 kW	台时	26.04				

7. 某枢纽工程位于二类区,水闸的闸墩混凝土浇筑采用普通标准钢模板,根据已知基本资料(见表5-62,表中材料价格和机械台时费均不含增值税销项税额)及现行部颁计价规定,试编制该普通标准钢模板工程预算单价。

表 5-62 基础单价及费率(第 7 题)

序号	名称及规格	单位	单价(元)	序号	名称及规格	单位	单价(元)
1	工长	工时	37.12	11	汽油(预算价)	kg	7.20
2	高级工	工时	17.56	12	电焊机 交流 25 kVA	台时	10.90
3	中级工	工时	13.3	13	载重汽车 5 t	台时	52.60
4	初级工	工时	12.12	14	5 t 载重汽车的汽油用量为 5.2 kg/台时		
5	组合钢模板	kg	4.50	15	汽车起重机 5 t	台时	75.46
6	型钢	kg	3.20	16	5 t 汽车起重机的汽油用量为 5.3 kg/台时		
7	卡扣件	kg	6.00	17	其他直接费费率	%	7
8	铁件	kg	4.90	18	间接费费率	%	16
9	电焊条	kg	5.70	19	利润率	%	7
10	预制混凝土柱	m^3	350.00	20	税率	%	9

8. 某调水工程(属引水工程)位于一类区,输水管道的钢管(公称直径为 500 mm)沿线安装斜度不超过 25°,安装高度不超过 15 m。根据已知基本资料(见表 5-63,表中材料价格和机械台时费均不含增值税销项税额)及现行部颁计价规定,试编制该钢管安装工程预算单价。

表 5-63 基础单价及费率(第 8 题)

序号	名称及规格	单位	单价(元)	序号	名称及规格	单位	单价(元)
1	工长	工时	31.39	17	耦合剂	kg	60
2	高级工	工时	15.43	18	棉纱头	kg	10
3	中级工	工时	12.15	19	水	m^3	0.82
4	初级工	工时	11.36	20	柴油(预算价)	kg	6.70
5	钢管	m	40.00	21	电焊机 直流 30 kW	台时	21.26
6	氧气	m^3	5.70	22	电焊条烘干箱	台时	3.98
7	乙炔气	m^3	9.00	23	载重汽车 8 t	台时	57.35
8	电焊条	kg	5.70	24	8 t 载重汽车柴油用量为 6.8 kg/台时		
9	砂轮片 Φ100	片	5.40	25	汽车起重机 8 t	台时	71.36
10	角钢	kg	3.40	26	8 t 汽车起重机柴油用量为 5.8 kg/台时		
11	钢板	kg	3.3	27	超声波探伤仪	台时	5.46
12	石棉橡胶板	kg	14.5	28	试压泵 2.5 MPa	台时	16.49
13	镀锌钢管 DN50	m	33	29	其他直接费费率	%	5.2
14	法兰阀门 DN50	个	144	30	间接费费率	%	60
15	斜探头	个	720	31	利润率	%	7
16	铁砂布	张	1	32	税率	%	9

9. 某水电站位于一类区，水电站的发电设备电压为10.5 kV，设备原价5万元/项，其他直接费费率取7%，间接费费率为70%，利润率为7%，税率为9%，根据现行部颁计价规定，试编制该发电设备安装工程概算单价。

项目6　水利工程设计概算编制

【学习目标】

1. 能够正确概括水利工程设计概算编制程序及文件组成。

2. 能够正确列举水利建筑工程量的种类,清楚辨别各工程量在概预算中的不同及应注意的问题。

3. 能够合理编制工程各部分概算、基本预备费、静态投资,完成工程总概算表。

4. 能够合理编制分年度投资及资金流量,完成分年度投资表、资金流量表。

5. 能够合理编制价差预备费、建设期融资利息、总投资,完成工程概算总表。

【思政目标】

培养学生的系统思维能力,引导学生树立大局观念和全局意识。

任务1　水利工程设计概算文件

1　设计概算文件编制依据

(1)国家及省、自治区、直辖市颁发的有关法律、法规、规章、规范性文件、技术标准。

(2)《水利工程设计概(估)算编制规定(工程部分)》。

(3)水利行业主管部门颁发的概算定额和有关行业主管部门颁发的定额。

(4)初步设计文件及图纸,包括依据《水利水电工程设计工程量计算规定》(SL 328—2005)编制的设计工程量成果报告。

(5)确定人工、材料、设备等价格和相关费用所依据的文件、价格信息、询价报价资料、合同协议等。

(6)其他。

2　设计概算文件编制程序

码 6-1　微课:设计概算文件编制程序和组成内容

2.1　准备工作

(1)了解工程概况。主要了解工程位置、规模、枢纽布置、地质、水文地质、主要水工建筑物的结构形式和主要技术数据、施工总体布置、施工导流、对外交通条件、场内交通条件、砂石料开采条件、施工进度及主体工程施工方案等。

(2)调查研究、收集基本资料。向上级主管部门、工程所在地有关部门收集税务、交通运输、基建、物资、建筑材料、设备价格等各项资料,调查新技术、新工艺、新材料的有关价格等。

(3)编制工作计划。确定编制原则和依据,包括概算编制规定、建筑安装工程单价计算所采用的定额、施工机械台时费计算所采用的定额等;确定计算基础价格的基本条件和参数;明确各专业提供的资料内容、深度要求和时间;落实编制进度及提交最后成果的时间;编制人员分工安排和提出计划工作量。

2.2 划分工程项目,计算工程量

根据现行部颁《编规》进行项目划分,并按《水利水电工程量计算规定》计算工程量。

2.3 计算基础单价

基础单价是建筑及安装工程单价计算的基本依据,应执行国家及工程项目所在地区的有关规定,根据收集到的各项资料,按工程所在地编制年价格水平进行分析计算。

2.4 编制建筑安装工程单价

在项目划分和计算基础单价的基础上,根据工程项目的施工组织设计、现行定额、费用标准及有关设备价格,分别编制建筑安装工程单价。

2.5 编制工程各部分概算

根据工程量、设备清单、工程单价和费用标准,分别编制建筑工程概算、机电设备及安装工程概算、金属结构设备及安装工程概算、输水管线设备及安装工程概算、施工临时工程概算、独立费用。

2.6 进行工、料、机分析汇总

将各工程项目所需的人工工时和费用,主要材料数量和价格,施工机械的规格、型号、数量及台时,进行分析汇总。

2.7 汇总设计总概算

(1)汇总工程部分总概算表(见附表4-2),得到工程部分总投资。

汇总工程部分一至六部分投资,计算工程部分的基本预备费、静态投资。

(2)汇总工程概算总表(见附表4-1),得到总投资。

汇总工程部分总投资、建设征地移民补偿总投资、环境保护工程总投资、水土保持工程总投资,得到工程投资总计,以此为计算基数,依次计算价差预备费、建设期融资利息、总投资。

(3)计算分年度投资和资金流量。

2.8 编写编制说明及整理装订

编写编制说明,并将复核、校核、审定后的概算成果装订成册,形成设计概算文件。

3 设计概算文件组成

设计概算文件包括初步设计报告概算相关内容、设计概算专题报告两种形式。

3.1 初步设计报告概算相关内容

初步设计报告概算相关内容指初步设计报告综合说明和设计概算(章节),以及初步设计报告简本的设计概算(内容)。

3.1.1 初步设计报告综合说明

(1)简述概算的主要编制原则、依据、价格水平等。

(2)说明工程静态总投资和总投资,工程部分投资、建设征地移民补偿投资、环境保护工程投资、水土保持工程投资,价差预备费,建设期融资利息等。

(3)说明初步设计阶段较可行性研究报告阶段投资变化原因分析结论。

3.1.2 初步设计报告设计概算(章节)

3.1.2.1 编制说明

说明内容与专题报告一致。

3.1.2.2 投资对比分析说明

说明内容与专题报告一致。

3.1.2.3 工程概算表

(1)工程概算总表。

表格内容与专题报告一致。

(2)工程部分概算表。

附工程部分概算的主要表格,包括:

①工程部分总概算表。

②建筑工程概算表。

③机电设备及安装工程概算表。

④金属结构设备及安装工程概算表。

⑤输水管线设备及安装工程概算表(供水、灌溉、其他调水工程附该表)。

⑥施工临时工程概算表。

⑦独立费用概算表。

3.1.3 初步设计报告简本

(1)说明价格水平,工程静态总投资和总投资,工程部分投资、建设征地移民补偿投资、环境保护工程投资、水土保持工程投资,价差预备费,建设期融资利息等。

(2)附工程概算总表。

3.2 设计概算专题报告

设计概算专题报告包括设计概算正件和设计概算附件,是初步设计报告的附件。设计概算正件、附件应当分别成册,并应当随初步设计文件报审。

3.2.1 设计概算正件组成内容

3.2.1.1 编制说明

(1)工程概况。

说明工程建设条件、工程任务与规模、工程总布置、主要建设内容、主要工程量、主要材料用量、施工总工期、建设征地数量及移民安置人口指标等。

(2)投资主要指标。

说明工程静态总投资和总投资,工程部分投资、建设征地移民补偿投资、环境保护工程投资、水土保持工程投资,价差预备费,建设期融资利息等。

说明分类工程投资,如水源工程投资、供水工程投资、灌溉工程投资等。

(3)编制原则和依据。

说明概算编制采用的编制规定、定额、价格水平,确定的工程类别。

(4)基础单价编制。

说明人工,主要材料、次要材料,施工用电、风、水,砂石料,混凝土材料,台时费等基础单价的计算依据、方法、成果。

(5)工程单价编制。

说明建筑、安装工程单价的计算依据、编制方法、费用标准,定额调整及补充定额情况说明。

(6)工程各部分概算编制。

①说明建筑工程、临时工程概算编制方法、费用标准,永久和临时交通、房屋、供电等主要造价指标采用依据和分析说明。

②说明设备及安装工程概算编制方法、费用标准,主要设备及软件价格计算依据、方法、成果,主要造价指标采用依据和分析说明。

③说明独立费用编制方法、费用标准。

(7)总概算编制。

①说明基本预备费、价差预备费、建设期融资利息编制方法、费用标准。

②说明分年度投资、资金流量编制方法。

(8)其他说明。

概算编制中需要说明的有关问题。

3.2.1.2 投资对比分析说明

(1)主要技术经济指标分析说明。

说明主要技术经济指标分析情况,附技术经济指标表。

(2)投资变化原因分析说明。

说明初步设计阶段较可行性研究报告阶段投资变化原因分析情况,附投资变化原因说明附表,包括:

①总投资对比表。

②主要工程量(或实物量)对比表。

③主要材料和设备价格对比表。

④其他相关表格。

3.2.1.3 工程概算表

(1)工程概算总表。

工程概算总表(见附表4-1)应当汇总工程部分、建设征地移民补偿、环境保护工程、水土保持工程总概算表。

(2)工程部分概算表。

①工程部分总概算表。

②建筑工程概算表。

③机电设备及安装工程概算表。

④金属结构设备及安装工程概算表。

⑤输水管线设备及安装工程概算表(供水、灌溉、其他调水工程附该表)。

⑥施工临时工程概算表。

⑦独立费用概算表。

⑧分年度投资表。

⑨资金流量表(枢纽工程附该表)。

(3)工程部分概算附表。

①建筑工程单价汇总表。

②安装工程单价汇总表。

③主要材料预算价格汇总表。

④次要材料预算价格汇总表。

⑤施工机械台时费汇总表。

⑥工程量汇总表。

⑦主要材料量汇总表。

⑧工时数量汇总表。

3.2.2 设计概算附件组成内容

(1)人工预算单价计算表。

(2)主要材料运输费用计算表。

(3)主要材料预算价格计算表。

(4)施工用电价格计算书(附计算说明)。

(5)施工用水价格计算书(附计算说明)。

(6)施工用风价格计算书(附计算说明)。

(7)补充定额计算书(附计算说明)。

(8)补充施工机械台时费计算书(附计算说明)。

(9)砂石料单价计算书(附计算说明)。

(10)混凝土材料单价计算表。

(11)建筑工程单价表。

(12)安装工程单价表。

(13)主要设备运杂费率计算书(附计算说明)。

(14)施工房屋建筑工程投资计算书(附计算说明)。

(15)独立费用计算书(勘测设计费用可另附计算书)。

(16)分年度投资计算表。

(17)资金流量计算表。

(18)价差预备费计算表。

(19)确定人工、材料、设备预算价格和费用依据的有关文件、询价报价资料及其他。

任务2 水利建筑工程量

工程量的准确性直接影响工程造价的编制质量。在初步设计阶段,如果工程量不按有关规定计算或计算不准确,则编制的设计概算也就不准确。因此,工程造价人员应具备一定程度的水工、施工、机电等方面的专业知识,掌握工程量计算的规则和方法。编制设计概算时,造价人员应熟悉主要设计图纸和设计说明书,对设计各专业提供的工程量,应进行详细审核后,方可采用。

1 水利建筑工程量分类

码6-2 微课：水利建筑工程量分类

1.1 设计工程量

设计工程量就是编制概(估)算的工程量，由图纸工程量和设计阶段扩大工程量组成。

1.1.1 图纸工程量

图纸工程量是指按照设计图纸计算出来的工程量，即按照水工建筑物设计的几何轮廓尺寸计算的工程量。

1.1.2 设计阶段扩大工程量

设计阶段扩大工程量是指由于初步设计工作的深度有限，存在一定的误差，为留有一定的余地而增加的工程量。

1.2 施工超挖工程量

为保证建筑物的设计尺寸，施工超挖往往都是不可避免的。影响施工超挖工程量的因素主要有施工方法、施工技术及管理水平、地质条件等。但为保证建筑物的安全，施工开挖一般都不允许欠挖。

1.3 施工附加量

施工附加量是指为完成本项目工程必须增加的工程量。例如，小断面圆形隧道洞为满足施工交通需要扩挖下部而增加的施工量，隧洞开挖工程为满足交通和爆破的安全而设置错车道、避炮洞所增加的工程量，为固定钢筋网而增加固定筋的工程量等。

1.4 施工超填工程量

施工超填工程量是指由施工超挖量和施工附加量增加的相应回填工程量，如隧洞超挖需要回填混凝土的工程量。

1.5 施工损耗量

1.5.1 体积变化损耗量

体积变化损耗量是指施工期间沉陷、体积变化影响而增加的工程量，如土石方填筑工程中施工期沉陷而增加的工程量、混凝土体积收缩而增加的工程量等。

1.5.2 运输及操作损耗量

运输及操作损耗量是指混凝土及土石方在运输、操作过程中的损耗，以及围垦工程、堤坝抛填工程的损耗量等。

1.5.3 其他损耗量

其他损耗量如土石方填筑工程施工，按设计边坡要求的削坡损失工程量，黏土心(斜)墙及土坝的雨后坝面清理损失工程量，混凝土防渗墙一、二期墙槽接头孔重复造孔需混凝土浇筑增加的工程量。

1.6 质量检查工程量

质量检查工程量是为了质量检查而进行的工程量，如基础处理工程大多数采用钻一定数量检查孔的方法进行质量检查；土石方填筑工程通常采用挖试坑的方法来检查其填筑成品方的干容重。

1.7　试验工程量

试验工程量如土石坝工程是为取得石料场爆破参数和坝上碾压参数而进行的爆破试验、碾压试验的工程量。

2　各类工程量在概预算中的处理

在编制概(估)算时,应按《水利水电工程设计工程量计算规定》(SL 328—2005)和项目划分及定额等有关规定,正确处理上述各类工程量。

码 6-3　微课:各类工程量在概预算中的处理

2.1　设计工程量

根据工程量计算规定,各设计阶段计算的工程量乘以相应的阶段系数(见表 6-1)后,作为设计工程量提供给造价专业来编制工程概(估)算。也就是,可行性研究、初步设计阶段的设计工程量按建筑物和工程的几何轮廓尺寸计算再乘以设计阶段系数。施工图设计阶段系数为 1,即其设计工程量就是图纸工程量。

表 6-1　水利水电工程设计工程量阶段系数表

类别	设计施工	土石方开挖工程量(万 m^3)				混凝土工程量(万 m^3)			
		>500	500~200	200~50	<50	>300	300~100	100~50	<50
永久工程或建筑物	项目建议书	1.03~1.05	1.05~1.07	1.07~1.09	1.09~1.11	1.03~1.05	1.05~1.07	1.07~1.09	1.09~1.11
	可行性研究	1.02~1.03	1.03~1.04	1.04~1.06	1.06~1.08	1.02~1.03	1.03~1.04	1.04~1.06	1.06~1.08
	初步设计	1.01~1.02	1.02~1.03	1.03~1.04	1.04~1.05	1.01~1.02	1.02~1.03	1.03~1.04	1.04~1.05
施工临时工程	项目建议书	1.05~1.07	1.07~1.10	1.10~1.12	1.12~1.15	1.05~1.07	1.07~1.10	1.10~1.12	1.12~1.15
	可行性研究	1.04~1.06	1.06~1.08	1.08~1.10	1.10~1.13	1.04~1.06	1.06~1.08	1.08~1.10	1.10~1.13
	初步设计	1.02~1.04	1.04~1.06	1.06~1.08	1.08~1.10	1.02~1.04	1.04~1.06	1.06~1.08	1.08~1.10

类别	设计施工	土石方填筑、砌石工程量(万 m^3)				钢筋(t)	钢材(t)	模板(t)	灌浆(t)
		>500	500~200	200~50	<50				
永久工程或建筑物	项目建议书	1.03~1.05	1.05~1.07	1.07~1.09	1.09~1.11	1.08	1.06	1.11	1.16
	可行性研究	1.02~1.03	1.03~1.04	1.04~1.06	1.06~1.08	1.06	1.05	1.08	1.15
	初步设计	1.01~1.02	1.02~1.03	1.03~1.04	1.04~1.05	1.03	1.03	1.05	1.10
施工临时工程	项目建议书	1.05~1.07	1.07~1.10	1.10~1.12	1.12~1.15	1.10	1.10	1.12	1.18
	可行性研究	1.04~1.06	1.06~1.08	1.08~1.10	1.10~1.13	1.08	1.08	1.09	1.17
	初步设计	1.02~1.04	1.04~1.06	1.06~1.08	1.08~1.10	1.05	1.05	1.06	1.12

2.2　施工超挖量、施工附加量及施工超填量

现行《概算定额》已将施工超挖量、施工附加量及施工超填量这三项工程量的合理值计入定额中,故采用《概算定额》编制概(估)算时,工程量不应再计入这三项。现行《预算定额》中均未计入这三项,故采用时,应将这三项合理的工程量按相应的超挖、超填预算定额摊入单价中,而不是简单地乘以这三项工程量的扩大系数。

2.3　施工损耗量

现行《概算定额》已将施工损耗都已计入相应定额中,故采用时不再计入这一项;《预

算定额》未包括混凝土防渗墙接头处理所增加的工程量。

2.4 质量检查工程量

编制概预算时工程量不计入此项。

2.5 试验工程量

碾压试验、爆破试验、级配试验、灌浆试验等大型试验均为设计工作提供主要参数，应列入独立费用中的勘测设计费或工程科研试验费。

3 水利建筑工程量的计算

码 6-4 微课：水利建筑工程量的计算

水利工程各设计阶段的设计工程量，是设计工作的重要成果和编制工程概(估)算的主要依据。工程量的计算应根据《水利水电工程设计工程量计算规定》(SL 328—2005)执行。

3.1 永久工程建筑工程量

3.1.1 土石方工程量

(1)土石方开挖工程量，应根据设计开挖图纸，按岩土分类级别计算，并将明挖、暗挖分开。明挖宜分一般、坑槽、基础、坡面等；暗挖宜分平洞、斜井、竖井和地下厂房等。

(2)土石方填(砌)筑工程的工程量，应根据建筑物设计断面中不同部位、不同填筑材料的设计要求分别计算，以建筑物实体方计量。

3.1.2 砌筑工程量

砌筑工程量应按不同砌筑材料、砌筑方式(干砌、浆砌等)和砌筑部位分别计算，以建筑物砌体方计量。

3.1.3 混凝土工程量

(1)混凝土工程量计算应以成品实体方计量。项目建议书阶段混凝土工程量宜按工程各建筑物分项、分强度和级配计算。可行性研究和初步设计阶段混凝土工程量应根据设计图纸分部位、分强度、分级配计算。

(2)碾压混凝土宜提出工法，沥青混凝土宜提出开级配或密级配。

(3)钢筋混凝土的钢筋可按含钢率或含钢量计算。混凝土结构中的钢衬工程量应单独列出。

3.1.4 模板工程量

混凝土立模面面积应根据建筑物结构体形、施工分缝要求和使用模板的类型计算。

项目建议书和可行性研究阶段可参考现行部颁《水利建筑工程概算定额》中附录 9，初步设计阶段可根据工程设计立模面面积计算。

3.1.5 基础处理工程量

(1)钻孔灌浆工程量。①基础固结灌浆与帷幕灌浆的工程量，自起灌基面算起，钻孔长度自实际孔顶高程算起。基础帷幕灌浆采用孔口封闭的，还应计算灌注孔口管的工程量，根据不同孔口管长度以孔为单位计算。②地下工程的固结灌浆，其钻孔和灌浆工程量根据设计要求以米计。③回填灌浆工程量按设计的回填接触面积计算。接触灌浆和接续灌浆的工程量，按设计所需面积计算。

(2)混凝土地下连续墙的成槽和混凝土浇筑工程量应分别计算。①成槽工程量按不同墙厚、孔深和地层以面积计算。②混凝土浇筑的工程量,按不同墙厚和地层以成墙面积计算。

(3)锚固工程量。①锚杆支护工程量,按锚杆类型、长度、直径和支护部位及相应岩石级别以根数计算。②预应力锚索的工程量按不同预应力等级、长度、形式及锚固对象以束计算。

(4)喷混凝土工程量应按喷射厚度、部位及有无钢筋以体积计,回弹量不应计入。喷浆工程量应根据喷射对象以面积计。

(5)混凝土灌注桩的钻孔和灌筑混凝土工程量应分别计算。钻孔工程量按不同地层类别以钻孔长度计,灌筑混凝土工程量按不同桩径以桩长度计。

3.1.6　枢纽工程对外公路工程量

项目建议书和可行性研究阶段可根据1/50 000~1/10 000的地形图按设计推荐(或选定)的线路,分公路等级以长度计算工程量。初步设计阶段应根据不小于1/5 000的地形图按设计确定的公路等级提出长度或具体工程量。

场内永久公路中主要交通道路,项目建议书和可行性研究阶段应根据1/10 000~1/5 000的施工总平面布置图按设计确定的公路等级以长度计算工程量。初步设计阶段应根据1/5 000~1/2 000的施工总平面布置图,按设计要求提出长度或具体工程量。

引(供)水、灌溉等工程的永久公路工程量可参照上述要求计算。

桥梁、涵洞按工程等级分别计算,提出延米或具体工程量。

永久供电线路工程量,按电压等级、回路数,以长度计算。

3.2　施工临时工程的工程量

(1)施工导流工程工程量计算要求与永久水工建筑物计算要求相同,其中永久与临时结合的部分应计入永久工程量中,阶段系数按施工临时工程计取。

(2)施工支河工程量应按永久水工建筑物工程量计算要求进行计算,阶段系数按施工临时工程计取。

(3)大型施工设施及施工机械布置所需土建工程量,按永久建筑物的要求计算工程量,阶段系数按施工临时工程计取。

(4)施工临时公路的工程量可根据相应设计阶段施工总平面布置图或设计提出的运输线路分等级计算施工临时公路长度或具体工程量。

(5)施工供电线路工程量可按设计的线路走向、电压等级和回路数来计算。

3.3　金属结构工程量

(1)水工建筑物的各种钢闸门和拦污栅的工程量以吨计。

项目建议书可按已建工程类比确定;可行性研究阶段可根据初选方案确定的类型和主要尺寸计算;初步设计阶段应根据选定方案的设计尺寸和参数计算。

各种闸门和拦污栅的埋件工程量计算均应与其主设备工程量计算精度一致。

(2)启闭设备工程量计算,宜与闸门和拦污栅工程量计算精度相适应,并分别列出设备重量(t)和数量(台、套)。

(3)压力钢管工程量应按钢管形式(一般、叉管)、直径和壁厚分别计算,以吨为计量单位,不应计入钢管制作与安装的操作损耗量。

4 水利建筑工程量计算基本原则

码 6-5 微课：水利建筑工程量计算基本原则

4.1 工程项目的划分

工程项目的划分必须满足《水利水电工程设计工程量计算规定》(SL 328—2005),如土石方开挖工程,应按不同土壤、岩石类别分别列项;洞挖应将平洞、斜井、竖井分列;混凝土工程按不同的强度等级等分列。同时,还必须与概算定额子目划分相适应,如土石方填筑工程应按抛石、堆石料、垫层料等分列,固结灌浆应按深孔(地质钻机钻孔)、浅孔(风钻钻孔)分列等。

4.2 计量单位

工程量的计量单位应与定额子目的单位及定额的有关规定相一致。有的工程项目的工程量单位可以用不同的计量单位来表示,如喷射混凝土可以用 m^2,也可以用 m^3;混凝土防渗墙可以用 m^2(阻水面积),也可以用 m(折算米)和 m^3(混凝土浇筑)。因此,设计采用的工程量单位应与定额单位相一致,如不一致则要按定额的单位进行换算使其一致。

4.3 工程量计算

工程量计算要与定额相适应。例如岩基帷幕灌浆,如果定额中已将建筑物段的钻孔、封孔工作量摊入岩基段的钻孔灌浆中,则工程量只能计算岩基段钻孔灌浆量。

任务 3 工程各部分概算编制

编制工程部分总概算,需要依次编制建筑工程、机电设备及安装工程、金属结构设备及安装工程、输水管线设备及安装工程、施工临时工程、独立费用这六部分的概算。

1 第一部分 建筑工程概算

建筑工程概算按主体建筑工程、交通工程、房屋建筑工程、供电设施工程、数字孪生设施工程、其他建筑工程分别采用相应的编制方法,编制表格格式采用“建筑工程概算表”(见附表 4-3)。

1.1 主体建筑工程

(1)主体建筑工程概算按设计工程量乘以建筑工程单价进行编制。

(2)设计工程量依据设计工程量成果报告确定,按项目组成和项目划分(见附表 1-1~附表 1-6)要求列示工程项目清单。

(3)建筑工程单价应当依据现行部颁《水利建筑工程概算定额》计算。定额缺项时,可以根据工程实际情况编制补充定额或造价指标。

(4)工程涉及其他行业时,可以依据相关行业编制规定和定额编制专项工程概算。

(5)当设计对混凝土施工有温控要求时,温控措施费应当根据温控措施设计进行计算,也可以按建筑物混凝土工程量乘以分析确定的单位造价指标进行计算。

(6)细部结构工程。

细部结构工程包括多孔混凝土排水管、止水工程(面板坝除外)、伸缩缝工程、接缝灌浆管路、冷却水管路、栏杆、照明设施、爬梯、通气管道、排水工程(坝基渗水处理、排水管、坝体及厂房排水沟等)、排水渗井钻孔及反滤料、坝坡踏步、孔洞钢盖板、厂房内上下水工程、防潮层、建筑钢材及其他细部结构工程。

①由于初步设计阶段设计深度所限,细部结构工程无法确定具体的工程量,其概算可参照水工建筑工程细部结构指标表(见表6-2)进行计算,表中综合指标仅包括基本直接费,应相应计算其他各项费用(其他直接费、间接费、利润、税金)。

②对于改扩建及加固工程、其他工程的细部结构工程,能够根据工程设计确定工程量的,仍按设计工程量乘以工程单价进行计算。

表6-2 水工建筑工程细部结构指标

<table>
<tr><td>项目名称</td><td colspan="2">混凝土重力坝、重力拱坝、宽缝重力坝、支墩坝</td><td>混凝土双曲拱坝</td><td>土坝、堆石坝</td><td>水闸</td><td>冲沙闸、泄洪闸</td></tr>
<tr><td>单位</td><td colspan="4">元/m^3(坝体方)</td><td colspan="2">元/m^3(混凝土)</td></tr>
<tr><td>综合指标</td><td colspan="2">16.5</td><td>17.5</td><td>1.2</td><td>49</td><td>43</td></tr>
<tr><td>项目名称</td><td colspan="2">进水口、进水塔</td><td>溢洪道</td><td>隧洞</td><td>竖井、调压井</td><td>高压管道</td></tr>
<tr><td>单位</td><td colspan="6">元/m^3(混凝土)</td></tr>
<tr><td>综合指标</td><td colspan="2">19.5</td><td>18.5</td><td>18</td><td>19</td><td>4</td></tr>
<tr><td>项目名称</td><td>电(泵)站地面厂房</td><td>电(泵)站地下厂房</td><td>船闸</td><td>倒虹吸、暗渠</td><td>渡槽</td><td>明渠(衬砌)</td></tr>
<tr><td>单位</td><td colspan="6">元/m^3(混凝土)</td></tr>
<tr><td>综合指标</td><td>38</td><td>58</td><td>30.5</td><td>17.7</td><td>54</td><td>8.45</td></tr>
</table>

1.2 交通工程

交通工程概算按设计工程量乘以工程单价进行编制,或者按工程长度(或面积)乘以单位造价指标编制。单位造价指标可以采用工程所在地区造价指标,也可以采用根据同类工程实际资料、结合工程具体情况分析论证得到的扩大单位指标。设计深度满足相关行业初步设计阶段要求时,也可以依据相关行业编制规定和定额编制专项工程概算。

1.3 房屋建筑工程

1.3.1 永久房屋建筑

(1)辅助生产用房、办公用房投资一般按建筑面积乘以单位造价指标计算。建筑面积根据工程管理设计确定,单位造价指标根据建筑所在地的同类工程造价指标确定。

(2)值班宿舍及文化福利建筑的建筑面积根据工程管理设计确定,投资以主体建筑工程投资为计算基数,按费率计算。费率标准如表6-3所示,投资小或工程位置偏远者取大值,反之取中值或小值。

表6-3 值班宿舍及文化福利建筑费率取值

项目名称	投资	百分率(%)
枢纽工程	投资≤50 000万元 50 000万元<投资≤100 000万元 投资>100 000万元	1.0~1.5 0.8~1.0 0.5~0.8
引水工程		0.4~0.6

(3)续建、改建、扩建及除险加固工程(含枢纽、引水、河道工程)应当结合现有房屋及其使用情况,根据工程管理设计确定的建设内容与规模、建设方案计算永久房屋建筑投资。

(4)田间工程根据工程管理设计确定的建设内容与规模,按建筑面积乘以单位造价指标计算永久房屋建筑投资。

1.3.2 室外工程投资

室外工程投资一般按永久房屋建筑工程投资的15%~20%计算,室外工程建设条件复杂的项目也可以逐项分析计算。

1.4 供电设施工程

永久供电工程概算按工程长度(或容量)乘以单位造价指标编制。单位造价指标可以按照设计确定的电压等级、线路架设方式、变配电设备类别,采用工程所在地区造价指标或根据同类工程实际资料分析论证得到的扩大单位指标。设计深度满足电力行业初步设计阶段要求时,也可以依据电力行业编制规定和定额编制专项工程概算。

永久供电工程按照项目划分要求列项,属于建筑工程性质的项目列入供电设施工程,属于设备及安装工程性质的项目列入机电设备及安装工程的供电设备及安装工程。

1.5 数字孪生设施工程

数字孪生工程包括信息基础设施、数字孪生平台、网络安全和数据安全系统、工程管理业务应用系统。其中,信息基础设施包含监测感知系统、通信网络系统、自动化控制系统、信息基础环境等。监测感知系统指雨水情监测预报(水文自动测报、测雨雷达系统)、工程安全监测、运行视频监视等系统项目;自动化控制系统指电站(泵站、水闸)计算机监控等工业控制系统、设备状态在线监测系统等项目;信息基础环境指计算存储能力建设、集控中心和机房(数据中心)环境建设、调度中心会商能力建设等项目。数字孪生平台包含数据底板、模型平台和知识平台等项目,或者数据资源、应用支撑等项目。

数字孪生工程按照项目划分和设计要求列项,属于建筑工程性质的项目列入数字孪生设施工程,属于设备及安装工程性质的项目、开发或购置软件列入机电设备及安装工程的数字孪生设备及安装工程。

数字孪生设施包括雨水情监测预报设施、工程安全监测设施、通信网络设施、信息基础环境设施等。数字孪生设备包括雨水情监测预报设备、工程安全监测设备、运行视频监视设备、通信网络设备、自动化控制系统、信息基础环境设备、数字孪生平台、网络安全和数据安全系统、工程管理业务应用系统等。应当根据设计要求确定数字孪生工程项目内容,逐项分析计算确定投资,其中雨水情监测预报系统、工程安全监测系统、计算机监控系统等项目也可以根据设计内容另行列项,将设施项目计入其他建筑工程、设备项目列入公用设备及安装工程。

1.5.1 雨水情监测预报系统设施工程

雨水情监测预报系统包括测雨雷达系统、雨量站、水位站、水文站等。

雨水情监测预报系统设施项目列入建筑工程,仪器设备项目列入机电设备及安装工程。设施投资按设计工程量乘以单价计算,仪器设备投资按设备数量乘以设备价格计算。

1.5.2 工程安全监测系统设施工程

工程安全监测系统包括变形监测、渗流渗压监测、应力应变及温度监测、环境量监测、水力学监测、安全监测现地自动化系统等。

工程安全监测系统设施包括开挖填筑、钻孔注浆、监测房等项目,列入建筑工程。工程安全监测系统仪器设备包括全站仪、水准仪、位移计、渗压计、钢筋计、应力计、数据采集装置(MCU)等项目,列入机电设备及安装工程。

设施投资按设计工程量乘以单价计算,仪器设备投资按设备数量乘以设备价格计算。

1.6 其他建筑工程

其他建筑工程概算应当根据设计要求列项,按设计工程量乘以单价编制,也可以采用造价指标编制。

2 第二部分 机电设备及安装工程概算

机电设备及安装工程根据项目组成和项目划分,逐项分别计算设备费和安装工程费。编制表格格式采用“设备及安装工程概算表”(见附表4-4)。

2.1 设备费

设备费一般按设备数量乘以设备价格计算。设备费包括设备原价、运杂费、运输保险费和采购及保管费。

设备体腔内的定量充填物,应视为设备,其价值计入设备费。一般变压器油计入设备原价,不必另外计价。透平油、油压启闭机中液压油、蓄电池中电解液都应另计费用。

2.1.1 设备原价

(1)国产设备以出厂价为原价。

设备原价采用主管部门发布或者价格信息发布的工程所在地设备价格。没有发布价时,通过市场调查、询价或者分析论证同类工程合同价确定价格。

主要设备依据询价报价或合同价确定价格时,应当不少于3个价格来源,以其平均值作为设备价格。主要设备指水轮机、发电机、主阀、桥机、主变压器、水泵、电动机、测雨雷达等机电设备,闸门、启闭设备等金属结构设备,管线主要阀门等输水管线设备,以及其他投资比例高的设备。

非定型和非标准产品(如闸门、拦污栅、压力钢管等)可按向厂家索取的报价资料和当年的价格水平,经认真分析论证后,确定设备价格。

(2)进口设备以到岸价和进口征收的税金、手续费、商检费及港口费等各项费用之和为原价。到岸价采用与厂家签订的合同价或询价计算,税金和手续费等按规定计算。

(3)自行加工制作的设备参照有关定额计算价格,但一般应低于外购价格。

(4)大型机组及其他大型设备分瓣运至工地后的拼装费用,应包括在设备原价内。

2.1.2 运杂费

运杂费指设备由厂家运到工地现场所发生的一切运杂费用,包括运输费、装卸费、包装绑扎费、大型变压器充氮费及其他杂费等。

2.1.2.1 国产设备运杂费

国产设备运杂费包括主要设备运杂费和其他设备运杂费,均以设备原价为计算基数,按费率计算。

(1)主要设备运杂费率见表6-4。设备由铁路直达或铁路、公路联运时,分别按里程求得费率后叠加计算;如果设备由公路直达,应当按公路里程计算费率后,再加公路直达基本费率。

(2)其他设备运杂费率见表6-5。工程地点距铁路线近者,费率取小值,远者取大值。新疆、西藏地区的设备运杂费率可以结合项目情况另行确定。

表6-4 主要设备运杂费率

设备分类		费率(%)				公路直达基本费率(%)
		铁路		公路		
		基本运距1 000 km	每增运500 km	基本运距100 km	每增运20 km	
水轮发电机组、水泵电机机组、测雨雷达		2.21	0.30	1.06	0.15	1.01
主阀、桥机、闸门、启闭设备、管线阀门		2.99	0.50	1.85	0.20	1.33
主变压器	120 000 kVA及以上	3.50	0.40	2.80	0.30	1.20
	120 000 kVA以下	2.97	0.40	0.92	0.15	1.20

表6-5 其他设备运杂费率

类别	适用地区	费率(%)
Ⅰ	北京、天津、上海、江苏、浙江、江西、安徽、湖北、湖南、河南、广东、山西、山东、河北、陕西、辽宁、吉林、黑龙江	3~5
Ⅱ	甘肃、云南、贵州、广西、四川、重庆、福建、海南、宁夏、内蒙古、青海	5~7

2.1.2.2 进口设备运杂费

进口设备国内段运杂费率可按国产设备运杂费率乘以相应国产设备原价占进口设备原价的比例系数计算。

2.1.3 运输保险费

运输保险费指设备在运输过程中的保险费用,由设备原价乘以运输保险费率计算。

国产设备运输保险费率可按工程所在省、自治区、直辖市规定计算,进口设备的运输保险费率按有关规定执行。

2.1.4　采购及保管费

采购及保管费指建设单位和施工企业在负责设备的采购、保管过程中发生的各项费用,按设备原价、运杂费之和的0.7%计算。

2.1.5　运杂综合费率

将设备运杂费、运输保险费和采购及保管费合并,统称为设备运杂综合费,按设备原价乘以运杂综合费率计算。

$$运杂综合费率 = 运杂费率 + (1 + 运杂费率) \times 采购及保管费率 + 运输保险费率 \tag{6-1}$$

上述运杂综合费率,适用于计算国产设备运杂综合费。进口设备的国内段运杂综合费率,按国产设备运杂综合费率乘以同等(或相当)国产设备原价与进口设备原价的比值。

2.1.6　交通工具购置费

交通工具购置费指工程竣工后,为保证建设项目初期生产管理单位正常运行必须配备的车辆和船只所产生的费用。

交通工具指建设项目的生产管理单位在运行初期为保证运行需要配备的车辆和船只。交通工具数量依据工程管理设计确定,设备价格根据市场情况,结合国家有关政策确定。

2.1.7　设备费计算示例

【例6-1】　某大型水电站购买的主阀,由铁路运输1 000 km,再由公路运120 km到工地安装现场,主阀的出厂价为78万元/台,运输保险费率为0.4%,计算主阀的设备费。

解:(1)设备原价:78.00万元/台。

(2)运杂费:

运杂费率:2.99%+1.85%+0.20%=5.04%。

78.00×5.04%=3.93(万元/台)。

(3)运输保险费:78.00×0.4%=0.31(万元/台)。

(4)采购及保管费:

查现行部颁《编规》可知,设备的采购及保管费率为0.7%,则:(78.00+3.93)×0.7%=0.57(万元/台)。

(5)设备费:78.00+3.93+0.31+0.57=82.81(万元/台)。

【例6-2】　陕西省某水利工程安全监测系统购买的超声波流量计,由公路运输直达工地现场,超声波流量计的出厂价为12 000元/台,运杂费率取小值,运输保险费率为0.2%,计算超声波流量计的设备费。

解:(1)设备原价:12 000元/台。

(2)运杂费:

查现行部颁《编规》可知,运杂费率为3%,则:12 000×3%=360(元/台)。

(3)运输保险费:12 000×0.2%=24(元/台)。

(4)采购及保管费:

查现行部颁《编规》可知,设备的采购及保管费率为0.7%,则:(12 000+360)×0.7%=86.52(元/台)。

(5)设备费:12 000+360+24+86.52=12 470.52(元/台)=1.25万元/台。

2.2 安装工程费

安装工程费按设备数量乘以安装工程单价计算,或者按设备费乘以费率计算。不需要安装的设备不计安装工程费。

安装工程单价应当依据《水利设备安装工程概算定额》计算。定额缺项时,可以根据工程实际情况编制补充定额或造价指标。

3 第三部分 金属结构设备及安装工程概算

金属结构设备及安装工程概算编制方法同"第二部分 机电设备及安装工程概算"。

4 第四部分 输水管线设备及安装工程概算

输水管线设备及安装工程概算编制方法同"第二部分 机电设备及安装工程概算"。

管线各类阀门投资计入设备费。管道、管件作为未计价装置性材料,其投资计入安装工程费。

5 第五部分 施工临时工程概算

施工临时工程按导流工程、施工交通工程、施工专项工程、施工场外供电工程、施工房屋建筑工程、其他施工临时工程等项目,分别采用相应的编制方法。编制"施工临时工程概算表"可采用"建筑工程概算表"(见附表4-3)格式。

5.1 导流工程

导流工程概算按设计工程量乘以工程单价进行编制。

5.2 施工交通工程

施工交通工程概算按设计工程量乘以工程单价进行编制,或者按工程长度(或面积)乘以单位造价指标编制。单位造价指标采用工程所在地造价指标或根据同类工程实际资料、结合工程具体情况分析得到的扩大单位指标。设计深度满足相关行业初步设计阶段要求时,也可以依据相关行业编制规定和定额编制专项工程概算。

施工支洞、施工工作井(竖井、斜井)概算编制方法与主体工程一致。

5.3 施工专项工程

(1)缆机平台。按设计工程量乘以工程单价进行编制。

(2)掘进机专项临时设施。按设计工程量乘以工程单价进行编制,或者根据工程实际资料,采用造价指标编制。

(3)施工期通航工程。按设计工程量乘以工程单价进行编制,或者根据工程实际资料采用造价指标编制,也可以结合水运行业有关规定编制。

(4)料场防护工程。按设计工程量乘以工程单价进行编制。

(5)施工安全生产专项。按建筑安装工程费(不包括施工安全生产专项、施工场外供电工程、施工房屋建筑工程、其他施工临时工程)乘以(1+其他施工临时工程费率)的2.5%计算。

5.4　施工场外供电工程

施工场外供电工程概算按工程长度(或容量)乘以单位造价指标编制。单位造价指标按照设计确定的电压等级、线路架设方式、变电设备规格等,采用工程所在地造价指标或根据同类工程实际资料,结合工程具体情况分析论证得到的扩大单位指标。设计深度满足电力行业初步设计阶段要求时,也可以依据电力行业编制规定和定额编制专项工程概算。

5.5　施工房屋建筑工程

施工房屋建筑工程包括施工仓库和办公、生活及文化福利建筑两部分。

5.5.1　施工仓库

施工仓库投资按建筑面积乘以单位造价指标计算。建筑面积根据施工组织设计确定,单位造价指标根据当地相应建筑的造价水平确定。

5.5.2　施工办公、生活及文化福利建筑

(1)枢纽工程,按式(6-2)计算:

$$I = \frac{A \times U \times P}{N \times L} \times K_1 \times K_2 \times K_3 \tag{6-2}$$

式中　I——施工办公、生活及文化福利建筑工程投资;

A——建安工作量,按建筑安装工程费(不包括施工办公、生活及文化福利建筑和其他施工临时工程)乘以(1+其他施工临时工程费率)计算;

U——人均建筑面积综合指标,按12~15 m^2/人标准计算,大(1)型工程取大值,大(2)型工程取小值;

P——单位造价指标,采用工程所在地区的永久房屋造价指标,元/m^2;

N——施工年限,按施工组织设计确定的合理工期计算;

L——全员劳动生产率,一般取80 000~120 000元/(人·年),施工条件复杂的工程取小值,施工条件简单的工程取大值;

K_1——施工高峰人数调整系数,取1.10;

K_2——室外工程系数,取1.10~1.15,房屋选址的建设条件复杂的工程取大值,反之取小值;

K_3——单位造价指标调整系数,按不同施工年限,采用表6-6中的调整系数。

表6-6　单位造价指标调整系数

工期(年)	系数	工期(年)	系数
≤2	0.25	5~8	0.70
2~3	0.40	8~11	0.80
3~5	0.55		

(2)引水工程,以建筑安装工程费(不包括施工办公、生活及文化福利建筑和其他施工临时工程)为计算基数,按表6-7所示的费率标准计算。一般引水工程取小值,隧洞、渡

槽等建筑物较多的引水工程及施工条件复杂的引水工程取大值。掘进机施工隧洞工程按表6-7所示的费率标准乘以0.5调整系数。

(3)河道工程,以建筑安装工程费(不包括施工办公、生活及文化福利建筑和其他施工临时工程)为计算基数,按表6-7所示的费率标准计算。施工条件复杂的工程取大值,施工条件简单的工程取小值。

表6-7 引水工程、河道工程施工房屋建筑工程费率

工期(年)	费率(%)
≤3	1.5~2.0
>3	1.0~1.5

5.6 其他施工临时工程

其他施工临时工程以建筑安装工程费(不包括其他施工临时工程)为计算基数,按费率计算。费率标准如下:

(1)枢纽工程为3.5%~4.5%。大(1)型工程取大值,其他工程根据施工条件复杂程度取中值或小值。

(2)引水工程为3.0%~3.5%。一般引水工程取小值,隧洞、渡槽等建筑物较多的引水工程及施工条件复杂的引水工程取大值。

(3)河道工程为0.5%~1.5%。一般河道工程取中值,建筑物较多、施工排水量大或施工条件复杂的河道工程取大值,田间工程取小值。

6 第六部分 独立费用

独立费用按建设管理费、工程建设监理费、生产准备费、科研勘测设计费、其他等项目,分别采用相应的编制方法。编制“独立费用概算表”可采用“建筑工程概算表”(见附表4-3)格式。

6.1 建设管理费

6.1.1 枢纽工程

枢纽工程建设管理费以建筑安装工程费为计算基数,按表6-8所示的费率标准,以超额累进方法计算。该计算方法也可以简化,简化计算公式为:

$$\text{建设管理费}=\text{建筑安装工程费}\times\text{该档费率}+\text{辅助参数} \tag{6-3}$$

表6-8 枢纽工程建设管理费费率

建筑安装工程费(万元)	费率(%)	辅助参数(万元)
≤50 000	4.5	0
50 000~100 000	3.5	500
100 000~200 000	2.5	1 500
200 000~500 000	1.8	2 900
>500 000	0.6	8 900

6.1.2 引水工程

引水工程建设管理费以建筑安装工程费为计算基数,按表 6-9 所示的费率标准,以超额累进方法计算。简化计算公式同枢纽工程。按整体工程投资统一计算,工期长或工程规模较大时可以分段计算。

表 6-9 引水工程建设管理费费率

建筑安装工程费(万元)	费率(%)	辅助参数(万元)
≤50 000	4.2	0
50 000~100 000	3.1	550
100 000~200 000	2.2	1 450
200 000~500 000	1.6	2 650
>500 000	0.5	8 150

6.1.3 河道工程

河道工程建设管理费以建筑安装工程费为计算基数,按表 6-10 所示的费率标准,以超额累进方法计算。简化计算公式同枢纽工程。按整体工程投资统一计算,工程规模较大时可以分段计算。

表 6-10 河道工程建设管理费费率

建筑安装工程费(万元)	费率(%)	辅助参数(万元)
≤10 000	3.5	0
10 000~50 000	2.4	110
50 000~100 000	1.7	460
100 000~200 000	0.9	1 260
200 000~500 000	0.4	2 260
>500 000	0.2	3 260

6.2 工程建设监理费

工程建设监理费由施工监理费和设备制造监理费两部分组成。

(1)施工监理费。参照国家发展改革委、建设部《建设工程监理与相关服务收费管理规定》(发改价格〔2007〕670 号)计算。

施工监理服务费 = 施工监理服务收费基价 × 专业调整系数 × 工程复杂程度调整系数 × 高程调整系数 × (1 ± 浮动幅度值)　(6-4)

(2)设备制造监理费。根据《水利工程建设监理规定》,对水利工程的发电机组、水轮机组、水泵电动机组及其附属设施,以及闸门、压力钢管、拦污设备、起重设备等实行制造监理。

设备制造监理费按相关设备费的 0.4%~0.7%计算。枢纽工程取大值,引水工程取中值,河道工程取小值。

6.3 生产准备费

6.3.1 生产及管理单位提前进厂费

按建筑安装工程费的 0.15%~0.35%计算。

枢纽工程取大值;一般引水工程取中值,工期长或施工条件复杂的引水工程取大值;河道工程取小值。除险加固工程(含枢纽、引水、河道工程)、田间工程原则上不计此项费用。

6.3.2　生产职工培训费

按建筑安装工程费的0.35%~0.55%计算。

枢纽工程取大值;一般引水工程取中值,工期长或施工条件复杂的引水工程取大值;河道工程取小值。田间工程不计此项费用。

6.3.3　管理用具购置费

以建筑安装工程费为计算基数,按费率计算。费率标准如下:

(1)枢纽工程为0.04%~0.06%。大(1)型工程取小值,大(2)型工程取大值。

(2)引水工程为0.03%。

(3)河道工程为0.02%。

6.3.4　备品备件购置费

按设备费的0.4%~0.6%计算。

枢纽工程:大(1)型工程取小值,大(2)型工程取中值。引水工程、河道工程取大值。

注:

(1)设备费应当包括机电设备、金属结构设备、输水管线设备及运杂费等全部设备费。

(2)电站、泵站同容量、同型号机组超过一台时,只计算一台的设备费。

6.3.5　工器具及生产家具购置费

按设备费的0.1%~0.2%计算。

枢纽工程:大(1)型工程取小值,大(2)型工程取中值。引水工程、河道工程取大值。

6.3.6　联合试运转费

联合试运转费按表6-11所示费用指标计算。

表6-11　联合试运转费用指标

工程类别	计算基础	费用标准										
水电站工程	单机容量(MW)	≤10	≤20	≤30	≤40	≤50	≤60	≤100	≤200	≤300	≤400	>400
	费用(万元/台)	6	8	10	12	14	16	18	22	24	32	44
泵站工程	装机容量	5万~6万元/MW										
引水工程	建筑安装工程费	0.015%~0.035%										

枢纽工程:大(1)型工程取小值,大(2)型工程取大值。

引水工程:一般引水工程取中值,工期长或施工条件复杂的引水工程取大值,施工条件简单的引水工程取小值。

6.4　科研勘测设计费

6.4.1　工程科学研究试验费

以建筑安装工程费为计算基数,按费率计算。费率标准如下:

(1)枢纽工程为0.7%。

(2)引水工程为0.5%~0.7%;灌区改造工程取小值,其他工程取大值。

(3)河道工程取0.3%;田间工程一般不计此项费用。

6.4.2 工程勘测设计费

项目建议书、可行性研究报告阶段的勘测设计费按照可行性研究报告的批复费用计列。

初步设计、招标设计及施工图设计阶段的勘测设计费参照《国家计委、建设部关于发布〈工程勘察设计收费管理规定〉的通知》(计价格〔2002〕10号)计算。

按上述标准计算的工程勘测设计费包括为勘测设计工作服务的常规科研试验费、技术咨询费等。

根据工程类别、建设条件、工程规模、方案论证、建设内容、投资额度等工程特征,结合勘测设计工作实施计划和开展情况,分析论证勘测设计费基价、专业调整系数、工程复杂程度调整系数、附加调整系数等内容,分阶段计算勘测费、设计费。勘测设计费分析论证过程应当形成计算书并汇入概算文件。

6.5 其他

6.5.1 工程保险费

按工程一至五部分投资合计的0.45%~0.5%计算。

6.5.2 其他税费

按国家有关规定计取。

【例6-3】 某大(1)型水利枢纽工程一至五部分工程投资计算如下:建筑工程56 935.17万元;机电设备费7 189.36万元,机电设备安装工程费2 307.68万元;金属结构设备费3 695.43万元,金属结构设备安装工程费877.25万元;输水管线设备费336.22万元,输水管线设备安装工程费72.24万元,施工临时工程(建筑)费2 120.76万元。

该工程安装5台200 MW的水轮发电机组(型号相同),每台设备费为225.76万元。根据相关规定已计算得施工监理费为1 954.22万元,工程勘测设计费为1 573.53万元。不考虑其他税费。

说明:现行部颁《编规》区间取值不能确定的费率均取下限值。

计算该工程独立费用。

解:建筑安装工程费:56 935.17+2 307.68+877.25+72.24+2 120.76=62 313.10(万元)

设备费:7 189.36+3 695.43+336.22=11 221.01(万元)

计算结果见表6-12。

表6-12 独立费用概算表

序号	工程或费用名称	单位	数量	单价(万元)	合计(万元)
一	建设管理费	%	3.5	62 313.10	2 680.96
二	工程建设监理费				2 032.77
	施工监理费	项			1 954.22

续表 6-12

序号	工程或费用名称	单位	数量	单价(万元)	合计(万元)
	设备制造监理费	%	0.7	11 221.01	78.55
三	生产准备费				747.34
1	生产及管理单位提前进厂费	%	0.35	62 313.10	218.10
2	生产职工培训费	%	0.55	62 313.10	342.72
3	管理用具购置费	%	0.04	62 313.10	24.93
4	备品备件购置费	%	0.4	10 092.21	40.37
5	工器具及生产家具购置费	%	0.1	11 221.01	11.22
6	联合试运转费	台	5	22	110.00
四	科研勘测设计费				2 009.72
1	工程科学研究试验费	%	0.7	62 313.10	436.19
2	工程勘测设计费	项			1 573.53
五	其他				340.45
1	工程保险费	%	0.45	75 654.87	340.45
2	其他税费				0.00
	合计				7 811.24

任务4　分年度投资及资金流量

1　分年度投资

分年度投资是根据施工组织设计确定的施工进度和合理工期而计算出的工程各年度预计完成的投资额。编制表格格式采用“分年度投资表”(见附表4-5)。

1.1　建筑安装工程

(1)主要工程应当根据施工进度的安排,按各单项工程分年度完成的工程量和相应的工程单价计算分年度投资。

其他工程可以根据施工进度安排,按各年度所占完成投资的比例,摊入分年度投资表。

(2)建筑安装工程分年度投资表中的项目划分,可以根据项目情况列示至一级项目或二级项目。

1.2　设备

根据设备购置进度安排,计算各年度计划完成的设备费。

1.3　独立费用

根据独立费用性质和发生时段,分别计算各项费用的分年度投资。

2　资金流量

资金流量是为满足工程项目在建设过程中各时段的资金需求,按资金投入时间计算的年度资金使用量。依据分年度投资表编制资金流量表,按建筑安装工程、设备和独立费用三种类型分别计算资金流量。本部分资金流量计算办法用于初步设计概算。

2.1 建筑安装工程资金流量

建筑安装工程可以根据分年度投资表的项目划分,以各年度建筑安装工作量作为计算资金流量的依据。

资金流量是在原分年度投资的基础上,考虑预付款、预付款的扣回、保留金和保留金的偿还等编制出的分年度资金安排。编制表格格式采用“资金流量表”(见附表4-6)。

2.1.1 预付款

预付款一般可以划分为工程预付款和工程材料预付款两部分。

2.1.1.1 工程预付款

(1)工程预付款按划分的单个工程项目的建筑安装工程费的10%~20%计算,工期在3年以内的工程全部安排在第一年,工期在3年以上的可安排在前两年。对于需要购置特殊施工机械设备或施工难度较大的项目,工程预付款可取大值,其他项目取中值或小值。

(2)工程预付款的扣回从完成建筑安装工程费的30%起开始,按完成建筑安装工程费的20%~30%扣回至预付款全部回收完毕为止。

2.1.1.2 工程材料预付款

水利工程一般规模较大,所需材料的种类及数量较多,提前备料所需资金较大,因此考虑向施工企业支付一定数量的材料预付款。可按分年度投资中次年完成建筑安装工程费的20%在本年提前支付,并于次年扣回,依此类推,直至本项目竣工。

2.1.2 保留金

水利工程的保留金,按建筑安装工程费的2.5%计算。在计算概算资金流量时,按分项工程分年度完成建筑安装工程费的5%扣留至该项工程全部建筑安装工程费的2.5%时终止(完成建筑安装工程费的50%时),并将所扣的保留金100%计入该项工程终止后一年(如该年已超出总工期,则此项保留金计入工程的最后一年)的资金流量表内。

2.2 设备资金流量

设备购置资金流量计算,划分为主要设备和其他设备两种类型分别计算。

2.2.1 主要设备

主要设备资金流量按设备到货周期确定各年资金流量比例,具体比例见表6-13。

表6-13 主要设备资金流量比例

到货周期	年份					
	第1年	第2年	第3年	第4年	第5年	第6年
1年	15%	75%①	10%			
2年	15%	25%	50%①	10%		
3年	15%	25%	10%	40%①	10%	
4年	15%	25%	10%	10%	30%①	10%

注:①数据的年份为设备到货年份。

2.2.2 其他设备

其他设备资金流量按到货前一年预付15%定金,到货年支付85%的剩余价款。

2.3 独立费用资金流量

独立费用资金流量主要是勘测设计费的支付方式应考虑质量保证金的要求,其他项目均按分年度投资表中的资金安排计算。

项目建议书至招标设计阶段的勘测设计费计入建设初期。施工图设计阶段勘测设计费的 97%按合理工期分年平均计算,其余 3%的勘测设计费作为设计保证金,计入最后一年的资金流量表内。

任务 5　设计总概算编制

码 6-6　微课:设计总概算的编制

编制完工程部分各部分概算表、分年度投资表、资金流量表后,可进行“工程部分总概算表”(见附表 4-2)和“工程概算总表”(见附表 4-1)的汇总及编制。工程部分总概算表是汇总工程部分的一至六部分投资并考虑基本预备费,构成工程部分静态投资。工程概算总表是设计概算文件的总表,反映了整个工程项目的全部投资,由工程部分总概算表与建设征地移民补偿、环境保护工程、水土保持工程总概算表汇总并计算而成。

1　基本预备费

基本预备费以工程一至六部分投资合计为计算基数,按费率计算。初步设计阶段费率为 5%~8%。根据工程复杂程度、工程规模、施工年限和地质条件等确定费率,技术复杂、建设难度大的工程取大值,其他工程取中值或小值。

2　静态投资、静态总投资

2.1　工程部分静态投资

工程一至六部分投资与基本预备费之和构成工程部分静态投资。编制工程部分总概算表时,在第六部分独立费用之后,应按顺序计列以下项目:

(1)一至六部分投资合计;

(2)基本预备费;

(3)静态投资。

2.2　静态总投资

工程部分、建设征地移民补偿、环境保护工程、水土保持工程的静态投资之和构成静态总投资。

3　价差预备费

价差预备费根据施工年限,以资金流量表的静态投资为计算基数,按有关部门发布的价格指数计算,计算公式为

$$E = \sum_{n=1}^{N} F_n[(1 + P)^n - 1] \tag{6-5}$$

式中　E——价差预备费;

N——合理建设工期;

n——施工年度;

F_n——建设期间资金流量表内第 n 年的投资；

P——价格指数。

4　建设期融资利息

根据合理建设工期,按资金流量表的静态投资与价差预备费之和,按国家规定的贷款利率复利计算,计算公式为

$$S = \sum_{n=1}^{N}\left[\left(\sum_{m=1}^{n} F_m b_m - \frac{1}{2}F_n b_n\right) + \sum_{m=0}^{n-1} S_m\right] i \tag{6-6}$$

式中　S——建设期融资利息；

N——合理建设工期；

n——施工年度；

m——还息年度；

F_n、F_m——在建设期资金流量表内第 n、m 年的投资；

b_n、b_m——各施工年份融资额占当年投资比例；

i——建设期融资利率；

S_m——第 m 年的付息额度。

5　总投资

静态总投资、价差预备费、建设期融资利息之和构成总投资。编制工程概算总表时,在工程投资总计中应按顺序计列以下项目：

(1)静态总投资；

(2)价差预备费；

(3)建设期融资利息；

(4)总投资。

【例 6-4】　某水利堤防工程的年度投资如表 6-14 所示(仅考虑工程部分投资),已知该工程的基本预备费费率为 7%,价格指数为 5%,融资利率为 6.6%,各施工年份融资额为年投资额的 70%。不考虑预付款及保留金,计算并完成预备费及建设期融资利息。

表 6-14　分年度投资表　　单位:万元

序号	项目	合计	建设工期		
			第 1 年	第 2 年	第 3 年
一	建筑工程	9 000	2 300	5 600	1 100
二	机电设备及安装工程	420	60	200	160
三	金属结构设备及安装工程	120	20	70	30
四	输水管线设备及安装工程	50	10	30	10
五	施工临时工程	90	60	20	10
六	独立费用	260	160	70	30
	一至六部分合计	9 940	2 610	5 990	1 340

解:列表计算,见表 6-15。

表 6-15　预备费及建设期融资利息表　　单位:万元

序号	项目	合计	分年度投资		
			第 1 年	第 2 年	第 3 年
一	建筑工程	9 000	2 300	5 600	1 100
二	机电设备及安装工程	420	60	200	160
三	金属结构设备及安装工程	120	20	70	30
四	输水管线设备及安装工程	50	10	30	10
五	施工临时工程	90	60	20	10
六	独立费用	260	160	70	30
	一至六部分合计	9 940	2 610	5 990	1 340
	基本预备费	695.80	182.70	419.30	93.80
	静态总投资	10 635.80	2 792.70	6 409.30	1 433.80
	价差预备费	1 022.59	139.64	656.95	226.00
	建设期融资利息	895.67	67.74	303.17	524.76
	总投资	12 554.06	3 000.07	7 369.43	2 184.56

其中:

(1)基本预备费

第一年:2 610×7%=182.70(万元)

第二年:5 990×7%=419.30(万元)

第二年:1 340×7%=93.80(万元)

(2)价差预备费

$E_1=2\ 792.70\times[(1+5\%)-1]=139.64$(万元)

$E_2=6\ 409.30\times[(1+5\%)^2-1]=656.95$(万元)

$E_3=1\ 433.80\times[(1+5\%)^3-1]=226.00$(万元)

(3)建设期融资利息

$S_1=(2\ 792.70+139.64)\times70\%\times0.5\times6.6\%=67.74$(万元)

$S_2=[(2\ 792.70+139.64)\times70\%+(6\ 409.30+656.95)\times70\%\times0.5+67.74]\times6.6\%=303.17$(万元)

$S_3=[(2\ 792.70+139.64+6\ 409.30+656.95)\times70\%+(1\ 433.80+226.00)\times70\%\times0.5+67.74+303.17]\times6.6\%=524.76$(万元)

【例 6-5】 某大(2)型水库除险加固工程位于二类区,工程建设工期为 2 年,基本预备费费率取 5%,资金流量按两年均分,各施工年份融资额为年投资额的 70%,价格指数为 5%,融资利率为 4%,不考虑预付款及质量保证金,试根据设计工程量、工程单价及现行最新计价依据,编制该工程设计概算。

解:分别计算建筑工程概算、机电设备及安装工程概算、金属结构设备及安装工程概算、输水管线设备及安装工程概算、施工临时工程概算、独立费用,并汇总工程部分总概算、工程概算,得到该工程设计概算。

计算结果见表 6-16~表 6-23。

表 6-16　工程概算总表

单位:万元

序号	工程或费用名称	建安工程费	设备费	独立费用	合计
Ⅰ	工程部分投资				560.84
	第一部分　建筑工程	414.86			414.86
	第二部分　机电设备及安装工程	1.42	13.32		14.74
	第三部分　金属结构设备及安装工程	0.04	0.35		0.39
	第四部分　输水管线设备及安装工程	5.35	7.35		12.70
	第五部分　施工临时工程	48.97			48.97
	第六部分　独立费用			69.18	69.18
	一至六部分投资合计				560.84
	基本预备费				28.04
	静态投资				588.88
Ⅱ	建设征地移民补偿投资				0.00
Ⅲ	环境保护工程投资				12.26
Ⅳ	水土保持工程投资				14.64
Ⅴ	工程投资总计(Ⅰ~Ⅳ合计)				587.74
	静态总投资				587.74
	价差预备费				44.81
	建设期融资利息				17.67
	总投资				650.22

表 6-17　工程部分总概算表

单位:万元

序号	工程或费用名称	建安工程费	设备费	独立费用	合计	占一至六部分投资比例/%
	第一部分　建筑工程	414.86			414.86	73.97
一	挡水工程	357.64			357.64	
二	泄洪工程	0.37			0.37	
三	输水工程	17.26			17.26	
四	房屋建筑工程	25.58			25.58	
五	数字孪生设施工程	1.24			1.24	

续表 6-17

序号	工程或费用名称	建安工程费	设备费	独立费用	合计	占一至六部分投资比例/%
六	其他建筑工程	12.77			12.77	
	第二部分　机电设备及安装工程	1.42	13.32		14.74	2.63
一	大坝位移监测	1.29	12.90		14.19	
二	渗流监测	0.13	0.42		0.55	
	第三部分　金属结构设备及安装工程	0.04	0.35		0.39	0.07
一	输水工程	0.04	0.35		0.39	
	第四部分　输水管线设备及安装工程	5.35	7.35		12.70	2.26
一	输水工程	5.35	7.35		12.70	
	第五部分　施工临时工程	48.97			48.97	8.73
一	导流工程	5.52			5.52	
二	施工交通工程	6.00			6.00	
三	施工专项工程	11.21			11.21	
四	施工房屋建筑工程	10.32			10.32	
五	其他施工临时工程	15.92			15.92	
	第六部分　独立费用			69.18	69.18	12.34
一	建设管理费			21.18	21.18	
二	工程建设监理费			14.71	14.71	
三	生产准备费			3.13	3.13	
四	科研勘测设计费			27.95	27.95	
五	其他			2.21	2.21	
	一至六部分投资合计				560.84	100.00
	基本预备费				28.04	
	静态投资				588.88	

表 6-18　建筑工程概算表

序号	工程或费用名称	单位	数量	单价(元)	合计(万元)
	第一部分　建筑工程				414.86
一	挡水工程				357.64
(一)	主坝除险加固工程				357.64
1	大坝迎水坡				1.62

续表 6-18

序号	工程或费用名称	单位	数量	单价(元)	合计(万元)
	小体积混凝土	m^3	2.1	620.36	0.13
	预制六边形混凝土块	m^3	21	710.73	1.49
2	大坝背水坡				0.87
	排水沟修复	m^3	8	579.54	0.46
	模板	m^2	64	63.66	0.41
3	坝顶及连接段路面硬化				15.10
	路面平整	m^2	769.86	5	0.38
	路面碎石基层	m^2	769.86	34.9	2.69
	路面水泥稳定碎石基层	m^2	769.86	40.18	3.09
	沥青下封层	m^2	769.86	6.04	0.46
	沥青混凝土	m^3	60.58	1 400.26	8.48
4	主坝防渗加固				340.05
	高压旋喷灌浆孔(黏土层)	m	3 646.13	156.39	57.02
	高压旋喷灌浆孔(破碎岩层)	m	181.13	222.43	4.03
	高压旋喷灌浆(黏土层)	m	3 646.13	520.73	189.86
	高压旋喷灌浆(破碎岩层)	m	181.13	545.2	9.88
	帷幕灌浆孔(强风化)	m	861.7	161.87	13.95
	帷幕灌浆孔(弱风化)	m	376.6	179.86	6.77
	帷幕灌浆(13 Lu)	m	861.7	496.04	42.74
	帷幕灌浆(7 Lu)	m	376.6	419.45	15.80
二	泄洪工程				0.37
1	溢洪道工程				0.37
	混凝土凿除(人工)	m^3	1	411.13	0.04
	清理基面石渣运输	m^2	21	43.23	0.09
	破碎砂浆面层凿除运输(机械)	m^3	10	116.15	0.12
	砌体砂浆抹面	m^2	52	23.46	0.12
三	输水工程				17.26
1	启闭机室翻修				0.08
	屋顶陶瓷瓦片翻新	m^2	34.63	21.81	0.08
2	工作桥				3.36
	现有栏杆拆除	m	86	19.58	0.17

续表 6-18

序号	工程或费用名称	单位	数量	单价(元)	合计(万元)
	仿木栏杆	m	86	350	3.01
	现有桥面刷保护漆	m^2	69.3	25.95	0.18
3	输水隧洞衬砌				10.25
	混凝土衬砌	m^3	18.14	924.26	1.68
	喷混凝土	m^3	38.1	757.72	2.89
	锚杆	根	567	83.2	4.72
	钢筋网	t	1.07	6 052.64	0.65
	排水管	m	302.4	10.12	0.31
4	输水涵管				2.62
	浆砌石包钢筋混凝土管拆除	m	65	69.79	0.45
	PE 管拆除	m	41	14.44	0.06
	基础混凝土	m^3	41.01	514.3	2.11
5	闸阀室	m^2			0.95
	闸阀室拆除	m^2	6	116.15	0.07
	新建闸阀室	m^2	4	2 200	0.88
四	房屋建筑工程				25.58
1	管理房拆除重建				25.58
	原管理房拆除	m^2	120	43.62	0.52
	场地平整	m^2	120	5	0.06
	管理房	m^2	100	2 500	25.00
五	数字孪生设施工程	项			1.24
1	量水堰	座			0.60
	土方开挖	m^3	13	10.58	0.01
	土方回填	m^3	3	21.28	0.01
	土方弃运	m^3	10	12.63	0.01
	混凝土	m^3	7	516.49	0.36
	模板	m^2	32	63.66	0.20
	量水堰板	个	1	97.5	0.01
2	位移监测				0.64
	位移观测墩	个	5	500	0.25
	混凝土基座	m^3	2.5	524.94	0.13

续表 6-18

序号	工程或费用名称	单位	数量	单价(元)	合计(万元)
	混凝土垫层	m^3	1.25	502.63	0.06
	模板	m^2	31.25	63.66	0.20
六	其他建筑工程				12.77
(一)	水源地防护网				1.43
	防护网	m	250	35	0.88
	土方开挖	m^3	11.25	10.58	0.01
	石方开挖	m^3	1.25	59.18	0.01
	土方回填	m^3	8.75	21.28	0.02
	土方弃运	m^3	3.75	10.58	0.00
	混凝土基础	m^3	3.75	514.3	0.19
	模板	m^2	50	63.66	0.32
(二)	防汛砂石料池				2.23
	混凝土垫层	m^3	6	502.63	0.30
	砂石料池	m^3	10	699.02	0.70
	水泥砂浆抹面	m^2	43	18.12	0.08
	模板	m^2	2	63.66	0.01
	土工膜	m^2	26	9.03	0.02
	顶部混凝土封层	m^3	3	502.63	0.15
	砂石料回填	m^3	48	201.92	0.97
(三)	照明路灯				2.33
	土方开挖	m^3	12.6	10.58	0.01
	土方回填	m^3	2.52	21.28	0.01
	太阳能路灯	套	6	2 500	1.50
	路灯混凝土基础	m^3	12.6	514.3	0.65
	模板	m^2	25.2	63.66	0.16
(四)	劳动安全与工业卫生设施				3.39
1	安全生产教育				2.30
	安全警示牌	块	3	500	0.15
	责任人标志牌	块	1	5 000	0.50
	水库铭牌	块	1	5 000	0.50
	宣传牌	块	1	5 000	0.50

续表 6-18

序号	工程或费用名称	单位	数量	单价(元)	合计(万元)
	水源地警示牌	块	2	500	0.10
	永久高程基点	个	2	2 000	0.40
	标尺标线	项	1	1 500	0.15
2	安全防护用品				1.09
	救生衣	件	4	50	0.02
	救生圈	个	4	80	0.03
	防毒面具	件	2	200	0.04
	过滤器	套	2	500	0.10
	防灾预警系统	套	1	5 000	0.50
	应急照明灯	盏	2	200	0.04
	工作服	套	10	200	0.20
	安全帽	个	10	40	0.04
	绝缘鞋	双	2	60	0.01
	雨鞋	双	10	50	0.05
	绝缘手套	双	2	20	0.00
	灭火器	个	2	300	0.06
(五)	其他建筑工程	%	1	33 900	3.39

表 6-19 机电设备及安装工程概算表

序号	名称及规格	单位	数量	单价(元)		合计(万元)	
				设备费	安装费	设备费	安装费
	第二部分 机电设备及安装工程					13.32	1.42
一	大坝位移监测					12.90	1.29
	GNSS 接收机(工作点)	台	3	15 000	1 500	4.50	0.45
	GNSS 接收机(基准点)	台	2	15 000	1 500	3.00	0.3
	太阳能供电设备	套	5	4 000	400	2.00	0.2
	防雷接地	项	5	4 000	400	2.00	0.2
	物联网卡(5 年物联网费)	张	5	2 000	200	1.00	0.1
	安装辅材(电源线、信号线、管材等)	项	5	800	80	0.40	0.04
二	渗流监测					0.42	0.13
	量水堰计	台	1	3 000	1 100	0.30	0.11
	通信线缆(4 芯屏蔽线)	m	70	9	1	0.06	0.01
	电缆保护管	m	70	8	1	0.06	0.01

表 6-20　金属结构设备及安装工程概算表

序号	名称及规格	单位	数量	单价(元)		合计(万元)	
				设备费	安装费	设备费	安装费
	第三部分　金属结构设备及安装工程					0.35	0.04
一	输水工程					0.35	0.04
	启闭机	个	1	3 500	350	0.35	0.04

表 6-21　输水管线设备及安装工程

序号	名称及规格	单位	数量	单价(元)		合计(万元)	
				设备费	安装费	设备费	安装费
	第四部分　输水管线设备及安装工程					7.35	5.35
一	输水工程					7.35	5.35
	输水管道	m	107		431.28		4.61
	钢制圆球阀(DN400)	个	2	25 000	2 500	5.00	0.50
	出口蝶阀(DN400 含法兰等配件)	个	2	9 000	900	1.80	0.18
	出口蝶阀(DN315 含法兰等配件)	个	1	5 500	550	0.55	0.06

表 6-22　施工临时工程概算表

序号	工程或费用名称	单位	数量	单价(元)	合计(万元)
	第五部分　施工临时工程				48.97
一	导流工程				5.52
1	土石围堰工程				5.52
	袋装土围堰填筑	m^3	476	105.49	5.02
	袋装土围堰拆除	m^3	476	10.48	0.50
二	施工交通工程				6.00
1	临时施工道路	km	0.5	120 000	6.00
三	施工专项工程				11.21
1	施工安全生产专项	%	2.5	4 483 516.50	11.21
四	施工房屋建筑工程				10.32
1	施工仓库	m^2	120	300	3.60
2	施工办公、生活及文化福利建筑	%	1.5	4 480 000.00	6.72
五	其他施工临时工程	%	3.5	4 547 200.00	15.92

表6-23 独立费用概算表

序号	工程或费用名称	单位	数量	单价(万元)	合计(万元)
一	建设管理费	%	4.5	470.64	21.18
二	工程建设监理费				14.71
	施工监理费	项			14.56
	设备制造监理费	%	0.7	21.02	0.15
三	生产准备费				3.13
1	生产及管理单位提前进厂费	项			0.00
2	生产职工培训费	%	0.55	470.64	2.59
3	管理用具购置费	%	0.06	470.64	0.28
4	备品备件购置费	%	0.5	21.02	0.11
5	工器具及生产家具购置费	%	0.15	21.02	0.03
6	联合试运转费	项			0.12
四	科研勘测设计费				27.95
1	工程科学研究试验费	%	0.7	470.64	3.29
2	工程勘测设计费	项			24.66
五	其他				2.21
1	工程保险费	%	0.45	491.66	2.21
	合计				69.18

知识技能小结

设计概算是指在初步设计阶段,设计单位为确定拟建项目所需的投资额或费用而编制的工程造价文件。

水利工程设计概算编制依据相关法律法规、技术规范及标准,现行部颁《编规》和系列定额,初步设计文件及图纸,以及人工、材料、设备的价格、费用文件等。

水利工程设计概算编制程序为:①准备工作,包括了解工程概况、调查收集基本资料和编制工作计划。②划分工程项目,计算工程量。③计算基础单价。④编制建筑安装工程单价。⑤编制工程各部分概算。⑥进行工、料、机分析汇总。⑦汇总设计总概算:汇总工程部分总概算表,得到工程部分总投资;汇总工程概算总表,得到总投资。⑧编写编制说明及整理装订。

水利建筑工程量计算依据为《水利水电工程设计工程量计算规定》(SL 328—2005)及定额相关说明。

依次编制建筑工程概算表、机电设备及安装工程概算表、金属结构设备及安装工程概算表、输水管线设备及安装工程概算表、施工临时工程概算表、独立费用,考虑基本预备费,得到工程部分静态投资。加上建设征地移民补偿投资、环境保护工程投资、水土保持工程投资,得到工程静态总投资,考虑价差预备费、建设期融资利息,从而得到总投资。

知识技能训练

码 6-7　项目 6 自测练习

一、简答题

1. 简述水利工程设计概算文件组成。
2. 简述设计概算编制程序。
3. 试用图表总结独立费用的编制方法。
4. 资金流量中预付款和保留金如何计算?
5. 价差预备费如何计算?建设期融资利息如何计算?

二、计算题

1. 某水利枢纽工程采购 120 000 kVA 主变压器,出厂价格 110 万元/台,经公路由汽车直接运输 100 km 到工地现场,运输保险费率为 0.5%,采购及保管费按现行部颁规定。试计算主变压器的设备费。

2. 某水利枢纽工程第一至第六部分的分年度投资如表 6-24 所列,已知基本预备费费率为 5%,价格指数为 6%,融资利率为 6.32%,贷款比例为 40%,计算并填写表 6-25 预备费及建设期融资利息表。

表 6-24　分年度投资表　　单位:万元

序号	项目	合计	建设工期		
			第 1 年	第 2 年	第 3 年
一	建筑工程	15 300	5 200	7 800	2 300
二	机电设备及安装工程	410	80	180	150
三	金属结构设备及安装工程	280	50	90	140
四	输水管线设备及安装工程	140	20	50	70
五	施工临时工程	170	120	30	20
六	独立费用	720	380	210	130
	一至六部分合计	17 020	5 850	8 360	2 810

表 6-25　预备费及建设期融资利息表　　单位:万元

序号	项目	合计	分年度投资		
			第 1 年	第 2 年	第 3 年
一	建筑工程	15 300	5 200	7 800	2 300
二	机电设备及安装工程	410	80	180	150

续表 6-25

序号	项目	合计	分年度投资		
			第1年	第2年	第3年
三	金属结构设备及安装工程	280	50	90	140
四	输水管线设备及安装工程	140	20	50	70
五	施工临时工程	170	120	30	20
六	独立费用	720	380	210	130
	一至六部分合计	17 020	5 850	8 360	2 810
	基本预备费				
	静态总投资				
	价差预备费				
	建设期融资利息				
	总投资				

项目7 水利工程其他造价文件编制

【学习目标】

1. 能够正确概括投资匡算、投资估算、施工图预算、施工预算、竣工结算、竣工决算的作用、编制内容与方法。

2. 能够正确说出投资匡算、投资估算、施工图预算、竣工结算与设计概算的联系和区别。

【思政目标】

培养学生具体问题具体分析的能力,抓住主要矛盾,解放思想、实事求是、与时俱进、求真务实,一切从实际出发。

任务1 投资匡算

投资匡算是工程规划报告的组成部分。投资匡算与投资估算、设计概算的组成内容、项目划分和费用构成基本相同,可以根据工作深度对相关内容进行适当简化、合并或调整。

1 匡算文件组成内容

参照估算文件组成内容,根据规划深度进行简化。

2 编制方法及计算标准

2.1 基础单价

基础单价编制方法与投资估算编制规定相同。

2.2 建筑、安装工程单价

主要建筑、安装工程单价编制方法与投资估算编制规定相同。

2.3 工程各部分匡算

主体工程一般采用设计工程量乘以工程单价的方式匡算投资。

其他工程可以根据建设内容和设计深度,采用相应方法匡算投资。

2.4 基本预备费、静态总投资

规划阶段基本预备费费率为18%~20%。投资匡算可以仅计算至静态总投资。

任务2 投资估算

投资估算是项目建议书和可行性研究报告的组成部分。

投资估算与设计概算的组成内容、项目划分和费用构成基本相同,但设计阶段和设计

深度决定了投资估算与设计概算规定的编制方法及计算标准有所不同。根据《水利水电工程项目建议书编制规程》(SL/T 617—2021)、《水利水电工程可行性研究报告编制规程》(SL/T 618—2021)等规范要求的勘测设计深度,结合工程项目具体情况,可以对初步设计概算编制规定的相关内容进行适当简化、合并或调整。

1 投资估算的作用

(1)项目建议书阶段的投资估算,是项目主管部门审批项目建议书的依据之一,并对项目的规划、规模起参考作用。

(2)项目可行性研究阶段的投资估算,是项目投资决策的重要依据,也是分析、计算项目投资经济效果的重要条件。

(3)项目投资估算对工程设计概算起控制作用,设计概算不得突破投资估算额,应控制在投资估算额以内。

(4)项目投资估算可作为项目资金筹措及制订建设贷款计划的依据。

(5)项目投资估算是核算建设项目固定资产投资需要额和编制固定资产投资计划的重要依据。

2 投资估算文件组成内容

投资估算文件包括项目建议书、可行性研究报告估算相关内容、投资估算专题报告。

可行性研究报告估算相关内容指可行性研究报告综合说明和投资估算(章节),以及可行性研究报告简本的投资估算。

投资估算专题报告包括投资估算正件和投资估算附件,是可行性研究报告的附件。投资估算正件、投资估算附件应当分别成册,并应当随可行性研究报告报审。

项目建议书投资估算参照可行性研究报告的相关要求。

2.1 可行性研究报告估算相关内容

2.1.1 可行性研究报告综合说明

(1)简述估算的主要编制原则、依据、价格水平等。

(2)说明工程静态总投资和总投资,工程部分投资、建设征地移民补偿投资、环境保护工程投资、水土保持工程投资,价差预备费,建设期融资利息等。

2.1.2 可行性研究报告投资估算

2.1.2.1 编制说明

说明内容与专题报告一致。

2.1.2.2 投资对比分析说明

说明内容与专题报告一致。

2.1.2.3 工程估算表

(1)工程估算总表。

表格内容与专题报告一致。

(2)工程部分估算表。

附工程部分估算的主要表格,包括:

①工程部分总估算表;

②建筑工程估算表;

③机电设备及安装工程估算表;

④金属结构设备及安装工程估算表;

⑤输水管线设备及安装工程估算表(供水、灌溉、其他调水工程附该表);

⑥施工临时工程估算表;

⑦独立费用估算表。

2.1.2.4 可行性研究报告简本

(1)说明价格水平,工程静态总投资和总投资,工程部分投资、建设征地移民补偿投资、环境保护工程投资、水土保持工程投资,价差预备费,建设期融资利息等。

(2)附工程估算总表。

2.2 投资估算正件组成内容

2.2.1 编制说明

2.2.1.1 工程概况

说明工程建设条件、工程任务与规模、工程总布置、主要建设内容、主要工程量、主要材料用量、施工总工期、建设征地数量及移民安置人口指标等。

2.2.1.2 投资主要指标

说明工程静态总投资和总投资,工程部分、建设征地移民补偿、环境保护工程、水土保持工程四部分静态投资,价差预备费,建设期融资利息等。

说明分类工程投资,如水源工程投资、供水工程投资、灌溉工程投资等。

2.2.1.3 编制原则和依据

说明估算编制采用的编制规定、定额、价格水平,确定的工程类别。

2.2.1.4 基础单价编制

说明人工,主要材料,施工用电、风、水,砂石料,混凝土材料,台时费等基础单价的计算依据、方法、成果。

2.2.1.5 工程单价编制

说明建筑、安装工程单价的计算依据、编制方法、费用标准,定额调整及补充定额情况。

2.2.1.6 工程各部分估算编制

(1)说明建筑工程、临时工程估算编制方法、费用标准,房屋、交通、供电、数字孪生等主要造价指标采用依据和分析说明。

(2)说明设备及安装工程估算编制方法、费用标准,主要造价指标采用依据和分析说明,主要设备价格计算依据、方法、成果。

(3)说明独立费用编制方法、费用标准。

2.2.1.7 总估算编制

(1)说明基本预备费、价差预备费、建设期融资利息编制方法、费用标准。

(2)说明分年度投资、资金流量编制方法。

2.2.1.8 其他说明

估算编制中需要说明的有关问题。

2.2.2 投资对比分析说明

2.2.2.1 主要技术经济指标分析说明

说明主要技术经济指标分析情况，附技术经济指标表。

2.2.2.2 投资变化原因分析说明

说明可行性研究报告阶段较项目建议书阶段投资变化原因分析情况，附投资变化原因说明附表，包括：

(1)总投资对比表。

(2)主要工程量(或实物量)对比表。

(3)主要材料和设备价格对比表。

(4)其他相关表格。

2.2.3 投资估算正件表格

2.2.3.1 工程估算总表

工程估算总表应当汇总工程部分、建设征地移民补偿、环境保护工程、水土保持工程总估算表。

2.2.3.2 工程部分估算表

(1)工程部分总估算表。

(2)建筑工程估算表。

(3)机电设备及安装工程估算表。

(4)金属结构设备及安装工程估算表。

(5)输水管线设备及安装工程估算表(供水、灌溉、其他调水工程附该表)。

(6)施工临时工程估算表。

(7)独立费用估算表。

(8)分年度投资表。

(9)资金流量表(枢纽工程附该表)。

2.2.3.3 估算附表

(1)建筑工程单价汇总表。

(2)安装工程单价汇总表。

(3)主要材料预算价格汇总表。

(4)次要材料预算价格汇总表。

(5)施工机械台时费汇总表。

(6)主要工程量汇总表。

(7)主要材料量汇总表。

(8)工时数量汇总表。

2.3 投资估算附件组成内容

参照概算附件组成内容。

2.4　估算表格格式

参照概算表格格式。

3　投资估算编制方法及计算标准

3.1　基础单价

基础单价编制方法与设计概算相同。

3.2　建筑、安装工程单价

主要建筑、安装工程单价编制方法与设计概算相同,采用概算定额编制,考虑设计工作深度和精度对工程单价的影响,工程单价应当乘以扩大系数。扩大系数见表7-1。

表7-1　建筑、安装工程单价扩大系数表

序号	工程类别	单价扩大系数(%)
一	建筑工程	
1	土方工程	10
2	石方工程	10
3	砌筑工程	10
4	混凝土浇筑工程	10
5	模板工程	5
6	钢筋工程	5
7	砂石备料工程	0
8	钻孔灌浆工程	10
9	锚固工程	10
10	掘进机施工隧洞工程	10
11	疏浚工程	10
12	其他工程	10
二	安装工程	
1	设备安装工程	10
2	管道安装工程	5

3.3　工程各部分估算编制

3.3.1　建筑工程

(1)主体建筑工程、交通工程、房屋建筑工程、供电设施工程、数字孪生设施工程编制方法与设计概算基本相同。

安全监测设施工程应当根据安全监测设计,按设计工程量乘以单价计算投资。若设计深度不满足计算需求,可以根据工程类别估算投资。估算方法为:以主体建筑工程投资为计算基数,按费率计算投资。费率标准如下:

枢纽工程(当地材料坝) 0.9%~1.1%
枢纽工程(混凝土坝、水闸、泵站) 1.1%~1.3%
引水及河道工程(建筑物) 1.1%~1.3%
引水及河道工程(堤防、渠道、管线) 0.2%~0.3%

(2)其他建筑工程。根据工程项目组成内容逐项分析计算其他建筑工程投资。若设计深度不满足计算需求,可以根据工程具体情况和规模,按主体建筑工程投资的3%~5%计算其他建筑工程投资。

3.3.2 机电设备及安装工程

3.3.2.1 主要机电设备及安装工程

根据工程项目组成内容,按设计工程量乘以单价逐项分析计算机电设备及安装工程估算投资。其中交通工具购置费,原则上根据设计确定的交通工具数量乘以单价计算投资。若设计深度不满足计算需求,可以根据表7-2的费率标准,以第一部分建筑工程投资为计算基数,按超额累进方法计算。该计算方法也可以简化,简化计算公式为:第一部分建筑工程投资×该档费率+辅助参数。田间工程不计交通工具购置费。

表7-2 交通工具购置费费率表

第一部分建筑工程投资(万元)	费率(%)	辅助参数(万元)
≤10 000	0.5	0
10 000~50 000	0.25	25
50 000~100 000	0.10	100
100 000~200 000	0.06	140
200 000~500 000	0.04	180
>500 000	0.02	280

3.3.2.2 其他机电设备及安装工程

若设计深度不满足逐项计算项目组成的机电设备及安装工程估算投资,可以计列其他机电设备及安装工程估算投资。其他机电设备可以根据主要机电设备费采用费率法计算投资,也可以根据装机规模采用造价指标计算投资。

3.3.3 金属结构设备及安装工程

编制方法与设计概算基本相同。

3.3.4 输水管线设备及安装工程

编制方法与设计概算基本相同。

3.3.5 施工临时工程

编制方法、计算标准与设计概算相同。

3.3.6 独立费用

(1)勘测设计费。

项目建议书、可行性研究报告阶段,勘测费参照《国家发展改革委、建设部关于印发〈水利、水电、电力建设项目前期工作工程勘察收费暂行规定〉的通知》(发改价格〔2006〕

1352号)计算。设计费包括工程方案编制费和报告编制费,其中,工程方案编制费按照发改价格〔2006〕1352号文规定的勘察收费基准价的30%~40%计算,报告编制费参照《国家计委关于印发〈建设项目前期工作咨询收费暂行规定〉的通知》(计价格〔1999〕1283号)计算。

应当根据所完成的勘测设计工作阶段确定相应阶段的工程勘测设计费,未发生的工作阶段不计相关费用。符合《国家发展改革委关于精简重大水利建设项目审批程序的通知》(发改农经〔2015〕1860号)要求不再编制项目建议书、直接编制可行性研究报告、前期工作需要深化开发任务和规模等论证工作的相关建设项目,较发改价格〔2006〕1352号文规定的原可研阶段增加的工作费用,经论证说明后计入可行性研究报告阶段勘测设计费。

初步设计、招标设计及施工图设计阶段勘测设计费的编制方法、计算标准与设计概算编制规定相同。

勘测设计费分析论证要求与设计概算相同,分析论证过程应当形成计算书并汇入估算文件。

(2)其他独立费用的编制方法、计算标准与设计概算相同。

3.4　分年度投资及资金流量

投资估算可以仅计算分年度投资,不计算资金流量。

3.5　总估算编制

项目建议书阶段基本预备费费率为15%~18%,可行性研究报告阶段基本预备费费率为10%~12%。技术复杂、建设难度大的工程取大值,其他工程取中值或小值。

价差预备费、建设期融资利息、静态总投资、总投资编制方法与设计概算相同。

3.6　投资对比分析

3.6.1　主要技术经济指标分析

根据工程分类,按照枢纽、引水、河道工程特征分别确定相应指标内容并进行分析,计算总体技术经济指标、单项技术经济指标,汇入技术经济指标表。

与同类工程总体技术经济指标进行对比,结合工程建设内容和项目特点,分析说明工程项目投资的差异性、合理性。

3.6.2　投资变化原因分析

可行性研究报告阶段,应当从价格变动、政策调整、工程项目和工程量及征地移民实物量等设计变化三个方面进行详细分析,说明可行性研究报告阶段较项目建议书阶段投资变化情况和主要原因。

任务3　施工图预算、施工预算

1　施工图预算

施工图预算,是指设计单位在施工图设计阶段,在批准的概算范围内,按照国家及地方的有关规定,根据施工图纸计算的工程量、施工组织设计、预算定额等编制的反映单位工程或单项工程建设费用的工程造价文件。

1.1 施工图预算的作用

（1）确定单位工程造价的依据。施工图预算是根据施工设计图纸、预算定额、取费标准等分别计算的各个建筑安装工程的预算造价，比起控制造价作用的设计概算更为具体和详细，可以起确定造价的作用。

（2）招标投标、签订工程承包合同、办理工程价款结算的依据。凡是承发包工程，建设单位与施工企业都必须以经审查后的施工图预算为依据签订施工合同。对于不进行招标投标的特殊或紧急工程项目，因预算确定的投资较概算准确，常采用预算包干。工程结算按照规定程序，以经过工程量增减、价差调整后的预算为依据。

（3）施工企业内部进行经济核算和考核工程成本的依据。施工图预算确定的工程造价与其实际成本的差额即为施工利润，是施工企业利润总额的主要组成部分。施工企业为了生存和发展，必须加强经济核算，提高经营管理水平，以降低成本，取得较好的利润。

（4）进一步考核设计经济合理性的依据，编制固定资产的依据。施工图预算因其更详尽和切合实际，可以进一步考核设计方案的技术先进性和经济合理性。

1.2 施工图预算的编制方法

施工图预算的项目划分、编制程序、费用构成、计算方法等与设计概算基本相同。施工图预算发生在施工图设计阶段，建筑物的细部结构、尺寸，设备及装置性材料的型号、规格都已明确，因此施工图预算比设计概算要精细。两者编制方法的不同如下。

1.2.1 主体工程

施工图预算与设计概算都采用工程量乘以工程单价的方法计算主体工程投资，但深度不同。

设计概算根据概算定额和初步设计工程量编制，其三级项目经综合扩大，概括性强。施工图预算根据预算定额和施工图设计工程量编制，其三级项目较为详细。

1.2.2 非主体工程

设计概算中的非主体工程以及主体工程中的细部结构采用综合指标或百分率乘以二级项目工程量的方法估算投资。施工图预算均要求按三级项目乘工程单价的方法计算。

1.3 施工图预算与设计概算的主要区别

设计概算于初步设计阶段一次完成，完整地反映整个建设项目所需的投资，即从工程筹建开始到全部竣工验收交付使用为止所需的一切费用。施工图设计工作量大，历时长，大多以满足施工为前提陆续出图，故施工图预算通常以单项工程为单位陆续编制，各单项工程单独成册，最后汇总成总预算。

2 施工预算

施工预算是施工企业在施工图预算（或合同价）的控制下根据施工图纸、施工组织设计、企业定额、施工现场条件等资料，计算编制的单位工程（或分部分项工程）所需的人工、材料、施工机械台班（时）等资源消耗量和相应费用的文件。施工预算是施工企业的内部预算。

2.1　施工预算的作用

(1)编制施工作业计划的依据。施工作业计划是施工企业计划管理的基础和具体化。编制施工作业计划,必须依据施工预算中单位工程或分部分项工程的工程量、构配件、劳动力等进行。

(2)施工单位向施工班组签发施工任务单和限额领料单的依据。施工任务单是施工作业计划落实到班组的计划文件,是记录班组完成情况和结算班组工人工资的凭证。施工任务单的内容分为两部分,一部分是下达给班组的工程任务;另一部分是实际任务完成的情况记载和工资结算。施工任务单中的主要工程量、工日消耗量、材料品种和数量均来自施工预算。限额领料单是随施工任务单同时签发的领取材料的凭证,是根据施工任务和施工的材料定额填写的。

(3)计算超额奖和计算计件工资、实行按劳分配的依据。施工预算所确定的人工、材料、机械使用量与工程量的关系是衡量工人劳动成果、计算应得报酬的依据,它把工人的劳动成果与劳动报酬联系起来,很好地体现了社会主义多劳多得、按劳分配的原则。

(4)施工企业进行经济活动分析的依据。经济活动分析主要是应用施工预算的人工、材料和机械台时数量等与实际消耗量对比,同时与施工图预算的人工、材料、机械台时数量进行对比,分析超支、节约的原因,改进操作和管理手段,有效控制施工中的消耗,节约开支。

2.2　施工预算的编制依据

(1)施工图纸。施工图纸和说明书必须是经过建设单位、设计单位和施工单位会审通过的,不能采用未经会审的图纸。

(2)施工定额及补充定额。施工定额是编制施工预算的基础。施工定额包括全国建筑及安装工程统一劳动定额和各部、各地区颁发的专业施工定额。在缺乏施工定额作为依据的情况下,可按有关规定自行编排补充定额。

(3)施工组织设计或施工方案。施工单位编制的详细施工组织设计,其中施工方法、施工进度及所需的人工、材料和施工机械,是编制施工预算的基础。例如土方开挖,应根据施工图纸,结合具体的工程条件,确定其边坡系数、开挖采用人工还是机械、运土的工具和运距等。

(4)有关的手册、资料等,如建筑材料手册,人工、材料、机械台时费用标准等。

2.3　施工预算的编制步骤和方法

施工预算的编制内容包括:分层、分部位、分项工程的工程量指标;分层、分部位、分项工程所需人工、材料、机械台时消耗量指标;按人工工种、材料种类、机械类型分别计算的消耗总量;人工、材料和机械台时的消耗总量分别计算的人工费、材料费和机械使用费,以及按分项工程和单位工程计算的直接费。

2.3.1　施工预算的编制步骤

2.3.1.1　准备工作

收集并熟悉施工图纸、施工定额等基础资料,熟悉施工组织设计和施工现场情况。

2.3.1.2　列出工程项目并计算工程量

列项和工程量的计算是编制施工预算的基本工作,应认真、细致、准确。施工预算的工程项目,是根据已会审的施工图纸和施工方案规定的施工方法,按施工定额项目划分和项目顺序排列的。工程量的计算在复核施工图预算工程量的基础上进行,可直接利用施工图预算工程量的,就不必再算。工程量计算完毕核对无误后,根据施工定额的内容和要求,按工程项目的划分逐项汇总。

2.3.1.3　套用施工定额进行工料分析和汇总

套用施工定额的人工、材料、机械台时消耗指标,逐项计算各分项工程所需人工、材料、机械台时消耗量。分项工程的名称、规格、计量单位必须与施工定额所列的内容一致,套用的施工定额必须与施工图纸的内容一致。将同类项目的工料相加汇总,成为完整的工料汇总表。

2.3.1.4　"两算"对比分析

将施工预算和施工图预算中的人工、材料、机械台时的数量或费用以表格形式进行对比。

2.3.1.5　编写编制说明

编制说明包括:编制依据,即施工图纸名称及编号、施工定额、施工组织设计或施工方案;遗留问题或暂估项目的原因、存在的问题及处理的方法等。

2.3.2　施工预算的编制方法

编制施工预算的方法有实物法和实物金额法。

(1)实物法。根据施工图纸和施工定额,结合施工组织设计或施工方案所确定的施工技术措施,计算出工程量后,套用施工定额,分析汇总人工、材料、机械台时数量,但不进行计价,通过实物消耗数量来反映其经济效果。

(2)实物金额法。通过实物数量来计算人工费、材料费、机械使用费的一种方法。是根据实物法算出的人工、材料、机械台时消耗量,分别乘以人工、材料、机械台时费单价,求出人工费、材料费、机械使用费,以各项费用的多少来反映其经济效果。

两种编制方法的主要区别在于计价方法的不同。实物法只计算实物消耗量,运用实物消耗量可向施工班组签发施工任务单和限额领料单;实物金额法是先分析、汇总人工和材料等实物消耗量,再进行计价。

3　施工图预算和施工预算的对比

施工图预算和施工预算的对比是施工企业加强经营管理的手段。通过对比分析,找出节约、超支的原因,寻找解决措施,预防人工、材料和机械使用费的超支,避免发生计划成本亏损。对比方法主要有实物对比法和实物金额对比法。

3.1　实物对比法

将施工预算和施工图预算计算出的人工、材料消耗量,分别填入"两算"对比表进行对比分析,算出节约或超支的数量及百分数,并分析其原因。

3.2　实物金额对比法

将施工预算和施工图预算计算出的人工费、材料费、机械使用费分别填入"两算"对比表进行对比分析,算出节约或超支的金额及百分数,并分析其原因。

由于施工图预算与施工预算所采用定额的定额水平不一样,施工预算的人工、材料、机械使用量及相应费用一般应低于施工图预算。如果出现相反情况,要调查分析原因,必要时需改变施工方案。

施工图预算和施工预算的区别见表7-3。

表7-3　施工预算和施工图预算的区别

序号	区别项目	施工图预算	施工预算
1	编制时间	施工图设计阶段	施工阶段
2	依据的定额	预算定额	施工定额
3	用途	计算工程造价	内部管理
4	编制单位	设计单位	施工单位
5	投资额	低于设计概算,高于施工预算	低于施工图预算
6	预备费	基本预备费费率3%~5%	不列预备费或按合同列部分预备费

任务4　竣工结算、竣工决算

工程竣工后,施工企业要按照双方签订的工程合同,根据现场施工记录和设计变更通知书,在原定合同预算的基础上编制竣工结算书,向建设单位结算工程价款。建设单位应组织编写竣工决算报告,反映基本建设实际投资额及投资效果。

1　竣工结算

竣工结算是指施工企业按照合同规定的内容全部完成所承包的工程,经验收合格并符合合同要求后,向建设单位进行的最终工程款的结算。通常通过编制竣工结算书来办理。单位工程或工程项目竣工验收后,施工企业应及时整理有关技术资料,绘制主要工程竣工图,编制竣工结算书,经监理工程师、建设单位审查鉴证后,向建设单位办理竣工结算。

1.1　竣工结算资料

(1)施工单位和建设单位签订的工程合同或协议书。

(2)工程竣工报告及工程竣工验收单。

(3)施工图纸、设计变更通知书、现场变更签证及现场记录。

(4)工程量清单报价、预算定额、材料价格、基础单价及其他费用标准。

(5)其他有关资料。

1.2　竣工结算的编制

(1)以单位工程为基础,根据现场施工情况,对施工图预算(或工程量清单)的主要项目进行检查和核对。主要核对以下三个方面:

①工程量。施工图预算(或工程量清单)所列工程量与实际完成工程量不符时应做调整。包括设计修改和增漏项而需要增减的工程量,应根据设计变更通知单进行调整;现场工程更改(例如基础开挖遇到地下障碍物、施工方法发生变更等),应根据现场记录按合同规定调整;施工图预算(或工程量清单)发生的某些错误应做调整。

②材料的预算价格。材料预算价格与实际价格不符时应做调整。包括因材料供应或其他原因发生材料短缺时,需以大代小,以高代低的,这部分代用材料应根据材料代用通知单计算材料代用价差进行调整;材料价格发生较大变动而与预算价格不符时,应根据有关规定,对允许调整的进行调整。

③间接费和其他费用。间接费和其他费用应根据工程量的变化做相应调整。由于管理不善或其他原因,造成窝工、浪费等发生的费用,根据有关规定,应由承担责任的一方负担,一般不由工程费开支。

(2)对单位工程查对核实后,编制单位工程竣工结算。结算价款的一般公式为

$$\text{竣工结算工程价款}=\text{预算或合同价款}+\text{施工过程中预算或合同价款调整数额}-\text{预付款及已结算工程价款} \tag{7-1}$$

(3)对各单位工程进行汇总,编制单项工程竣工结算书。

(4)将各单项工程竣工结算书汇编成整个工程项目的竣工结算书。

2 竣工决算

竣工决算是指在工程竣工验收交付使用阶段,由建设单位编制的建设项目从筹建到竣工验收、交付使用全过程中实际支付的全部建设费用。竣工决算是整个建设工程的最终价格,是建设单位财务部门汇总固定资产的主要依据。通过竣工决算,一方面能够正确反映建设工程的实际造价和投资结果;另一方面可以通过竣工决算与概算、预算的对比分析,考核投资控制的工作成效,总结经验教训,积累技术经济资料,提高未来建设工程的投资效益。

2.1 竣工决算的编制依据

(1)项目主管部门批准的设计文件、工程概(预)算和修正概算。

(2)上级计划部门下达的历年基本建设投资计划。

(3)上级财政主管部门批准的历年年度基本建设财务决算报告。

(4)工程勘测、设计、施工、材料设备供应等合同(协议)及有关文件和投资包干协议及有关文件。

(5)历年财务、物资、工资、统计有关文件。

(6)工程质量检验、鉴定有关文件资料。

(7)与竣工决算有关的一切文件资料。

2.2 竣工决算的编制内容

竣工决算的内容是从工程筹建开始到竣工投产交付使用为止的全部实际支出费用。在正式编制竣工决算报告前,应对建设项目所有财产和投资进行逐项清仓盘点,核实账物。

竣工决算报告由以下几部分组成:

(1)竣工决算报告的封面及目录。

(2)竣工工程的平面示意图及主体工程照片。

(3)竣工决算报告说明书。

竣工决算报告说明书是反映竣工工程建设成果、全面考核分析工程投资与造价的书

面文件,是竣工决算报告的重要组成部分,其主要内容包括:

①工程概况。包括工程一般情况,如建设工程设计效益、主体建筑物特征及主要设备特性、工程质量等。

②对工程总的评价。从工程的进度、质量、安全、造价等几方面进行评价。进度方面,说明具体的开竣工时间,对照合理工期,给出提前还是延期的分析结论。质量方面,说明工程质量验收评定等级、合格率和优良率。安全方面,说明整个建设期间有无人员伤亡和设备事故出现。造价方面,通过竣工决算,确定最终工程造价。

③概(预)算与工程计划执行情况。包括概(预)算批复及调整情况、概(预)算执行情况、工程计划执行情况,主要实物工程量完成、变动情况及原因。

④投资来源。包括投资主体、投资性质及投资构成分析。

⑤投资使用和基建支出情况。

⑥工程效益。包括因工程建设发生的直接效益和可预见的间接效益。

⑦投资包干和招标投标的执行情况及分析。

⑧包干结余资金分配情况。

⑨工程费用分配情况和投资分摊情况。

⑩交付使用财产情况。

⑪财务管理情况。

⑫移民及库区淹没处理情况。

⑬存在的主要问题及处理意见。

⑭其他有关说明。如工程建设的经验教训及有待解决的问题。

(4)竣工决算报表。

采用国家统一规定格式,水利工程项目的竣工决算报表分为以下四个部分:

①竣工工程概况表。主要反映建设项目新增生产能力、建设时间、完成的主要工程量、主要材料消耗、主要技术经济指标、建设投资及造价、工程质量鉴定等。根据水利工程的不同类型,有水库、水闸渠道、机电排灌站、河道治理等十类竣工工程概况表。

②竣工工程决算表。反映竣工建设项目的投资、造价及移交生产单位财产总值,可考核概算的执行情况。

③移交资产、投资及转出工程明细表。反映建设项目竣工后,交付使用固定资产和流动资产的详细内容和价值,使用单位据此表建立财产明细表。

④竣工工程财务决算表。主要反映建设项目的资金来源和运作、投资支出、结余资金及临建回收等综合财务状况。

2.3 竣工决算的编制步骤

(1)收集、整理和分析原始资料。从工程开始就按编制依据的要求,收集、清点、整理所有的技术资料、工程结算的经济文件、施工图纸和各种变更与签证资料,并分析它们的准确性。完整、齐全的资料,是准确高效编制竣工决算的必要条件。

(2)清理各项财务、债务和结余物资。注意建设工程从筹建到竣工投产或使用的全部费用的各项账务,债权和债务的清理,做到工程完毕账目清晰,既要核对账目,又要查点库存实物的数量,做到账物相等,账账相符。对各种结余设备、材料、工(器)具等要逐项清点核实并填列清单,妥善保管,或按照国家有关规定处理,不准任意侵占和挪用。对各种往来款项要及时进行全面清理,为编制竣工决算提供准确的数据和结果。

(3)核实工程变动情况。将竣工资料与原设计图纸进行查对、核实,必要时可实地测量,确认实际变更情况;根据经审定的施工单位的竣工结算等原始资料,按照有关规定对原概(预)算进行增减调整,重新核定工程造价。

(4)编制竣工决算说明书。按照竣工决算说明书的内容要求,根据编制依据材料填写在报表中的结果,编写文字说明,力求内容全面、简明扼要、文字流畅、说明问题。

(5)填写竣工决算报表。按照竣工决算报表的内容要求,根据编制依据中的有关资料进行统计或计算各个项目和数量,并将其结果填到相应表格的栏目内,完成所有报表的填写。

(6)做好工程造价对比分析。

(7)整理、装订好竣工图。

(8)按国家规定上报审批存档。上述说明书和报表核对无误后,装订成册,即为竣工决算文件。将其上报主管部门审查,并把其中财务成本部分送交开户银行签证。竣工决算文件,由建设单位负责组织人员编写,在竣工建设项目办理验收使用一个月之内完成。

3 竣工结算和竣工决算的区别

(1)范围不同。竣工结算的范围是承建工程项目,是基本建设项目的局部,而竣工决算的范围是基本建设项目的整体。

(2)成本内容不同。竣工结算确定是工程施工阶段的工程价款,如建筑及安装工程费,而竣工决算不仅包括工程施工阶段的投资完成额,还包括工程前期费用和后续费用,如可行性研究费、勘测设计费、建设期融资利息等。所以,竣工结算是竣工决算的组成部分。

(3)编制单位不同。竣工结算由施工单位编制,竣工决算由建设单位负责组织人员编制。

(4)时间不同。竣工结算是竣工决算的编制基础,只有竣工结算完成后才能办理竣工决算。

(5)作用不同。竣工结算是施工单位向建设单位收取的工程价款,反映的是工程项目建设阶段性的工作成果。竣工决算反映的是综合、全面、完整的工程项目建设的最终成果。

知识技能小结

投资匡算是工程规划报告的组成部分。投资估算是项目建议书和可行性研究报告的组成部分。投资匡算、投资估算与设计概算的组成内容、项目划分和费用构成基本相同。

投资估算采用概算定额编制建筑安装工程单价时,应乘以扩大系数;编制投资估算比设计概算所留余地要大;投资估算对次要工程采用简化方法计算。

施工图预算,是指设计单位在施工图设计阶段,在批准的概算范围内,按照国家及地方的有关规定,根据施工图纸计算的工程量、施工组织设计、预算定额等编制的反映单位工程或单项工程建设费用的工程造价文件。施工图预算的项目划分、编制程序、费用构成、计算方法等与设计概算基本相同,但施工图预算比设计概算要精细。

施工预算是施工企业在施工图预算(或合同价)的控制下根据施工图纸、施工组织设计、企业定额、施工现场条件等资料,计算编制的单位工程(或分部分项工程)所需的人工、材料、施工机械台班(时)等资源消耗量和相应费用的文件。编制施工预算的方法有实物法和实物金额法。

竣工结算是指施工企业按照合同规定的内容全部完成所承包的工程,经验收合格并符合合同要求后,向建设单位进行的最终工程款的结算。竣工决算是指在工程竣工验收交付使用阶段,由建设单位编制的建设项目从筹建到竣工验收、交付使用全过程中实际支付的全部建设费用。竣工结算和竣工决算的范围、编制单位等不同,竣工结算是竣工决算的编制基础。

本项目的学习重点在于理解各种“算”之间的区别和联系。

知识技能训练

码 7-1　项目 7 自测练习

思考题

1. 试述投资匡算、投资估算与设计概算编制的异同。
2. 试述施工图预算与施工预算的联系与区别。
3. 试述施工预算和施工图预算进行对比的目的。
4. 试述施工图预算与设计概算编制的区别。
5. 试述竣工结算与竣工决算的联系与区别。

项目 8 水利工程招标与投标

【学习目标】

1. 能够准确解释水利工程招标与投标的概念,熟练掌握招标与投标的基本制度及规定。

2. 能够正确表述水利工程施工招标投标程序。

3. 能够合理编制招标投标文件,能从事水利工程招标投标活动。

【思政目标】

培养学生坚持原则、实事求是的品质,树立公平公正意识,做到廉洁自律,自觉维护造价工程师的职业荣誉与尊严。

任务 1 认识招标投标

1 概念

工程招标是指招标人(业主或建设单位)为发包方,根据拟建工程的内容、工期、质量和投资额等技术经济要求,公开或非公开邀请具备资格和能力的投标人报出工程价格,从中择优选取承担可行性研究、勘察、设计、施工等任务的承包单位。

工程投标是指经招标人审查获得投标资格的投标人,按照招标条件和自己的能力,在规定的期限内向招标人填报投标书,并争取中标,达成协议的过程。

我国水利工程建设领域最早实行招标投标的项目,始于 1982 年 7 月开始的云南省鲁布革水电站引水系统工程。该工程是利用世界银行贷款项目,按照世界银行规定必须进行公开招标。原水电部委托中国技术进出口公司,采用了国际公开招标办法,日本的大成公司中标。中标合同价比标底价低了 43%,实际工期比合同规定工期提前了 122 d。至此,揭开了中国水电工程招标竞争的序幕。“鲁布革冲击波”对我国水电系统的投标竞争、合同管理产生了直接的影响。

1984 年我国工程建设项目推行招标投标制以来,对控制工期、保证工程质量、降低工程造价、提高经济效益、健全建筑市场竞争机制起到了重要的作用。40 多年来,国家先后颁布了一系列相关的法律、法规、条例,使招标投标有法可依、有规可循。相关文件如下:

(1)《中华人民共和国招标投标法》(自 2000 年 1 月 1 日起施行,2017 年修正);

(2)《水利工程建设项目招标投标管理规定》(自 2002 年 1 月 1 日起施行);

(3)《中华人民共和国标准施工招标资格预审文件》和《中华人民共和国标准施工招标文件》(2007 年发布,2013 年修正);

(4)《水利水电工程标准施工招标资格预审文件》和《水利水电工程标准施工招标文件》(2009 年 12 月 29 日印发,自 2010 年 2 月 1 日施行);

(5)《中华人民共和国招标投标法实施条例》(国务院令第613号,自2012年2月1日起施行,2017年、2018年、2019年修订);

(6)《招标公告和公示信息发布管理办法》(国家发展和改革委员会令第10号,自2018年1月1日起施行);

(7)《必须招标的工程项目规定》(国家发展和改革委员会令第16号,自2018年6月1日起施行);

(8)《水利部关于暂时调整实施〈水利工程建设项目招标投标管理规定〉有关条款的通知》(水建设〔2022〕346号,2002年9月6日发布)。

2　招标原则

根据《中华人民共和国招标投标法》规定:招标投标活动应遵循公开、公平、公正和诚实信用的原则。国家鼓励利用信息网络进行电子招标投标。

2.1　公开原则

公开原则要求招标投标活动具有很高的透明度,实行招标信息、招标程序公开,即发布招标公告、投标邀请书、公开开标、公开中标结果,使每一个投标人知悉招标的一切条件和要求,获得同等的信息。

2.2　公平原则

公平原则要求给予所有投标人平等的机会,使其享有同等的权利,并履行相应的义务,不歧视任何一方。该原则贯穿招标投标活动的始终。

2.3　公正原则

公正原则,要求评标时按事先公布的评标标准对待所有投标人。评标活动遵循公平、公正、科学、择优的原则,评标委员会应当按照招标文件确定的标准和方法,对投标文件进行评审和比较,从中推选合格的中标候选人;任何单位和个人不得非法干预、影响评标的过程和结果。

2.4　诚实信用原则

诚实信用是民事活动中的基本原则之一。在招标投标活动中遵守诚实信用原则,要求招标投标双方当事人应当以诚实、信用的态度行使权利、履行义务,不得有欺骗、背信的行为。

3　招标方式

根据《中华人民共和国招标投标法》规定,招标分为公开招标和邀请招标。

3.1　公开招标

公开招标,又称无限竞争性招标,是指招标人通过指定的报刊、网络或者其他媒体公开发布资格预审公告(或招标公告),邀请不特定的法人或其他组织参与投标。

采用公开招标方式的项目,招标人应当在国家发展和改革委员会指定的媒介发布招标公告,其中大型水利工程建设项目以及国家重点项目、中央项目、地方重点项目同时应当在《中国水利报》发布招标公告,公告在发布水利工程招标信息(招标公告或投标邀请书)时可同步发售资格预审文件(或招标文件)。招标人应当对招标公告的真实性负责。

招标公告不得限制潜在投标人的数量。

公开招标是参与竞争的投标人数量最多、最具竞争性的招标方式,能充分体现招标信息的公开性、招标程序的规范性、投标竞争的公平性。

公开招标具有以下特点:

(1)选择范围较大,招标人能够在众多的投标单位中选择报价较低、信誉较好的承包人。

(2)能够最大限度地为一切有能力的投标人提供平等的竞争机会。

(3)须按照事先公布的程序和标准公开进行,减小了作弊的可能。

(4)由于参与竞争的投标人较多,增加了资格预审和评标工作量,需投入较多的人力、物力和财力,且招标过程需要时间相对较长。

3.2 邀请招标

邀请招标,又称有限竞争性招标,是指招标人以投标邀请书的方式邀请特定法人或其他组织参与投标。采用邀请招标方式的,招标人应当向3个以上有投标资格的法人或其他组织发出投标邀请书。投标人少于3个的,招标人应当重新招标。

邀请招标具有以下特点:

(1)邀请招标针对性强,目标集中,可减少招标工作量,节省费用,缩短招标时间。

(2)被邀请的投标人的中标概率较高。

(3)竞争性差,招标人择优的余地较小,有可能找不到合适的承包商。

4 招标的组织形式

招标的组织形式包括自行招标和委托招标两种。

自行招标是指招标人自行组织的招标方式。

委托招标是指招标人委托招标代理机构代为其办理招标事宜的方式。招标代理机构是依法设立的、从事招标代理业务并提供相关服务的社会中介组织。

当招标人不具备自行招标的能力条件时,应当委托符合相应条件的招标代理机构办理招标事宜。招标人有权自行选择招标代理机构,委托其办理招标事宜。任何单位和个人不得以任何方式为招标人指定招标代理机构。

5 招标具体范围和规模标准

为了确定必须招标的工程项目、规范招标投标活动、提高工作效率、降低企业成本、预防腐败,根据《中华人民共和国招标投标法》第三条的规定,国家发展和改革委员会以第16号令公布了《必须招标的工程项目规定》(自2018年6月1日起施行),具体内容如下。

5.1 具体范围

(1)全部或者部分使用国有资金投资或者国家融资的项目包括:

①使用预算资金200万元人民币以上,并且该资金占投资额10%以上的项目;

②使用国有企业事业单位资金,并且该资金占控股或者主导地位的项目。

(2)使用国际组织或者外国政府贷款、援助资金的项目包括:

①使用世界银行、亚洲开发银行等国际组织贷款、援助资金的项目;

②使用外国政府及其机构贷款、援助资金的项目。

(3)不属于(1)、(2)规定情形的大型基础设施、公用事业等关系社会公共利益、公众安全的项目,必须招标的具体范围由国务院发展和改革部门会同国务院有关部门按照确有必要、严格限定的原则制定,报国务院批准。

5.2 规模标准

以上范围内的项目,其勘察、设计、施工、监理以及与工程建设有关的重要设备、材料等的采购达到下列标准之一的,必须招标:

(1)施工单项合同估算价在400万元人民币以上。

(2)重要设备、材料等货物的采购,单项合同估算价在200万元人民币以上。

(3)勘察、设计、监理等服务的采购,单项合同估算价在100万元人民币以上。

同一项目中可以合并进行的勘察、设计、施工、监理以及与工程建设有关的重要设备、材料等的采购,合同估算价合计达到前款规定标准的,必须招标。

6 施工招标应具备的条件

《水利工程建设项目招标投标管理规定》(水利部令第14号)第十六条及《水利部关于暂时调整实施〈水利工程建设项目招标投标管理规定〉有关条款的通知》(水建设〔2022〕346号)规定,水利工程建设项目招标中施工招标应当具备以下条件:

(1)初步设计已经批准。

(2)建设资金来源已落实,年度投资计划已经安排。

(3)具有能满足招标要求的设计文件,已与设计单位签订适应施工进度要求的图纸交付合同或协议。

(4)有关建设项目永久征地、临时征地和移民搬迁的实施、安置工作已经落实或已有明确安排。

7 无效标和废标

《水利工程建设项目招标投标管理规定》第四十五条规定:招标人对有下列情况之一的投标文件,可以拒绝或按无效标处理:

(1)投标文件密封不符合招标文件要求的。

(2)逾期送达的。

(3)投标人法定代表人或授权代表人未参加开标会议的。

(4)未按招标文件规定加盖单位公章和法定代表人(或其授权人)的签字(或印鉴)的。

(5)招标文件规定不得标明投标人名称,但投标文件上标明投标人名称或有任何可能透露投标人名称的标记的。

(6)未按招标文件要求编写或字迹模糊导致无法确认关键技术方案、关键工期、关键工程质量保证措施、投标价格的。

(7)未按规定交纳投标保证金的。

(8)超出招标文件规定,违反国家有关规定的。

(9)投标人提供虚假资料的。

任务2 水利工程施工招标

1 水利工程施工招标的程序

水利工程在进行招标投标时要按《水利工程建设项目招标投标管理规定》(水利部令第14号)及《水利部关于暂时调整实施〈水利工程建设项目招标投标管理规定〉有关条款的通知》(水建设〔2022〕346号)的相关规定程序进行,具体如下。

1.1 提交招标报告备案

招标前,按项目管理权限向水行政主管部门提交招标报告备案。报告具体内容应当包括:招标已具备的条件、招标方式、分标方案、招标计划安排、投标人资质(资格)条件、评标方法、评标委员会组建方案以及开标、评标的工作具体安排等。

1.2 编制招标文件

招标人成立招标工作小组,认真阅读相关文件,根据国家有关规定,结合项目特点和需要编制招标文件,并编制招标控制价(最高投标限价)。

1.3 发布招标信息(招标公告或投标邀请书)

招标人采用公开招标方式的应发布招标公告,招标人采用邀请招标方式的应发布投标邀请书。招标公告或者投标邀请书应当至少载明下列内容:招标人的名称和地址、招标项目的性质、数量、实施地点和时间,以及获取招标文件的办法等事项。

在正式媒介发布招标公告至发售资格预审文件(或招标文件)的时间间隔一般不少于10日,在发布水利工程招标信息(招标公告或投标邀请书)时可同步发售资格预审文件(或招标文件)。

根据《招标公告和公示信息发布管理办法》依法必须进行招标项目的招标公告和公示信息应当根据招标投标法律、法规,以及国家发展和改革委员会会同有关部门制定的标准文件编制,实现标准化、格式化;应当在"中国招标投标公共服务平台"或项目所在地省电子招标投标公共服务平台(简称"发布媒介")发布;省电子招标投标公共服务平台应当与"中国招标投标公共服务平台"对接,按规定同步交互招标公告和公示信息;发布媒介应当与相应的公共资源交易平台实现信息共享。

1.4 发售资格预审文件(资格预审)或发售招标文件

招标人应当对投标人进行资格审查,并提出资格审查报告,经参审人员签字后存档备查。在一个项目中,招标人应当以相同条件对所有潜在投标人的资格进行审查,不得以任何理由限制或者排斥部分潜在投标人。

资格审查可分为资格预审和资格后审。资格预审是指在投标前对潜在投标人的资质条件、业绩、信誉、技术资金等多方面进行资格审查,而资格后审是指在开标后对投标人进行的资格审查。资格预审和资格后审的内容与标准是相同的。若为资格预审,需要先完成以下程序:

(1)发售资格预审文件。

(2)按规定日期接受潜在投标人编制的资格预审文件。

(3)组织对潜在投标人资格预审文件进行审核。

(4)向资格预审合格的潜在投标人发售招标文件。

招标人应当按照资格预审公告、招标公告或者投标邀请书规定的时间、地点发售资格预审文件或者招标文件。资格预审文件或者招标文件的发售期不得少于 5 日。招标人发售资格预审文件、招标文件收取的费用应当限于补偿印刷、邮寄的成本支出,不得以营利为目的。

1.5　组织现场踏勘和投标预备会议

水利工程施工招标文件的投标人须知前附表规定组织踏勘现场的,招标人按照招标公告(或投标邀请书)规定的时间和地点统一组织购买招标文件的潜在投标人踏勘现场,投标人承担考察的一切费用和风险。

招标人按照招标文件规定的时间和地点统一组织召开投标预备会议。其目的是澄清并解答投标人在查阅招标文件和现场踏勘后提出的问题。在投标预备会上,招标人还应对图纸进行交底和解释,对招标文件中的重点、难点内容主动做出说明。

1.6　澄清函件

招标人接受投标人对招标文件有关问题要求澄清的函件后,再对问题进行澄清,并书面通知所有潜在投标人。《中华人民共和国招标投标法实施条例》第二十一条规定:招标人可以对已发出的资格预审文件或者招标文件进行必要的澄清或者修改。澄清或者修改的内容可能影响资格预审申请文件或者投标文件编制的,招标人应当在提交资格预审申请文件截止时间至少 3 日前,或者投标截止时间至少 15 日前,以书面形式通知所有获取资格预审文件或者招标文件的潜在投标人;不足 3 日或者 15 日的,招标人应当顺延提交资格预审申请文件或者投标文件的截止时间。

1.7　组织成立评标委员会

招标人负责组织成立评标委员会,并在中标结果确定前保密。

评标委员会负责评标活动,向招标人推荐中标候选人或者根据招标人的授权直接确定中标人。评标委员会由招标人的代表和有关技术、经济、合同管理等方面的专家组成,成员人数为 7 人以上单数,其中专家(不含招标人代表人数)不得少于成员总数的 2/3。评标委员会成员不得与投标人有利害关系。

1.8　接受投标文件

在规定时间和地点,接受符合招标文件要求的投标文件,在投标截止时间之前,投标人可以撤回已递交的投标文件或进行更正和补充,但应当符合招标文件的要求。投标人在递交投标文件的同时,应当递交投标保证金。依法必须进行招标的项目,自招标文件开始发出之日起至投标人提交投标文件截止之日止,最短不应当少于 20 日。

1.9　组织开标、评标会

开标是指当众检查、开启并公开投标文件的内容。招标人或招标代理机构在投标文件截止时间的同一时间和地点依法定程序启封所有投标人投标文件以揭晓其报价、标段等约定的其他内容。

开标一般由招标人或招标代理机构主持。开标会议应在投标人代表的可视范围内进行，并做好相关记录。开标应邀请所有投标人的法定代表人或其委托代理人准时参加，并通知有关监督机构代表到场监督，如需要也可邀请公证机构人员到场公证。投标人若未派人参加开标，则视为该投标人默认开标结果，事后不得对开标结果提出异议。

评标工作由招标人依法组建的评标委员会，按照招标文件中规定的评标方法、标准和程序进行。评标活动应遵循科学、公正、公平、择优的原则，招标人应当采取必要的措施，保证评标在严格保密的情况下进行。

《水利工程建设项目招标投标管理规定》（水利部第14号令）第三十五条规定：评标方法可采用综合评分法、综合最低评标价法、合理最低投标价法、综合评议法及两阶段评标法。

1.10 确定中标人

招标人可授权评标委员会直接确定中标人，也可根据评标委员会提出的书面评标报告和推荐的中标候选人顺序确定中标人。当招标人确定的中标人与评标委员会推荐的中标候选人顺序不一致时，应当有充足的理由，并按项目管理权限报水行政主管部门备案。

1.11 向水行政主管部门提交招标投标情况的书面总结报告

1.12 发中标通知书

确定中标人后，招标人应当在投标有效期内向中标人发出中标通知书，同时招标人应将中标结果以中标结果通知书的书面形式通知所有未中标的投标人。

1.13 订立书面合同

中标人收到中标通知书后，招标人、中标人双方应具体协商谈判签订合同事宜，形成合同草案。合同草案一般需要先报招标投标管理机构审查。对合同草案的审查，主要是看其是否按中标的条件和价格拟订。经审查后，招标人与中标人应当自中标通知书发出之日起30日内，按照招标文件和中标人的投标文件正式签订书面合同。招标人与中标人签订合同后5个工作日内，应当退还投标保证金。

2 水利工程施工招标文件

招标文件是由招标人编制并向投标人发出的用于工程招标的实施性文件，它是投标人编制投标文件、参加投标和评标委员会评标的依据，对招标、投标双方均具有法律约束力。

招标文件的编制是一件十分细致、复杂而又重要的工作，直接影响到施工招标的质量和结果。所以，编制招标文件必须做到系统、严谨、完整、准确、明了。

2.1 招标文件的组成

根据《水利水电工程标准施工招标文件》（2009年版）的规定，招标文件由四部分组成，具体如下：

第一卷

第一章　招标公告（适用于未进行资格预审）/投标邀请书（适用于邀请招标）/投标邀请书（代资格预审通过通知书）

第二章　投标人须知

第三章　评标办法

第四章　合同条款及格式

第五章　工程量清单

第二卷

第六章　图纸

第三卷

第七章　技术标准和要求

第四卷

第八章　投标文件格式

招标人对招标文件所做的澄清、修改构成招标文件的组成部分。当招标文件、招标文件的澄清或修改等在同一内容上的表述不一致时,以最后发出的书面文件为准。

2.2　招标文件的内容

2.2.1　招标公告或投标邀请书

招标公告或投标邀请书包括以下内容:

(1)招标条件。

(2)项目概况与招标范围。

(3)投标人资格要求。

(4)招标文件的获取:包括时间、地点、售价。

(5)投标文件的递交:包括时间、地点和截止要求。

(6)公布公告的媒介。

(7)联系方式。

2.2.2　投标人须知

投标人须知是投标人参加投标所必须知晓和遵循的事项、条件和要求,包括招标投标的程序规则、对投标的要求及注意事项等内容。

投标人须知包括三部分内容:投标人须知前附表、投标人须知正文和附表格式。

2.2.2.1　投标人须知前附表

投标人须知前附表的作用是进一步明确投标人须知正文中的未尽事宜,对正文中要求在前附表中明确的内容给予具体约定。

2.2.2.2　投标人须知正文

(1)总则。包括项目概况,资金来源和资金落实情况,招标范围、计划工期和质量要求,投标人资格要求,费用承担,保密,语言文字,计量单位,踏勘现场,投标预备会,分包,偏离等。

(2)招标文件。包括招标文件的组成、澄清和修改等内容。

(3)投标文件。包括投标文件的组成、投标报价、投标有效期、投标保证金、资格审查资料、备选投标方案、投标文件的编制等。

(4)投标。包括投标文件的密封和标识、投标文件的递交、投标文件的修改与撤回等。

(5)开标。包括开标时间和地点、开标程序等。

(6)评标。包括评标委员会、评标原则、评标过程等。

(7)合同授予。包括定标方式、中标通知书、履约担保、签订合同等。

(8)重新招标和不再招标。

(9)纪律和监督。包括对招标人的纪律要求、对投标人的纪律要求、对评标委员会成员的纪律要求、对与评标活动有关的工作人员的纪律要求和投诉等。

(10)需要补充的其他内容。

2.2.2.3 附表格式

附表格式规定了招标活动中需要使用的表格文件的格式,包括开标记录表、问题澄清通知、问题的澄清、中标通知书、中标结果通知书、确认通知等表格格式。

2.2.3 评标办法

评标办法包括两部分,即前附表和正文,具体内容主要包括评标的方法、评审因素、评标程序等。

(1)评标办法前附表。

(2)评标办法正文。包括内容:①评标方法。②评审标准。评审标准包括初步评审标准、分值构成与评分标准。③评审程序。评审程序包括初步评审、详细评审、投标文件的澄清和修改、评标结果。

2.2.4 合同条款

合同条款包括通用合同条款、专用合同条款和合同附件格式。

2.2.4.1 通用合同条款

通用合同条款是适用于所有工程项目的标准化合同条款。通用合同条款内容包括一般约定、发包人义务、监理人、承包人、材料和工程设备、施工设备和临时设施、交通运输、测量放线、施工安全、治安保卫和环境保护、进度计划、开工和竣工、暂停施工、工程质量、试验和检验、变更、价格调整、计量与支付、竣工验收、缺陷责任与保修责任、保险、不可抗力、违约、索赔、争议的解决。

2.2.4.2 专用合同条款

专用合同条款根据项目的具体技术经济特点,结合工程管理和建设目标的需要,在编制招标文件时拟定。它和通用合同条款一起共同形成合同条款整体。专用合同条款的作用是将通用条款加以具体化,并对其进行修改、补充和删除。当通用条款与专用条款矛盾时,以专用条款为准。

2.2.4.3 合同附件格式

合同附件格式包括合同协议书、履约担保和预付款担保函格式。

2.2.5 图纸

在施工图设计完成之后进行招标时,是以详细的施工图设计文件作为招标图纸的。如果招标时还未完成施工图设计,就只能在初步设计文件或部分施工图设计文件的基础上整理出一份招标用图纸,图纸的详细程度和设计深度以满足施工招标投标的要求为准。如果招标人后来还陆续向投标人提供新的图纸或对招标图纸进行修改,那么在招标文件中,除提供招标图纸外,还应列明图纸目录。

2.2.6 技术规范

技术规范是招标文件和合同文件中的一个非常重要的组成部分,是施工过程中承包人控制质量和监理工程师检查验收施工质量的主要依据,是投标人投标时必不可少的资料。因此,技术规范的拟定,既要符合国家颁布的规范要求,保证工程的施工质量,又不能认为技术要求越高越好或过于苛刻,因为太高的技术要求必然导致投标人提高投标报价。

2.2.7　投标文件格式

招标文件中提供投标文件格式的目的,一是使各投标单位递送的投标书具有统一的格式,二是提醒各投标单位投标以后需要注意和遵守有关规定。

投标文件格式包括投标函及投标函附录、法定代表人身份证明及授权委托书、联合体协议书、投标保证金、已标价工程量清单、施工组织设计等。

3　招标控制价(最高投标限价)

招标控制价是招标人根据国家或省级、行业建设主管部门颁发的有关计价依据和办法,以及拟定的招标文件和招标工程量清单,结合工程具体情况编制的招标工程的最高投标限价。国有资金投资的建设工程招标,招标人必须编制招标控制价(最高投标限价)。

招标控制价是工程造价的一种控制形式,其高低将对中标价产生很大的影响,所以招标控制价的编制是施工招标过程中的一项重要工作内容。招标控制价应由具有编制能力的招标人或受其委托具有相应资质的工程造价咨询人编制和复核。工程造价咨询人接受招标人委托编制招标控制价,不得再就同一工程接受投标人委托编制投标报价。

招标控制价不同于标底,无须保密。为体现招标的公平、公正,防止招标人有意抬高或压低工程造价,招标人应在招标文件中如实公布招标控制价,不得对所编制的招标控制价进行上浮或下调。招标人应在发布招标文件时公布招标控制价,应公布招标控制价各组成部分的详细内容,不得只公布招标控制价总价,同时应将招标控制价及有关资料报送工程所在地或有该工程管辖权的行业管理部门工程造价管理机构备查。

3.1　招标控制价(最高投标限价)的作用

(1)招标人有效控制项目投资,防止恶性投标带来的投资风险。

(2)增强招标过程的透明度,有利于正常评标。

(3)利于引导投标方投标报价,避免投标方无标底情况下的无序竞争。

(4)招标控制价反映的是社会平均水平,为招标人判断最低投标价是否低于成本提供参考依据。

(5)可为工程变更新增项目确定单价提供计算依据。

(6)作为评标的参考依据,避免出现较大偏离。

(7)投标人根据自己的企业实力、施工方案等报价,不必揣测招标人的标底,提高了市场交易效率。

(8)减少了投标人的交易成本,使投标人不必花费人力、财力去套取招标人的标底。

(9)招标人把工程投资控制在招标控制价范围内,提高了交易成功的可能性。

3.2　招标控制价(最高投标限阶)的编制依据

(1)《建设工程工程量清单计价标准》(GB/T 50500—2024)。

(2)国家或省级、行业建设主管部门颁发的计价定额和计价办法。

(3)建设工程设计文件及相关资料。

(4)拟定的招标文件及招标工程量清单。

(5)与建设项目相关的标准、规范、技术资料。

(6)施工现场情况、工程特点及常规施工方案。

(7)工程造价管理机构发布的工程造价信息,当工程造价信息没有发布时,参照市场价。

(8)其他的相关资料。

3.3 招标控制价(最高投标限阶)的编制程序

3.3.1 准备阶段

3.3.1.1 项目初步研究

为了编制出准确、真实、合理的招标控制价,必须认真阅读招标文件和图纸,尤其是与编制招标控制价有关的招标文件商务条款中的投标人须知、专用合同条款、工程量清单及说明,技术条款中的施工技术要求、计量与支付及施工材料要求,招标人对已发出的招标文件进行澄清、修改或补充的书面资料等,必须认真分析研究。

工程量清单说明及专用合同条款,规定了该招标项目编制招标控制价的基础单价、工程单价和总价时必须遵照的条件。

3.3.1.2 现场勘察

通过现场勘察,了解工程布置、地形条件、施工条件、料场开采条件、场内外交通运输条件等。

3.3.1.3 编写招标控制价编制工作大纲

通常招标控制价编制大纲应包括以下内容:

(1)招标控制价编制原则和依据。

(2)确定基础单价的基本条件和参数。

(3)确定建筑安装工程单价所采用的定额、标准和有关取费数据。

(4)编制、校审人员安排及计划工作量。

(5)控制价编制进度及最终控制价的提交时间。

3.3.1.4 调查、收集基础资料

收集工程所在地的劳资、材料、税务、交通等方面资料,向有关厂家收集设备价格资料;收集工程中所应用的新技术、新工艺、新材料的有关价格计算方面的资料。

3.3.2 编制阶段

(1)计算基础单价。基础单价包括人工预算单价、材料预算价格、施工机械台时费、施工用电水风价格、砂石料单价、混凝土砂浆材料单价等。

(2)分析取费费率、确定相关参数。

(3)计算建筑安装工程单价。

根据施工组织设计确定的施工方法,计算建筑安装工程单价。建筑安装工程单价的取费,通常包括其他直接费、间接费、利润及税金等,应参照现行部颁《编规》,结合招标项目的工程特点,合理选定费率。

3.3.3 汇总阶段

3.3.3.1 汇总控制价

按工程量清单格式逐项填入工程单价和合价,汇总工程项目招标控制价汇总表、单项工程招标控制价汇总表和单位工程招标控制价汇总表[具体表格样式参见《建设工程工程量清单计价标准》(GB/T 50500—2024)]。

3.3.3.2 分析控制价的合理性

明确招标范围,分析本次招标的工程项目和主要工程量,并与初步设计的工程项目和工程量进行比较,再将控制价与审批的初步设计概算作比较分析,分析控制价的合理性,调整不合理的单价和费用。

3.4 招标控制价(最高投标限价)文件的组成

根据《建设工程工程量清单计价标准》(GB/T 50500—2024),招标控制价(最高投标限价)文件一般由封面、扉页、编制(审核)说明和汇总表组成。

3.4.1 封面、扉页

封面、扉页应按规定的内容填写、签字、盖章,除承包人自行编制的投标报价和竣工结算外,受委托编制的招标控制价、投标报价、竣工结算,由造价员编制的应由负责审核的造价工程师签字、盖章以及工程造价咨询人盖章。

3.4.2 说明

招标控制价(最高投标限价)编制(审核)说明主要内容有:

(1)工程概况:建设规模、工程特征、计划工期、施工现场实际情况、自然地理条件、环境保护要求等。

(2)工程范围。

(3)编制(审核)依据。

(4)特殊要求(如有)。

(5)其他需要说明的问题。

3.4.3 汇总表格

招标控制价(最高投标限价)的相关表格格式参照《建设工程工程量清单计价标准》(GB/T 50500—2024),主要包括以下表格:

(1)工程项目清单汇总表。

(2)分部分项工程项目清单计价表、分部分项工程项目清单综合单价分析表、材料暂估单价及调整表。

(3)措施项目清单计价表、措施项目清单构成明细分析表、措施项目费用分拆表、大型机械进出场及安拆费用组成明细表。

(4)其他项目清单计价表、暂列金额明细表、专业工程暂估明细表、计日工表、总承包服务费计价表、直接发包的专业工程明细表。

(5)增值税计价表。

结合水利工程特点,根据《水利水电工程标准施工招标文件》(2009年版),水利工程招标控制价表格还包括工程单价分析表、总价承包项目分解表、人工预算单价计算表、主要材料(设备)预算价格汇总表、施工机械台时费汇总表、混凝土、砂浆材料单价计算表、施工用水、电价格计算表、应摊销临时设施费计算表、主要材料用量汇总表及其他表格等。

考虑招标人的特殊要求，根据具体情况确定需增加的表格。根据需要可增列概算与控制价工程量对比表、工程单价对比表等。

4 工程量清单

为规范水利工程工程量清单计价行为，统一水利工程工程量清单的编制和计价方法，《水利工程工程量清单计价规范》(GB 50501—2007)和《水利水电工程标准施工招标文件》(2009 年)中规定了水利工程工程量清单的编制和计价方法。

4.1 工程量清单的概念及作用

4.1.1 工程量清单的概念

工程量清单是指招标工程的工程项目、分类分项工程项目、措施项目、其他项目的名称和相应数量的明细清单。招标工程量清单由具有编制招标文件能力的招标人，或受其委托具有相应资质的中介机构进行编制，作为招标文件的组成部分，其准确性和完整性应由招标人负责。

4.1.2 工程量清单的作用

工程量清单是反映拟建工程所包含子目的名称和相应数量的明细表。它是清单计价的基础，具有以下作用：

(1)工程量清单是投标人投标报价的依据。

(2)工程量清单为所有投标人提供一个报价的共同基础。

(3)工程量清单是招标人编制标底或招标控制价的依据。

(4)标价的工程量清单是施工过程中进行结算支付、调整合同价款及办理竣工结算的依据。

4.2 工程量清单的内容

工程量清单作为确认工程造价基础的工程实物量，要保证工程造价的合理有效控制，其准确性与否十分重要。工程量清单中项目应具有高度的概括性，条目要简明，同时又不能出现漏项和错项，以保证计价项目的正确性。

编写工程量清单应遵循客观、公正、科学、合理的原则，编制人员应具有职业资格和良好的职业道德，严格依据设计图纸和有关资料、现行的定额和有关文件及工程技术规程与规范进行编制。

工程量清单由分类分项工程量清单、措施项目清单、其他项目清单和计日工项目清单组成。

4.2.1 分类分项工程量清单

分类分项工程量清单包括序号、项目编码、项目名称、计量单位、工程数量和合同技术条款章节号[《水利水电工程标准施工招标文件》(2009 年版)]。项目编码由 12 位数字组成(由左至右计位)，一至九位为统一编码，其中一、二位为水利工程顺序码，三、四位为专业工程顺序码，五、六位为分类工程顺序码，七至九位为分项工程顺序码，十至十二位为清单项目名称顺序码，其具体含义如表 8-1 所示。

表8-1 项目编码含义对照表

序号	编码位数		12位
一	一至九位		统一编码
	其中	一、二位	水利工程顺序码,编码为50
		三、四位	专业工程顺序码,建筑工程为5001,安装工程为5002
		五、六位	分类工程顺序码,如石方开挖工程为500102
		七至九位	分项工程顺序码,如一般石方开挖为500102001
二	十至十二位		清单项目名称顺序码,如大坝基础一般石方开挖为500102001001

4.2.2 措施项目清单

措施项目清单是为保证工程建设质量、工期、进度、环保、安全与社会和谐而必须采取的措施并独立成章设置的项目,表明了为完成工程项目施工,发生于该工程施工前和施工过程中招标人不要求列示工程量并按总价结算的施工措施项目。

措施项目清单应根据招标工程的具体情况,参照环境保护、文明施工、安全防护措施、小型临时工程、施工企业进退厂费、大型施工设备安拆费等进行编制。措施项目均以"项"为单位,相应数量为"1"。凡有具体工程数量并按单价结算的措施项目,应列入分类分项工程量清单项目。

4.2.3 其他项目清单

其他项目清单包括序号、项目名称、金额,暂列预留金一项,编制人可根据招标工程具体情况进行补充。

4.2.4 计日工项目清单

计日工项目清单,编制人应根据招标工程具体情况,对工程实施过程中可能发生的变更或新增加的零星项目,列出人工(按工种)、材料(按名称和型号规格)、机械(按名称和型号规格)的计量单位,并随工程量清单发至投标人。

由于计日工项目清单不进入总报价,因此编制人根据招标工程具体情况,对工程实施过程中可能发生的变更或新增加零星项目,列出人工(按工种)、材料(按名称和型号规格)、机械(按名称和型号规格)的计量单位,不列出具体数量,由投标人填报单价。

4.3 工程量清单的格式

工程量清单应采用统一格式,其格式内容应包括以下部分:

(1)封面。

(2)填表须知。

(3)总说明。

(4)分类分项工程量清单。

(5)措施项目清单。

(6)其他项目清单。

(7)计日工项目清单。

(8)其他辅助表格(主要有招标人供应材料价格表、招标人提供施工设备表和招标人提供施工设施表)。

任务 3 水利工程施工投标

工程投标是建设工程招标投标活动中投标人的一项重要活动,作为投标人要根据招标文件进行投标。

1 水利工程施工投标的程序

根据水利水电工程施工招标程序,水利水电工程施工投标的一般程序具体如下。

1.1 投标准备工作

投标准备工作主要包括获取招标信息、前期投标决策和组建投标小组三项内容。

1.1.1 获取招标信息

为使投标工作取得预期的效果,投标人必须做好获得投标信息的准备工作。投标人获取招标信息渠道是否通畅,往往决定该投标人是否在投标竞争中占得先机,这就需要投标人日常建立广泛的信息网络。投标人获取招标信息的主要途径有:

(1)通过招标公告来发现投标目标。

(2)通过政府部门或行业协会获取信息。

(3)通过设计单位、咨询机构、监理单位等获取信息。

(4)搞好公共关系,深入有关部门收集信息。

(5)取得老客户的信任,从而承接后续工程或接受邀请,获取信息。

(6)和业务相关单位经常联系,以获取信息或能够联合承包项目。

(7)通过社会知名人士介绍获取信息等。

1.1.2 前期投标决策

当招标人通过新闻媒介发出招标公告后,承包商应首先认真研究招标工程的性质、规模、技术难度,结合自身主观影响因素,如技术实力、经济实力、管理实力、信誉实力等,认真分析业主、潜在竞争对手、风险问题等客观影响因素,决定是否参与投标。

1.1.3 组建投标小组

在确定参加投标活动后,为确保在投标竞争中获得成功,投标人在投标前应建立专门的投标小组,负责投标事宜。实践证明,建立一个强有力的、专业的投标班子是投标获得成功的根本保证。施工企业必须精心挑选精明能干、富有经验的人员组成投标工作机构。投标班子一般应包括经营管理类人员、专业技术类人员及商务金融类人员等。

1.2 参加资格预审

为确保能选出理想的承包商,在正式招标前,需要先进行资格预审,以便淘汰一些在技术上和能力上都不合格的投标人。如招标人发布资格预审公告,则投标人需要按照《水利水电工程标准施工招标资格预审文件》中规定的资格预审申请文件格式认真准备申请文件,参加资格预审。

1.3 购买招标文件和有关资料,缴纳投标保证金

投标人经资格审查合格后,便可向招标人申购招标文件和有关资料,同时要按照招标

文件规定的时间缴纳投标保证金。

投标保证金是为防止投标人对其投标活动不负责任而设定的一种担保形式。一般来说,投标保证金可以采用现金,也可以采用支票、银行汇票,还可以是银行出具的银行保函等。

1.4 研究招标文件

购买招标文件后,应认真研究文件中所列工程条件、范围、项目、工程量、工期和质量要求、施工特点、合同主要条款等,弄清承包责任和报价范围,避免遗漏,发现含义模糊的问题,应做书面记录,以备向招标人提出询问。同时,列出材料和设备的清单,调查其供应来源状况、价格和运输问题,以便在报价时综合考虑。

1.5 参加踏勘现场和投标预备会

投标人在去现场踏勘之前,应先仔细研究招标文件有关概念的含义和各项要求,特别是招标文件中的工作范围、专用条款以及设计图纸和说明等,然后有针对性地拟定出踏勘提纲,确定重点需要澄清和解答的问题,做到心中有数。投标人参加现场踏勘的费用由投标人自己承担。招标人一般在招标文件发出后,就着手考虑安排投标人进行现场踏勘等准备工作,并在现场踏勘中对投标人给予必要的协助。

投标人进行现场踏勘的内容,主要包括以下几个方面:

(1)工程的范围、性质以及与其他工程之间的关系。

(2)投标人参与投标的工程与其他承包商或分包商之间的关系。

(3)现场地貌、地质、水文、气候、交通、电力、水源等情况,有无障碍物等。

(4)进出现场的方式,现场附近有无食宿条件,料场开采条件,其他加工条件,设备维修条件等。

(5)现场附近治安情况。

投标预备会,又称答疑会、标前会议,一般在现场踏勘之后的1~2 d内召开,也可能根据情况不举行。研究招标文件和勘查现场过程中发现的问题,应向招标人提出,并力求得到解答,而且自己尚未注意到的问题,可能会被其他投标人提出;设计单位、招标人等也将会就工程要求和条件、设计意图等问题做出交底说明。因此,参加投标预备会对于进一步吃透招标文件、了解招标人意图、工程概况和竞争对手情况等均有重要作用,投标人不应忽视。

1.6 编制和递交投标文件

经过现场踏勘和投标预备会后,投标人可以着手编制投标文件。投标人编制和递交投标文件的具体步骤和要求如下:

(1)结合现场踏勘和投标预备会的结果,进一步分析招标文件。招标文件是编制投标文件的主要依据,因此必须结合已获取的有关信息认真细致地加以分析研究,特别是要重点研究其中的投标人须知、专用条款、设计图纸、工程范围以及工程量清单等,要弄清到底有没有特殊要求或有哪些特殊要求。

(2)校核招标文件中的工程量清单。投标人是否校核招标文件中的工程量清单或校核得是否准确,直接影响到投标报价和中标机会。因此,投标人应认真对待。通过认真校核工程量,投标人大体确定了工程总报价之后,估计某些项目工程量可能增加或减少的,就可以相应地提高或降低单价。发现工程量有重大出入的,特别是漏项的,可以在投标截止规定时间前以书面形式提出澄清申请,要求招标人对招标文件予以澄清。

(3)根据工程类型编制施工规划或施工组织设计。

投标文件中施工规划或施工组织设计是一项重要内容,它是招标人对投标人能否按时、按质、按价完成工程项目的主要判断依据。由于水利工程招标一般分标,这里通常认为应该是单位工程施工组织设计。一般包括施工程序、方案,施工方法,施工进度计划,施工机械、材料、设备的选定和临时生产、生活设施的安排,劳动力计划,以及施工现场平面和空间的布置。施工规划或施工组织设计的编制依据,主要是设计图纸、技术规范,工程量清单,招标文件要求的开工、竣工日期,以及对市场材料、机械设备、劳动力价格的调查。编制施工规划或施工组织设计,要在保证工期和工程质量的前提下,尽可能使成本最低、利润最大。具体要求是,根据工程类型编制出最合理的施工程序,选择和确定技术上先进、经济上合理的施工方法,选择最有效的施工设备、施工设施和劳动组织,周密、均衡地安排人力、物力和生产,正确编制施工进度计划,合理布置施工现场的平面和空间。

(4)根据工程价格构成进行工程估价,确定利润方针,计算和确定报价。投标报价是投标的一个核心环节,投标人要根据工程价格构成对工程进行合理估价,确定切实可行的利润方针,正确计算和确定投标报价。投标人不得以低于成本的报价竞标。

(5)形成、制作投标文件。投标文件应完全按照招标文件的各项要求编制。投标文件应当对招标文件提出的实质性要求和条件做出响应,一般不能带任何附加条件,否则将导致投标无效。投标文件一般应包括以下内容:①投标函及投标函附录;②法定代表人身份证明或附有法定代表人身份证明的授权委托书;③投标保证金;④已标价工程量清单与报价表;⑤施工组织设计;⑥项目管理机构;⑦资格审查资料;⑧投标人须知前附表规定的其他材料。

(6)递送投标文件。也称递标,是指投标人在招标文件要求提交投标文件的截止时间前,将所有准备好的投标文件密封送达投标地点。招标人收到投标文件后,应当签收保存,不得开启。投标人在投标截止时间之前,可以对所递交的投标文件进行补充、修改或撤回,并书面通知招标人,但所递交的补充、修改或撤回通知必须按招标文件的规定编制、密封和标志。补充、修改的内容为投标文件的组成部分。

1.7 出席开标会议,填写投标文件澄清函

投标人在编制、递交投标文件后,要积极准备出席开标会议。参加开标会议对投标人来说,既是权利也是义务。投标人参加开标会议,要注意其投标文件是否被正确启封、宣读,对于被错误地认定为无效的投标文件或唱标出现的错误,应当现场提出异议。

在评标期间,评标委员会要求澄清投标文件中不清楚问题的,投标人应积极予以说明、解释、澄清。澄清投标文件一般由评标委员会向投标人发出投标文件澄清通知,由投标人书面做出说明或澄清的方式进行。说明、澄清和确认的问题,作为投标文件的组成部分。在澄清过程中,投标人不得更改报价、工期等实质性内容,开标后和定标前提出的任何修改声明或附加优惠条件,一律不得作为评标的依据。但评标委员会按照评审办法,对确定为实质上响应招标文件要求的投标文件进行校核时发现的计算上或累计上的计算错误,应进行修改并取得投标人的认可。

1.8 接受中标通知书,签订合同,提供履约担保

投标人被确定为中标人后,应接受招标人发出的中标通知书。未中标的投标人有权要求招标人退还其投标保证金。自中标通知书发出之日起30日内,招标人和中标人应当按照招标文件和中标人的投标文件订立书面合同,中标人提交履约保函。招标人和中标人不得另行订立背离招标文件实质性内容的其他协议。当确定的中标人拒绝签订合同时,招标人可与确定的候补中标人签订合同,并按项目管理权限向水行政主管部门备案。

2 水利工程施工投标文件

2.1 投标文件的组成

投标文件是指承包人为完成合同规定的各项工作,在投标时按招标文件的要求向发包人提交的投标报价书、已标价的工程量清单、施工组织设计以及其他文件。投标文件主要包括下列内容:

(1)投标函及投标函附录。

投标函主要内容包括投标报价、质量、工期目标、投标保证金数额等。投标函附录主要内容是投标人对开工工期、违约金以及招标文件规定其他要求的具体承诺。

(2)法定代表人身份证明或附有法定代表人身份证明的授权委托书。

(3)投标保证金。

投标保证金的形式有现金、支票、汇票和银行保函等,但具体采用何种形式应根据招标文件规定。另外,投标保证金被视作投标文件的组成部分,未及时交纳投标保证金,该投标文件将被判为废标。

(4)已标价工程量清单与报价表。

本部分内容应严格按照招标文件的规定,填写所有表格。尤其注意不允许修改工程量清单中的所有内容。

(5)施工组织设计。

内容一般包括施工部署,施工方案,总进度计划,资源计划,施工总平面图,季节性施工措施,质量、进度保证措施,安全施工、文明施工、环境保护措施等。

(6)项目管理机构。

(7)资格审查资料。

(8)其他材料。

上述(1)~(4)项内容组成商务标,(5)项为技术标的主要内容,(6)~(8)项内容组成资信标或并入商务标。具体根据招标文件规定。

2.2 投标文件的编制依据

(1)招标文件、设计图纸。

(2)施工组织总设计。

(3)施工规范。

(4)国家、部门、地方或企业定额。

(5)国家、部门或地方颁发的各种费用标准。

(6)工程材料、设备的价格及运费。

(7)劳务工资标准。

(8)当地生活物资价格水平等。

2.3　投标文件编制步骤

编制投标文件的一般步骤是:

(1)编制投标文件的准备工作。包括熟悉招标文件、图纸、资料,对图纸、资料有不清楚、不理解的地方,可以用书面形式向招标人询问、澄清;参加招标人组织的施工现场踏勘和答疑会;调查当地材料供应和价格情况,如所采用的规范、特殊施工和施工材料的技术要求等;了解交通运输条件和有关事项。

(2)实质性响应条款的编制。包括对合同主要条款的响应,对提供资质证明的响应,对采用的技术规范的响应等。

(3)复核、计算工程量。

(4)编制施工组织设计,确定施工方案。

(5)计算投标报价,投标决策确定最终报价。

(6)编制投标书,装订成册。

2.4　投标文件编制的注意事项

(1)投标人编制投标文件时必须使用招标文件提供的投标文件表格格式。但表格可以按同样格式扩展。填写投标文件的空格时,凡要求填写的空格都必须填写,不得空着不填;否则,即被视为放弃意见。重要的项目或数字(如工期、质量等级、价格等)未填写的,将被作为无效或作废的投标文件处理。

(2)当招标文件规定投标保证金为合同总价的某百分比时,开具投标保函不要太早,以防泄露报价。但有的投标人提前开出并故意加大保函金额,以麻痹竞争对手的情况也是存在的。

(3)投标文件应严格按照招标文件的要求进行密封,避免由于密封不合格造成废标。

(4)认真对待招标文件中关于废标的条件,以免被判为废标而前功尽弃。

(5)编制的投标文件"正本"仅一份,"副本"则按招标文件中要求的份数提供,同时需明确标注"投标文件正本"和"投标文件副本"字样。正本和副本如有不一致,以正本为准。

(6)所有投标文件均由投标人的法定代表人签署、加盖印鉴,并加盖法人单位公章。

3　投标报价

投标报价是投标人投标时响应招标文件要求所报出的对已标价工程量清单汇总后标明的总价。招标人常常把投标人的投标报价作为选择中标的一个重要依据,报价的准确与否不仅关系到投标单位是否中标,更关系到中标后承包单位是否盈利以及盈利多少,因此在编制投标报价时应按招标文件的有关规定进行。

工程量清单计价是国际上惯用的计价方式。在编制投标报价时还应根据《水利工程工程量清单计价规范》(GB 50501—2007)及《水利水电工程标准施工招标文件》(2009 年版)的有关规定进行计价。

3.1 投标报价的编制程序

3.1.1 准备阶段

为了编制准确的报价,投标人应充分、完整、准确地理解招标文件,认真阅读招标文件中的投标人须知、通用合同条款、专用合同条款、技术标准和要求(合同技术条款)、图纸、工程量清单及说明等。

充分了解工程布置、地形条件、施工条件、料场开采条件、场内外交通运输条件等工程条件。

调查研究、收集工程所在地的劳资、材料、税务、交通等方面资料,向有关厂家收集设备价格资料;收集工程中所应用的新技术、新工艺、新材料的有关价格计算方面的资料。

3.1.2 编制阶段

(1)计算基础单价。

(2)分析取费费率、确定相关参数。

(3)计算工程单价。

(4)计算建筑及安装工程费与设备费。

(5)将各单价分别填入相对应的工程量清单计价表中。

(6)汇总后得到该拟建项目总造价,即投标总报价。

3.2 投标报价的策略与技巧

投标活动充满着竞争,如何能让投标人的报价既让业主接受成功中标,又能在中标后获得更多的利润。除投标单位的实力、信誉、经验外,投标报价专业人员掌握一些投标策略与报价技巧也是十分重要的。以下简单阐述一些在投标过程中的策略和技巧。

3.2.1 报价策略

3.2.1.1 高价盈利策略

这是在报价过程中以较大利润为投标目标的策略。这种策略的使用通常基于以下情况:①施工条件差;②专业要求高、技术密集型工程,而本公司在此方面有专有技术以及良好的声誉;③总价较低的小工程;④特殊工程,如港口海洋工程等,需要特别或专有设备;⑤业主要求苛刻,且工期相当紧的工程;⑥竞争对手少;⑦支付条件不理想。

3.2.1.2 微利保本策略

微利保本策略指在报价过程中降低甚至不考虑利润。这种策略的使用通常基于以下情况:①工作较为简单,工作量大,但一般公司都可以做,如大体积的土石方工程;②本公司在此地区干了很多年,现在面临断档,有大量的设备在该地区待处置;③该项目本身前景看好,为本公司创建业绩;④该项目后续项目较多或公司保证能以上乘质量赢得信誉,续签其他项目;⑤竞争对手多;⑥有可能在中标后将工程的一部分以更低价格分包给某些专业承包商;⑦长时间未中标,希望拿下一个项目激励人气,维持日常费用,缓解公司压力。

3.2.1.3 低价亏损策略

低价亏损策略指对某项目的最终报价低于公司的成本价的一种报价策略。使用该投标策略时应注意:第一,报价低在评标时得分较高;第二,这种报价方法属于正当的商业竞争行为。这种报价策略通常只用于:①市场竞争激烈,承包商又急于打入该领域创建业绩;②后续项目多,对前期工程以低价中标,占领阵地,工程完成得好则能获得业主信任,希望后期工程继续承包,补偿前期低价损失;③有信心中标后通过变更索赔弥补损失甚至盈利。但此种报价方式有可能被评标委员会根据招标文件有关条款判为废标。

3.2.2 报价技巧

3.2.2.1 不平衡报价

不平衡报价法,是相对通常的平衡报价(正常报价)而言的,指在总价基本确定以后,通过调整内部清单项目的报价,以期既不提高总价影响中标,又能在结算时得到理想的经济效益。可以提高单价的项目包括前期结算支付的项目、预计今后工程量会增加的项目、暂定项目中估计要做的项目等。但要注意,有些项目评标办法规定对主要单价进行评分,要评分的单价不能采取不平衡报价,以免弄巧成拙。

3.2.2.2 计日工单价法

计日工单价报价时可稍高,因为计日工不属于承包总价的范围,发生时可根据现场签证的实际工日、材料或机械台班实报实销。但如果招标文件中已经给定了计日工的“名义工程量”,并计入总价,则需要具体分析是否提高总报价。

3.2.2.3 突然袭击法

由于投标竞争激烈,为迷惑对方,可在整个报价过程中,仍然按照一般情况进行,甚至有意泄露一些虚假情况,如宣扬自己对该工程兴趣不大,不打算参加投标,或准备投标的价格,表现出无利可图等假象,到投标截止前几小时,突然前往投标,并改变投标价,从而使对手措手不及。

3.2.2.4 联营法

联营法比较常用,即两三家公司,其主营业务类似或相近,单独投标会出现经验、业绩不足或互相竞争压低报价,经两家或更多家商议后,组成联营体共同投标,可以做到优势互补、规避劣势、利益共享、风险共担,又可避免互相竞争压低报价。

3.2.2.5 多方案报价法

多方案报价是对同一个招标项目除按招标文件的要求编制了一个投标报价外,还编制了一个或几个建议方案的报价方法。对于一些招标文件,如果发现工程范围不很明确,条款不清楚或很不公正,或技术规范要求过于苛刻时,则要在充分估计投标风险的基础上,按多方案报价法处理,即按原招标文件报一个价,然后再提出,如某条款做某些变动,报价可降低多少,由此可报出一个较低的价,以吸引业主。

3.2.2.6 先亏后盈法

有的承包商为了打进某一地区,依靠国家、某财团和自身的雄厚资本实力,会采取一种不惜代价,只求中标的底价报价方案。应用这种手段的承包商必须有较好的资信条件,并且提出的施工方案也先进可行,同时要加强对公司情况的宣传,否则即使标价低,业主也不一定会选中。

知识技能小结

水利工程招标投标即通过合法的手段,按照规定的程序,招标方以较低的价格获得最优的货物、工程和服务。招标投标活动两大参与主体是招标方和投标方,其中招标方工作的核心内容是编制招标文件,根据国家或省级、行业建设主管部门颁发的有关计价依据和办法,以及拟定的招标文件和招标工程量清单,结合工程具体情况编制招标工程的最高投标限价,并组织后期的开标、评标、定标工作;投标方工作的核心内容是编制投标文件,响应招标文件要求所报出的对已标价工程量清单汇总后标明的投标报价,并参与后期开标、评标等工作。

我国水利工程建设领域最早实行招标投标的项目,始于 1982 年 7 月开始的云南省鲁布革水电站引水系统工程。招标投标活动应当遵循公开、公平、公正和诚实信用的原则。招标方式分为公开招标和邀请招标。招标组织形式包括自行招标和委托招标两种。

水利工程招标程序为:①招标前,按项目管理权限向水行政主管部门提交招标报告备案;②编制招标文件;③发布招标信息(招标公告或投标邀请书);④发售资格预审文件或发售招标文件;⑤组织现场踏勘和投标预备会议;⑥接受投标人对招标文件有关问题要求澄清的函件,对问题进行澄清,并书面通知所有潜在投标人;⑦组织成立评标委员会,并在中标结果确定前保密;⑧在规定时间和地点,接受符合招标文件要求的投标文件;⑨组织开标、评标会;⑩确定中标人;⑪向水行政主管部门提交招标投标情况的书面总结报告;⑫发中标通知书,并将中标结果通知所有投标人;⑬进行合同谈判,并与中标人订立书面合同。

工程量清单计价是目前常用的招标投标计价方式。工程量清单是指招标工程的工程项目、分类分项工程项目、措施项目、其他项目的名称和相应数量的明细清单。工程量清单由分类分项工程量清单、措施项目清单、其他项目清单和计日工项目清单组成。

水利工程施工投标程序有:①投标准备工作;②参加资格预审;③购买招标文件和有关资料,缴纳投标保证金;④研究招标文件;⑤参加踏勘现场和投标预备会;⑥编制和递交投标文件;⑦出席开标会议,填写投标文件澄清函;⑧接受中标通知书,签订合同,提供履约担保。

知识技能训练

码 8-1　项目 8
自测练习

一、简答题

1. 水利工程招标的程序有哪些?
2. 水利工程投标的程序有哪些?
3. 简述招标文件的组成。
4. 在投标过程中的投标技巧有哪些?

二、案例分析题

1.【背景资料】　某工程项目,经过有关部门批准后,决定由业主自行组织施工公开招标。该工程项目为公共工程,已经列入地方的年度固定资产投资计划,概算已经主管部门批准,但是征地工作尚未完成,施工图及其有关技术资料齐全,因估计除本市施工企业参加投标外,还可能有外省市的施工企业参加投标,因此业主委托咨询机构编制了两个标底,准备分别用于对本市和外省市施工企业投标的评定。业主要求将技术标和商务标分别封装。某承包商在封口处加盖了本单位的公章,并由项目经理签字后,在投标截止日期的前一天将投标文件报送业主,当天下午,该承包商又递交了一份补充材料,声明将原报价降低5%,但是业主的有关人员认为,一个承包商不得递交2份投标文件,因而拒收承包商的补充材料。开标会议由市招标管理机构主持,市公证处有关人员到会。开标前,市公证处人员对投标单位的资质进行了审查,确认所有投标文件均有效后正式开标。业主在评标之前组成了评标委员会,成员8人,其中业主人员占5人。招标工作主要内容如下:①发投标邀请函;②发放招标文件;③进行资格预审;④召开投标预备会;⑤组织现场踏勘;⑥接收投标文件;⑦开标;⑧确定中标单位;⑨评标;⑩发出中标通知书;⑪签订施工合同。

【问题】

(1)招标活动中有哪些不妥之处?

(2)招标工作的内容是否正确?如果不正确请改正,并排出正确的顺序。

2.【背景资料】 某省一重点水利工程项目计划于当年12月28日开工,由于坝肩施工段工程复杂,技术难度高,一般施工队伍难以胜任,业主自行决定采用邀请招标方式。于当年9月8日向通过资格预审的A、B、C、D、E 5家施工承包企业发出了投标邀请书。该5家企业均接受了邀请,并于规定时间9月21~25日购买了招标文件。招标文件中规定,10月18日下午4时是招标文件规定的投标截止时间,11月10日发出中标通知书。

在投标截止时间之前,A、B、D、E 4家企业提交了投标文件,但C企业于10月18日下午5时才送达,原因是中途堵车;10月21日下午由当地招标投标监督管理办公室主持进行了公开开标。

评标委员会共由7人组成,其中当地投标监督管理办公室1人、公证处1人、招标人1人、技术经济方面专家4人。评标时发现E企业投标文件虽无法定代表人签字和委托授权书,但投标文件均已有项目经理签字并加盖了公章。评标委员会于10月28日提交了评标报告。B、A企业分别综合得分第一、第二。由于B企业投标报价高于A企业,11月10日招标人向A企业发出了中标通知书,并于12月12日签订了书面合同。

【问题】

(1)企业自行决定采取邀请招标方式的做法是否妥当?并说明理由。

(2)C企业和E企业投标文件是否有效?分别说明理由。

(3)投标截止时间安排及开标工作安排是否妥当?并说明理由。

(4)指出评标委员会成员组成的不妥之处,并说明理由。

(5)招标人确定A企业为中标人是否违规?并说明理由。

(6)合同签订的日期是否违规?并说明理由。

3.【背景资料】 某中型水闸工程施工招标文件按《水利水电工程标准施工招标文件》(2009年版)编制。已标价工程量清单由分类分项工程量清单、措施项目清单、其他项目清单、零星工作项目清单组成。其中闸底板C20混凝土是工程量清单的一个子目,其单价(单位:100 m^3)根据《水利建筑工程预算定额》(2024年版)编制,并考虑了配料、拌制、运输、浇筑等过程中的损耗和附加费用。

事件1:A单位在投标截止时间前提交了投标文件。评标过程中,A单位发现工程量清单有算术性错误,遂以投标文件澄清方式提出修改,招标代理机构认为不妥。

事件2:招标人收到评标报告后对评标结果进行公示,A单位对评标结果提出异议。

【问题】

(1)指出事件1中,A单位做法有何不妥?说明理由。

(2)事件2中,A单位对评标结果有异议时,应在什么时间提出?招标人收到异议后,应如何处理?

项目9 水利工程造价电算化

【学习目标】

1. 能够初步了解水利工程造价电算化的意义、当前市面上的水利工程造价软件。

2. 能够熟练应用一种水利工程造价软件进行水利工程概预算的编制。

【思政目标】

培养学生守正创新的精神,充分认识科技自立自强的重要性。

任务1 认识水利工程造价电算化

水利工程造价编制是一项烦琐的工作,计算工作量大,传统的手工编制概、预算,时间长,任务繁重,同时手工计算受各方面条件的影响,难免会造成工程造价误差,且数据管理困难,满足不了生产的需要。随着科技信息化水平的不断提高,计算机的应用越来越普遍,自动化办公软件在各行各业中发挥着越来越重要的作用。

应用计算机编制工程概预算和投标报价,不但运算速度快、效率高、精确度高,而且可以进行文本的处理,同时针对一些数据的变更和修正,计算机可以快速重新进行计算,是水利工程造价实现现代化管理的重要手段。

水利工程造价电算化是将计算机技术运用到水利工程概预算编制与投标报价工作中的软件系统,是通过对造价所需要的各种数据进行存储、分析、处理和维护,从而实现快速准确地编制工程概预算与投标报价的计算机管理信息系统。

运用计算机进行水利工程造价文件编制,可以采用 Excel 表格来进行编制,也可以采用专业的水利工程造价软件进行编制。目前,市面上的专业水利造价软件有"青山大禹水利云计价软件""易投水利水电工程造价软件""凯云水利造价软件""广联达水利水电计价软件""智多星水利水电工程造价软件"等。不同地区、不同单位可以采用不同的水利工程造价软件来实现造价的电算化,为自己的学习和工作带来便捷。

本书以"青山大禹水利云计价软件""易投水利水电工程造价软件"为例来简单介绍软件的情况及应用。

任务2 青山大禹水利云计价软件

1 软件介绍

1.1 简介

"青山大禹水利云计价软件"是根据中华人民共和国水利部2024年发布的《水利工程设计概(估)算编制规定》《水利建筑工程概算定额》《水利建筑工程预算定额》《水利设

备安装工程预算定额》《水利设备安装工程概算定额》《水利工程施工机械台时费定额》开发、更新的水利工程计价软件,该软件目前已广泛应用于全国水利建设工程的概(估)、预(结)算编制工作。

该软件先后通过了水利部的技术鉴定,获得中国建设工程造价管理协会颁发的工程造价优秀成果奖,目前已广泛应用于全国各省市水利建设工程的概(估)算、预(结)算编制工作。软件的最大特色是集成度高、操作方便,能集各地的定额于一体,并自动根据不同定额体系变换适应当地规则的操作界面,极大地提高了用户工作效率。

1.2 应用范围

该软件不仅适用于水利水电行业工程的投资估算、概预算及招标投标计价活动,还适用于设计、施工、管理、审核等部门,如工程建设单位、设计院、施工企业、造价咨询、审核等各类单位、企业。

1.3 功能特点

(1)实时行业标准及技术规范说明(内置行业标准、技术规范、编规等文件内容,与变量等一一对应,定位查询,方便快捷)。

(2)内置实时在线服务系统,技术顾问随时联络。

(3)内置单价对比功能,可以对任意的(同一工程或者不同工程)两个单价进行定额或单价分析的对比。

(4)内置材料信息价数据,在软件中可直接查询、套用信息价数据。

(5)直接与Excel交换数据(直接与Excel进行数据的复制、粘贴)。

(6)智能报表/实时呈现(超强的报表设计功能,表头、表脚如编辑Excel一样方便)。

(7)多标段管理(多工程既可独立存在,又可实时汇总,标段工程管理清晰明了)。

(8)合法性检查(独增合法性检查功能,常见错误一下就能检查出来,可避免出现常识性错误,并支持反查定位修改,最大限度减少错误与失误)。

(9)软件具备多人协同功能,支持多人同时在不同电脑端编辑同一项目,并可实时完成数据的同步更新。

2 软件应用

根据现行计价标准及规定和青山大禹水利云计价软件的界面特点,本部分内容以水利工程概算的操作为例进行讲解。

2.1 软件安装

“青山大禹水利云计价软件”及相关文件将占用200 MB左右的硬盘空间,在安装之前要确定硬盘上有足够的自由空间。

“青山大禹水利云计价软件”可以通过青山软件官方网站(www.tsingshan.com.cn)下载安装,授课老师可按教学需要向青山大禹水利计价软件公司申请正版软件使用授权,在未授权前,可按学习版运行软件,学习版功能限制是:工程量不能大于100,不支持导出Excel文档。

安装及正版授权操作步骤如下:

(1)以管理员身份方式运行“青山大禹水利云计价软件.exe”,如有防火墙拦截,请选择允许执行，根据安装提示设置程序文件安装盘符直至程序安装完成。

(2)将获取到的正版授权文件“ *. lic”存放至电脑，启动软件（见图 9-1），选择账号版，弹出窗口将“ *. lic”授权文件导入，根据提示重启软件。

图 9-1　启动界面

说明：使用正版授权文件时，电脑可以连接互联网，授权成功后可在软件界面左下角看到授权信息及授权有效截止时间。

2.2　新建工程或打开工程

2.2.1　新建工程

可以从按钮栏新建：①新建工程；②从模板新建；③新建审计工程；也可以从功能按钮新建：新建工程，弹出新建工程窗口（见图 9-2）。根据工程要求按以下步骤进行操作：

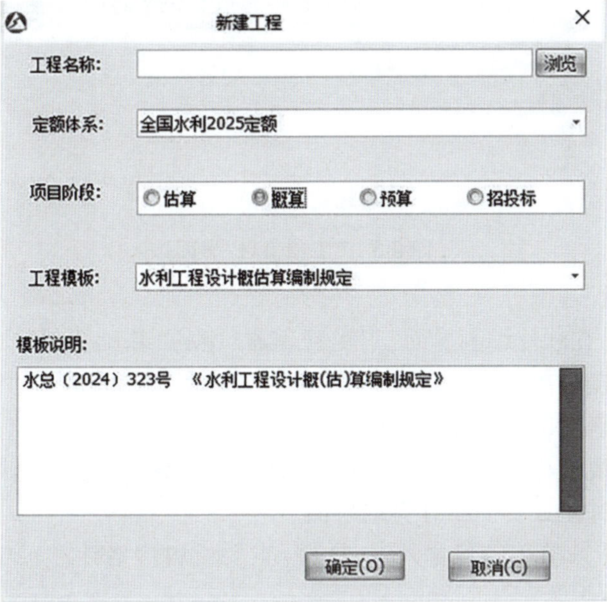

图 9-2　“新建工程”界面

(1)点击“浏览”选择工程保存路径、并输入工程名称（如不选择存放路径，新建的工程文件默认存放于软件安装路径下“用户数据”文件夹内）。

(2)根据工程项目编制的定额标准选择“定额体系”。

(3)根据工程项目编制阶段选择“项目阶段”。

(4)根据工程费用计算文件标准选择“工程模板”。

(5)点击“确定”。

2.2.2　打开工程

针对已建工程，点击按钮栏“打开”，选择电脑上已有的工程文件，进行操作。

2.3　完善工程信息

进入软件编制界面“工程管理器”中的“工程信息”界面(见图9-3),包括工程封面、编制说明、填表须知三项,只需要按实际情况填写相关内容即可,编制说明和填表须知,可以从 Office 文档进行复制、粘贴,也可以保存和调用模板。

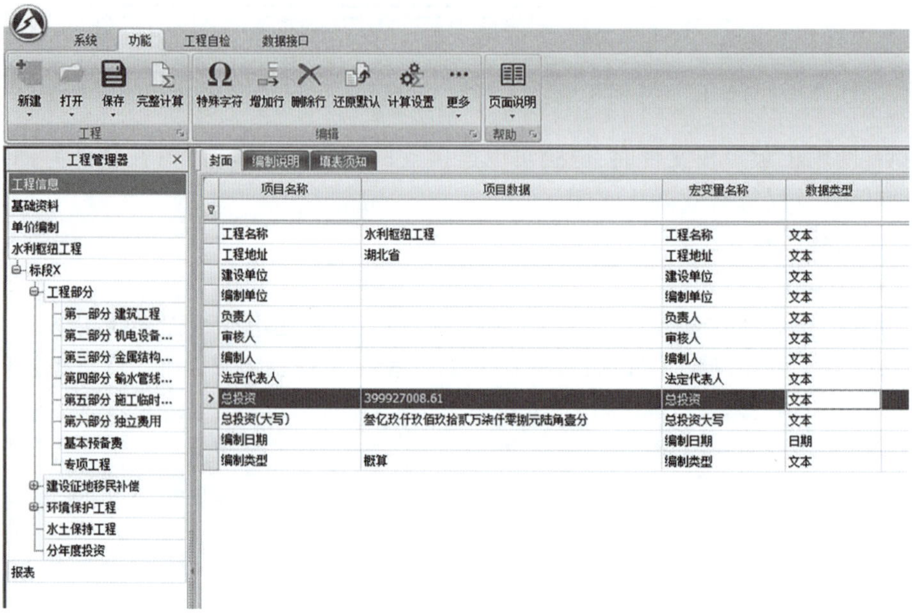

图9-3　“工程信息”界面

2.4　设置工程参数

根据工程资料,在软件编制界面“工程管理器”中的“基础资料”(见图9-4)中进行工程费用参数设置及基础单价编制。

工程费用设置包括工程类别、工程性质、施工规模条件、冬雨季计费区、艰苦地区类别、海拔、工程监理复杂程度等,根据项目实际情况进行参数项设置,软件按设置结果根据编制规定自动计算并生成费率及计算结果值。

基础单价编制(见图9-5)包含人工、材料(主要材料价格计算)、电、风、水、混凝土及砂浆、砂石料等单价编制。

2.5　工程部分一至五部分费用的编制

工程部分一至五部分(建筑工程、机电设备及安装工程、金属结构设备及安装工程、输水管线设备及安装工程、施工临时工程)费用在编制过程上基本相同,在此以第一部分建筑工程为例来介绍编制步骤。

2.5.1　项目、工程量的导入

根据工程实际进行项目划分,将其工程量清单导入软件(见图9-6),工程量数据的导入有三种方法:①直接数据录入。②复制 Excel 表格中的数据,粘贴到软件中相应数据行(列)。③使用按钮栏“导入 Excel”功能导入数据。在数据导入设置窗口(见图9-7)设置数据对应列和行层级,点击确定按钮完成数据导入。

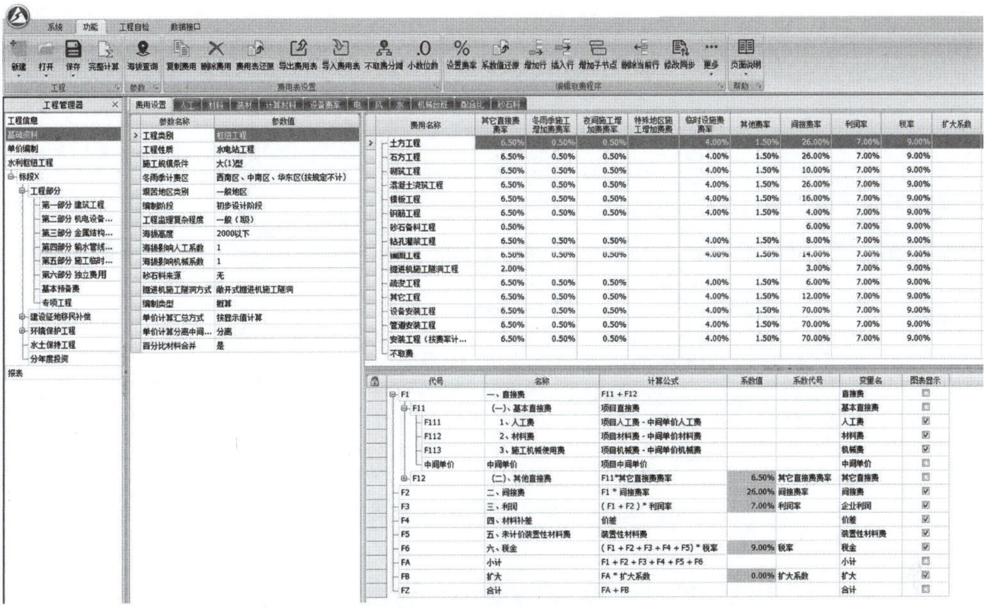

图 9-4 “基础资料”界面

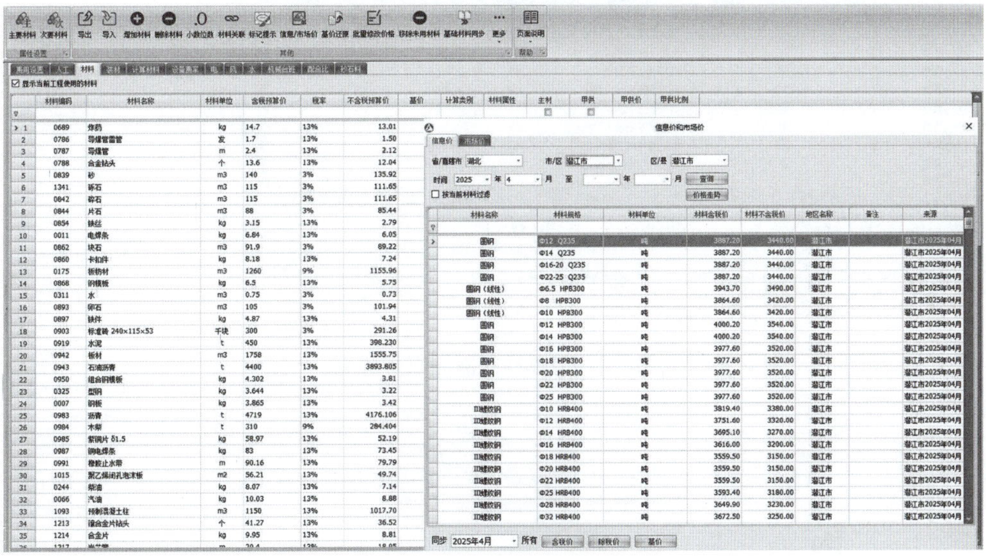

图 9-5 基础单价编制

2.5.2 套定额组价

对导入的工程量清单项目套定额进行工程单价编制，根据导入的项目及工程资料调用定额库，可通过软件按钮栏“插入”分组中的“定额”调出定额库（见图 9-8），在定额库窗口左侧章节列表中快速查找定额，选中定额点击窗口“插入”按钮，根据定额人机交互窗口（见图 9-9）提示进行定额套用，软件自动完成工程单价计算。

软件弹出的人机交互窗口（见图 9-9）一般存在定额组成多选一的情况，如材料规格、机械型号、混凝土（砂浆）型号等，包括运距、厚度等。

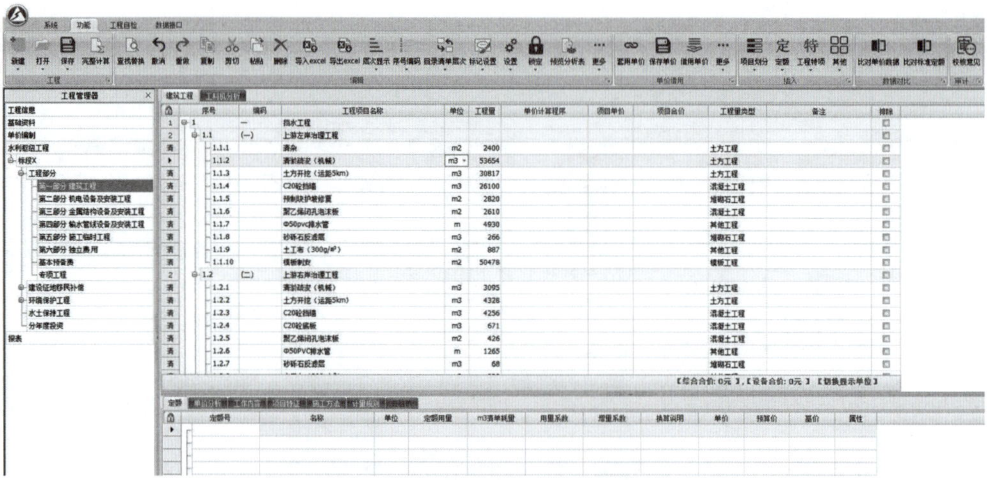

图 9-6　导入后的工程量清单

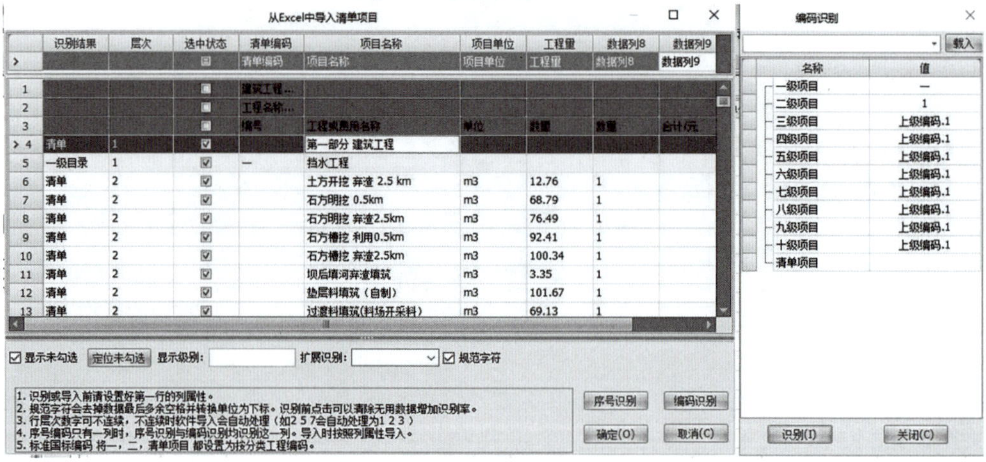

图 9-7　清单导入数据识别界面

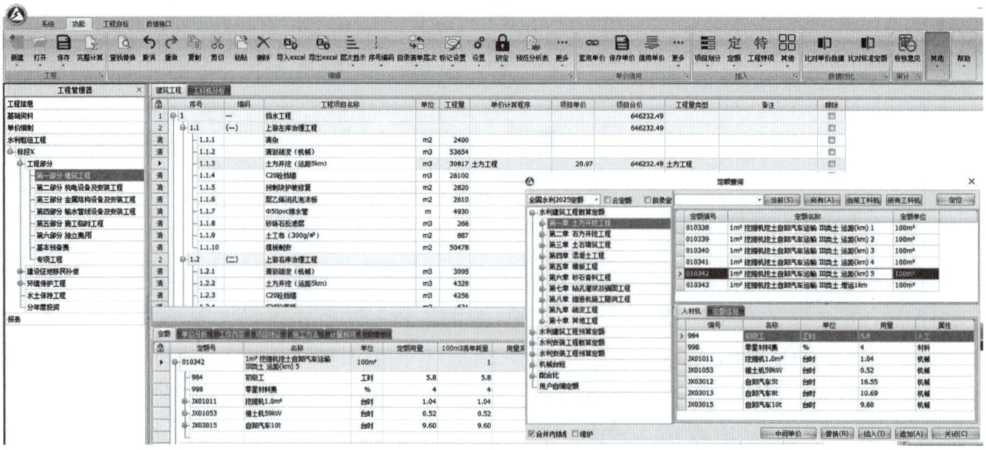

图 9-8　工程单价编制界面

说明：当有弹出的人机交互窗口时，需根据项目实际情况确定运距或厚度数值，或根据提示左键双击选择具体材机内容后，再点击界面“确定”按钮。

图 9-9 人机交互选择窗口

2.5.3 基础单价的录入及计算

根据工程资料，返回软件“基础资料”节点（见图 9-5），在“材料”界面勾选“显示当前工程使用的材料”，可根据实际情况录入含税单价或不含税单价，亦可导入信息价。

主要材料如砂、钢筋、水泥等相关费用，在“计算材料”界面（见图 9-10）进行编制，添加需要计算的主材，设置原价、运杂费、采购及保管费、运输保险费等，软件自动计算材料预算价。

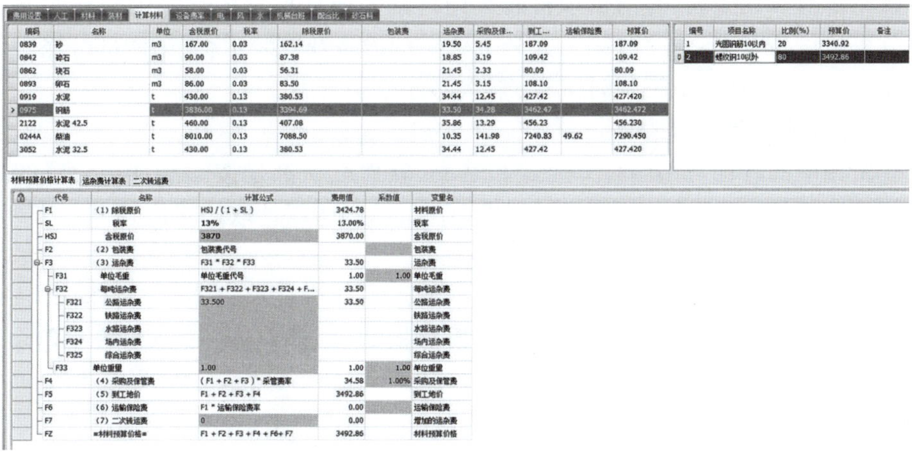

图 9-10 “计算材料”界面

根据工程资料，依次计算施工用电、风、水价格，软件操作方式一样，本书主要以施工用电价格编制进行介绍（见图 9-11）。①编制供电点，当有多个供电点时，按设计方案分配供电比例。②设置供电点的电网供电、自发电供电比例,并完成各计算参数的录入。③按设计方案套用自发电台班定额。

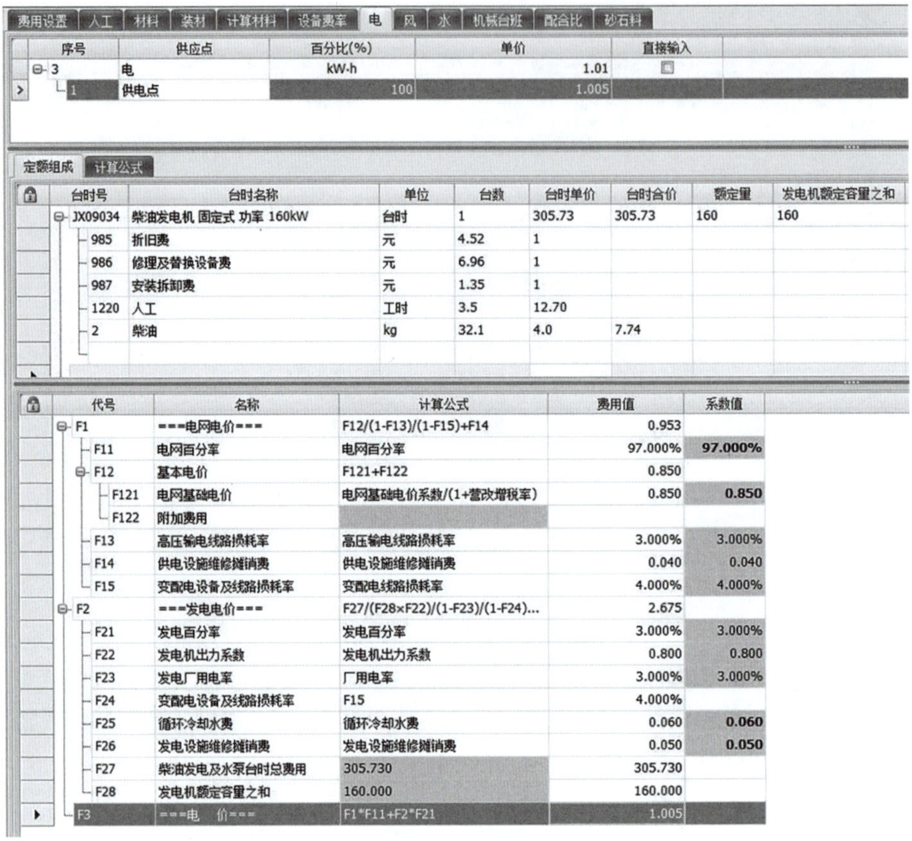

图 9-11　电、风、水价格计算界面

基础单价计算结束后,各清单项目的费用自动完成计算并汇总。用同样的方法编制第二部分机电设备及安装工程、第三部分金属结构设备及安装工程、第四部分输水管线设备及安装工程、第五部分施工临时工程、第六部分独立费用。

2.6　第六部分独立费用的编制

独立费用中的各项费用的计算公式和费率,软件默认都是按编制规定设置的。进入独立费用编制界面(见图 9-12),按项目实际情况,编制所需计取的费用。

2.7　编制工程总概算

工程部分投资编制完成后,按项目实际情况汇总建设征地移民补偿、环境保护工程、水土保持工程投资费用,设置分年度投资、物价指数、贷款利率、预备费费率等参数(见图 9-13),软件自动完成相关费用的计算。

2.8　报表输出

完成工程投资编制后,在工程管理器“报表”节点(见图 9-14),通过“批量打印”“批量发送”,勾选需要输出成果表完成打印或输出,输出格式支持 docx、xlsx、pdf。

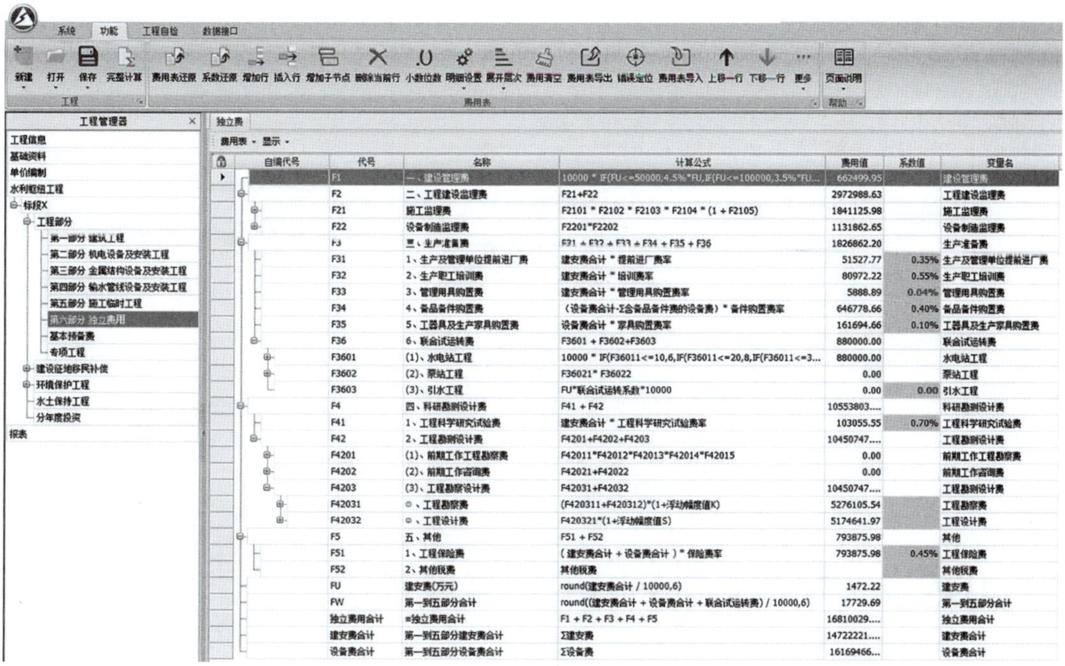

图 9-12 独立费用编制界面

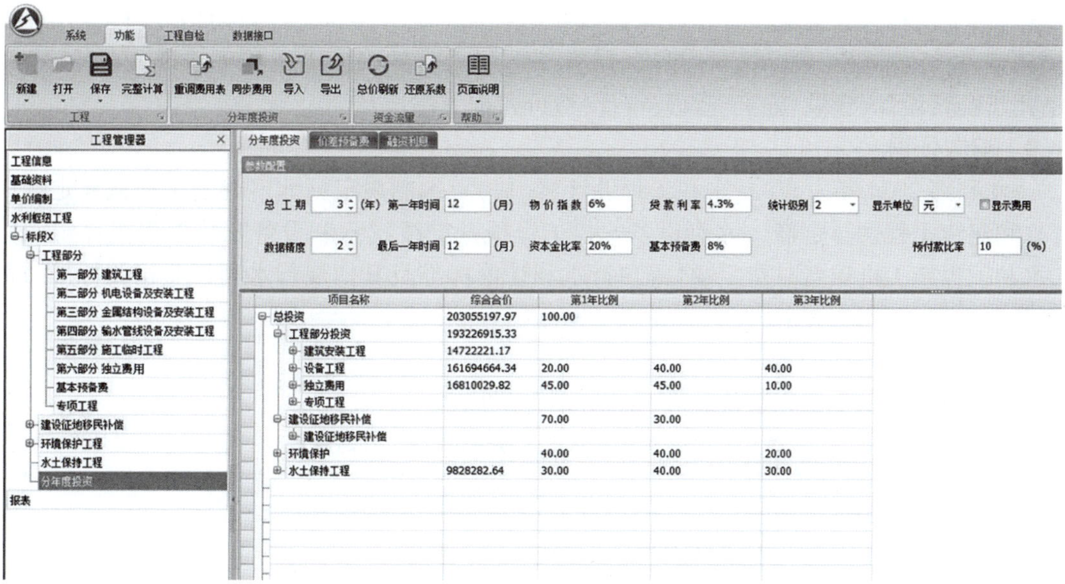

图 9-13 分年度投资、预备费、利息编制界面

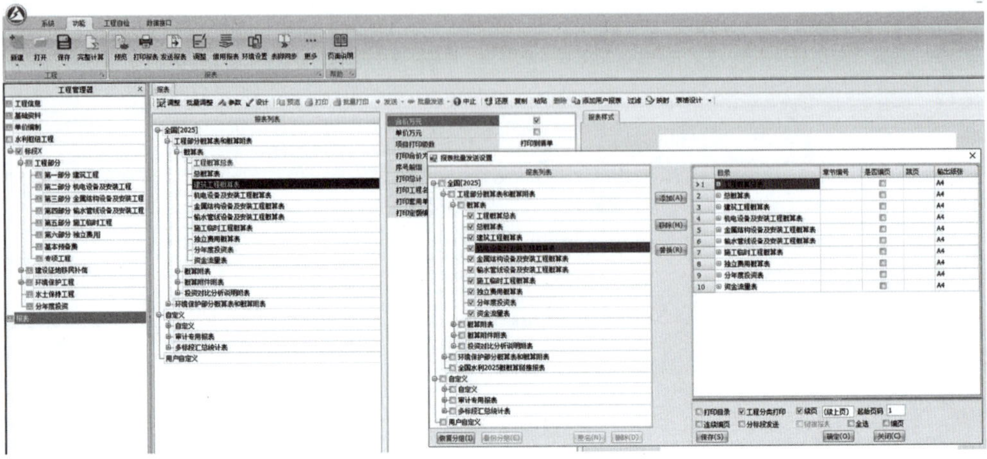

图 9-14 报表输出界面

任务 3 易投水利水电工程造价软件

1 软件介绍

1.1 简介

"易投水利水电工程造价软件"是一个全国性的专注水利水电行业的工程造价管理软件,用于水利水电工程项目建设全过程投资控制及造价管理(含前期估算、概算、施工图预算、招标控制价、投标报价、进度、结算等造价文件的编制以及相关造价文件审计),适用于勘察设计、建设、施工、监理、审计、造价咨询等单位及个人。

1.2 编制依据

水利部2024年发布的《水利工程设计概(估)算编制规定》《水利建筑工程概算定额》《水利建筑工程预算定额》《水利设备安装工程预算定额》《水利设备安装工程概算定额》《水利工程施工机械台时费定额》等现行水利计价标准及其他现行水利行业相关标准、规定及地方相关标准、规定。

1.3 功能特点

"易投水利水电工程造价软件"的功能特点见表9-1。

表 9-1 "易投水利水电工程造价软件"功能特点

序号	功能特点
1	软件界面简洁大方、向导式操作流程,易学易用
2	模拟 Excel 手工编制习惯,水利水电专业习惯体现在每一步细节操作中
3	与 Excel、Word 文档无缝连接,数据之间可以相互复制、粘贴
4	数据导出 Excel 报表,带超级链接,检查、核对、校正有多种方式
5	定额数据全,行业之间可以相互嵌套定额标准进行组价

续表 9-1

序号	功能特点
6	建安单价数据可以共享,不同的工程可以调用同一个做好的建安单价。不同的工程之间,单价可以相互套用,材料价格以本工程设置自动调整
7	提供各个地市材料价格信息参考价,一键完成整个项目材料预算价的录入,且自动关联计算到每个单价中
8	支持批量费用调整、批量换算项目数据
9	一键完成单价套用,根据项目名称与单位是否相同,可以一键完成所有项目单价套用,提高了组价效率
10	支持多层单价计算模式,数据分析有多种模式
11	一键设置材料价差计算位置,任意切换
12	丰富完善的百分比计算费用功能
13	支持材料单价的自动计算、自采砂石料单价的自动计算、风水电的自动计算
14	强大格式转换功能,可以在一种格式下转换成多种编制格式
15	独立费用项目每一个费用均可根据文件自动计算,且自动生成计算报表输出
16	报表可以批量输出成 Excel、Word、PDF 格式

1.4 软件的运行环境

系统:WindXP\Win7\Win8\Win10\Win11;硬盘:1 GB 以上;内存:256 MB 以上。

2 软件应用

根据现行计价标准及规定和“易投水利水电工程造价软件”的界面特点,本节内容以水利工程概算的操作为例进行讲解。

2.1 软件下载

登录易投软件官网(www. yitourj. com)—下载中心,找到需要的安装程序文件,点击下载按钮进行文件下载。

2.2 软件的安装

安装步骤如下:

(1)双击软件安装程序。

(2)执行该安装程序,在出现的安装界面中,点击“下一步”,直到完成。

2.3 新建或打开工程

打开软件,选择运行模式(见图 9-15),其中正版是配加密锁的正版软件;体验版通过网上注册、验证、读取软件锁数据,使用同正版一致,支持打印输出、不限制工程量(在线版有端口数量限制);局域网客户端版是局域网网络锁用户专用软件版本。

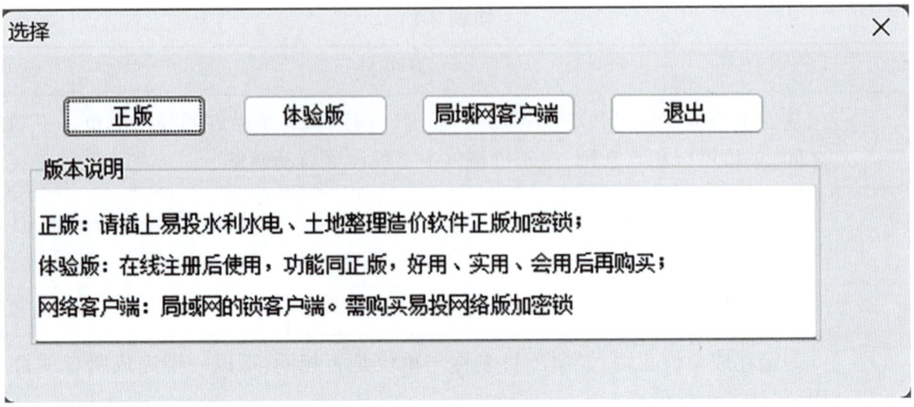

图 9-15　软件运行模式

2.3.1　新建工程

在软件打开主界面，鼠标左键点击软件快捷工具栏“新建”按钮，或者点击软件主菜单“文件”下拉菜单中的“新建”功能选项，即可弹出“新建项目”对话框(见图 9-16)。

图 9-16　软件工具栏

在“新建项目”对话框(见图 9-17)中进行如下操作：

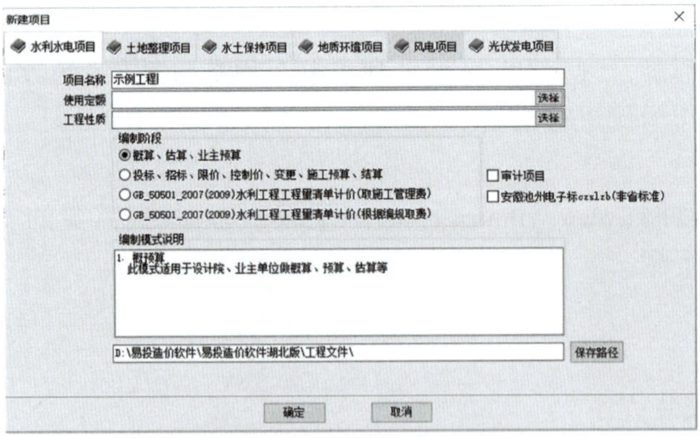

图 9-17　“新建项目”界面

(1)选择“专业名称”：可供选择的专业有水利水电项目、土地整理项目、水土保持项目等。

(2)输入“项目名称”：录入工程的名称，该名称也是工程文件在电脑中保存的名称。

(3)选择“使用定额”：概预算工程文件编制的定额文件依据，点击“使用定额”框后边的“选择”按钮，在弹出的对话框中选择需要使用的定额标准，点击“确定”即可。

(4)选择“工程性质”:根据水利工程项目的性质选择枢纽工程、引水工程、河道工程,从而确定其取费标准。

(5)选择“编制阶段”:根据工程实际选择适用的编制阶段。

(6)设置“保存路径”:可点击保存路径按钮,自行选择要保存的位置。

(7)点击“确定”,工程文件新建成功,并自动打开。

2.3.2　打开工程文件

针对已建工程,可以点击工程菜单下的打开,选择电脑上已有的工程文件进行操作。

2.3.3　保存或另存工程文件

在工程文件打开状态点击软件快捷工具栏“保存”按钮或者选择软件主菜单“文件”下拉菜单中的“保存”功能选项,即可保存工程文件。工程文件需要换个文件名称另外保存,相当于复制一个与现有工程文件一致的文件,需要将工程文件另存。

2.4　完善工程基本信息

进入操作界面,工程基本信息包括工程项目名称、建设单位、编制日期等(见图 9-18),只需要按实际情况填写相关内容。编制说明可以从 Office 文档进行复制、粘贴,也可以保存和调用模板。

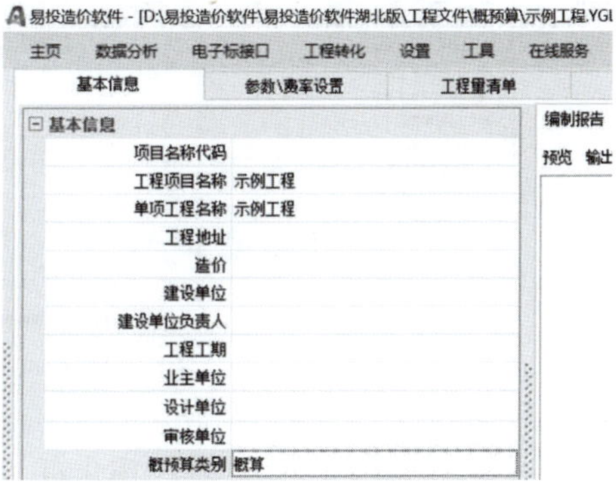

图 9-18　工程“基本信息”界面

2.5　参数\费率设置

根据工程资料,在“基础资料”下进行工程参数\费率设置(见图 9-19),包括工程性质、工程规模、海拔、地区类别、工程地区 等相关信息的设置,从而确定其他直接费费率、间接费费率、利润率、税率等各费率标准。

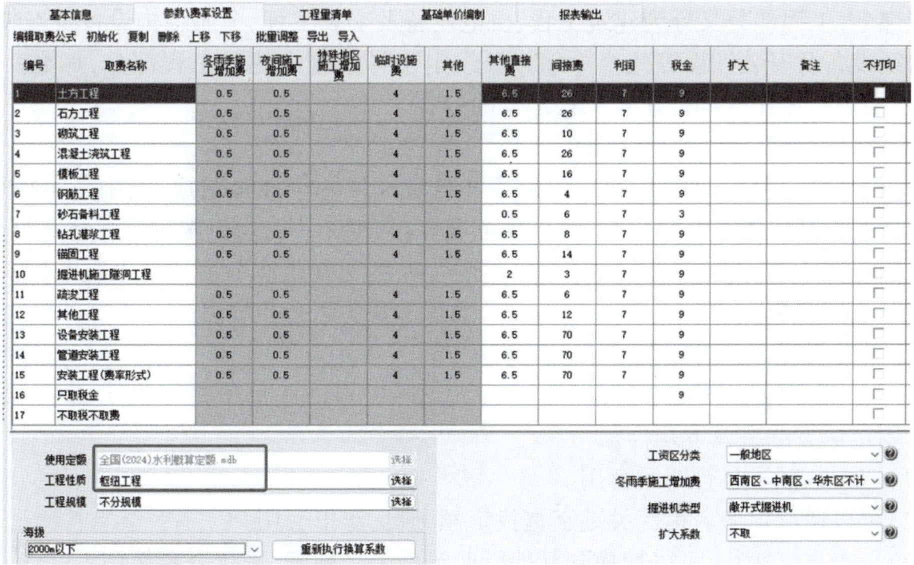

编号	取费名称	冬雨季施工增加费	夜间施工增加费	特殊地区施工增加费	临时设施费	其他	其他直接费	间接费	利润	税金	扩大	备注	不打印
1	土方工程	0.5	0.5		4	1.5	6.5	26	7	9			
2	石方工程	0.5	0.5		4	1.5	6.5	26	7	9			
3	砌筑工程	0.5	0.5		4	1.5	6.5	10	7	9			
4	混凝土浇筑工程	0.5	0.5		4	1.5	6.5	26	7	9			
5	模板工程	0.5	0.5		4	1.5	6.5	16	7	9			
6	钢筋工程	0.5	0.5		4	1.5	6.5	4	7	9			
7	砂石备料工程						0.5	6	7	3			
8	钻孔灌浆工程	0.5	0.5		4	1.5	6.5	8	7	9			
9	锚固工程	0.5	0.5		4	1.5	6.5	14	7	9			
10	掘进机施工隧洞工程						2	3	7	9			
11	疏浚工程	0.5	0.5		4	1.5	6.5	6	7	9			
12	其他工程	0.5	0.5		4	1.5	6.5	12	7	9			
13	设备安装工程	0.5	0.5		4	1.5	6.5	70	7	9			
14	管道安装工程	0.5	0.5		4	1.5	6.5	70	7	9			
15	安装工程(费率形式)	0.5	0.5		4	1.5	6.5	70	7	9			
16	只取税金									9			
17	不取税不取费												

图 9-19　参数\费率设置界面

2.6 项目划分、导入工程量清单,套定额组建安单价

本书以水利工程概算为例展示“易投水利水电工程造价软件”操作界面。

“工程量清单”界面(见图9-20)主要做项目划分、清单项目录入、组价、修改、编辑、汇总等操作,是软件应用的核心。工程量清单界面设置多个辅助窗口,配合完成工程量清单主窗口的一切操作。

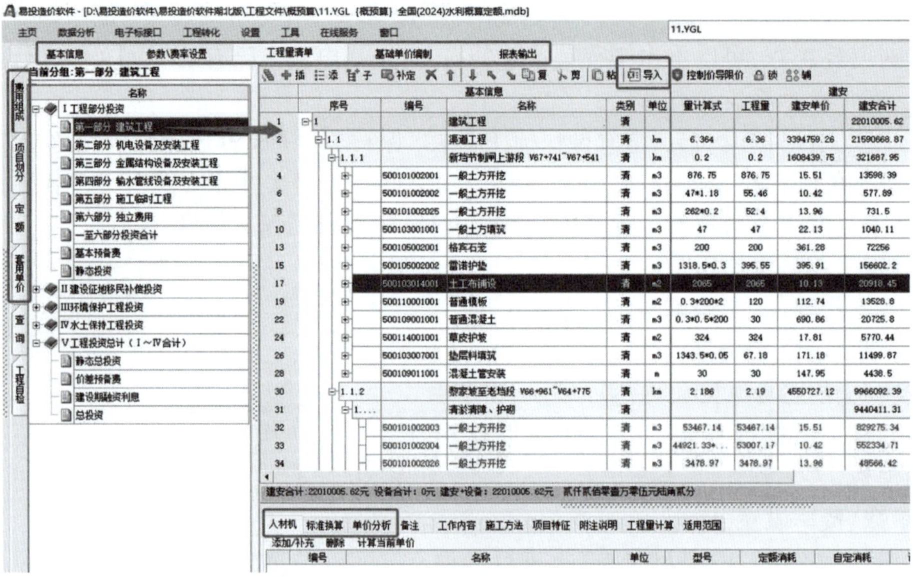

图9-20 “工程量清单”界面

2.6.1 费用组成

“费用组成”界面(见图9-21)决定“工程量清单”界面的费用组成内容。鼠标选择哪一组,工程量清单界面就操作哪一组数据,如水利水电项目的费用组成分为工程部分与移民环境部分,工程部分又分为建筑工程、机电设备及安装工程、金属结构设备及安装工程、输水管线设备及安装工程等几个分组。分组定位界面选中建筑工程部分,那么“工程量清单”界面中所操作的都是建筑工程部分的内容。

2.6.2 项目划分

“项目划分”界面(见图9-22),由范本和自定义块两个插页组成,其中范本插页为国家或各省相关部门颁布的项目表、清单规范表等;自定义块为用户根据工程情况自己保存的项目划分清单块。供“工程量清单”界面进行项目划分或清单项目录入时调用,省去手工打字录入的麻烦。

2.6.3 定额

“定额”界面(见图9-23)数据,为“工程量清单”界面组单价时提供定额子目标准依据。套用定额方法有以下几种操作:

(1)双击定额子目行即可套用。

(2)可以通过定额名称等关键字查找定额子目,双击套用。

(3)点击主定额行,可以切换到其他行业定额子目列表,进行嵌套使用。

(4)右键可以定位到定额列表各章节位置。

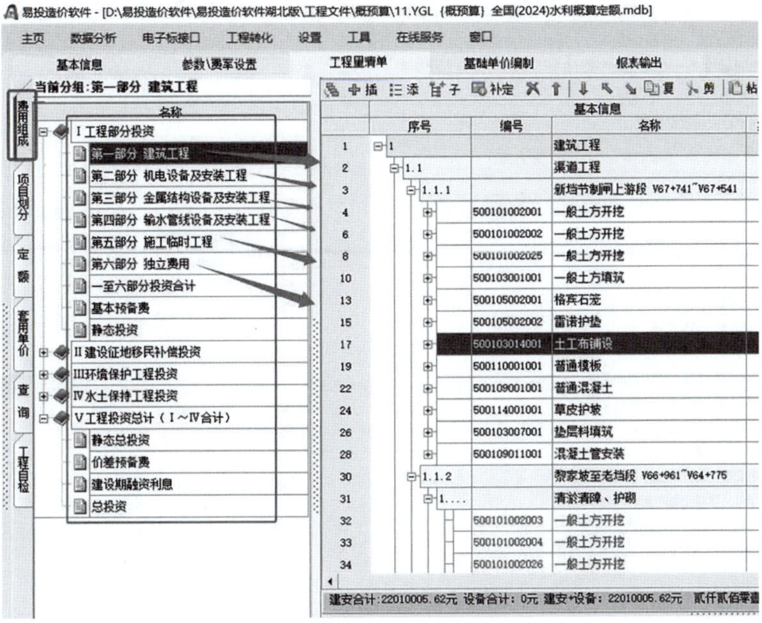

图 9-21 “费用组成”界面

图 9-22 “项目划分”界面

2.6.4 套用单价

本工程组过的单价，或在基础单价编制里组好的建安单价，或借调其他工程的单价等均在“套用单价”界面(见图 9-24)列举，供“工程量清单”界面相同的项目套用。省去重

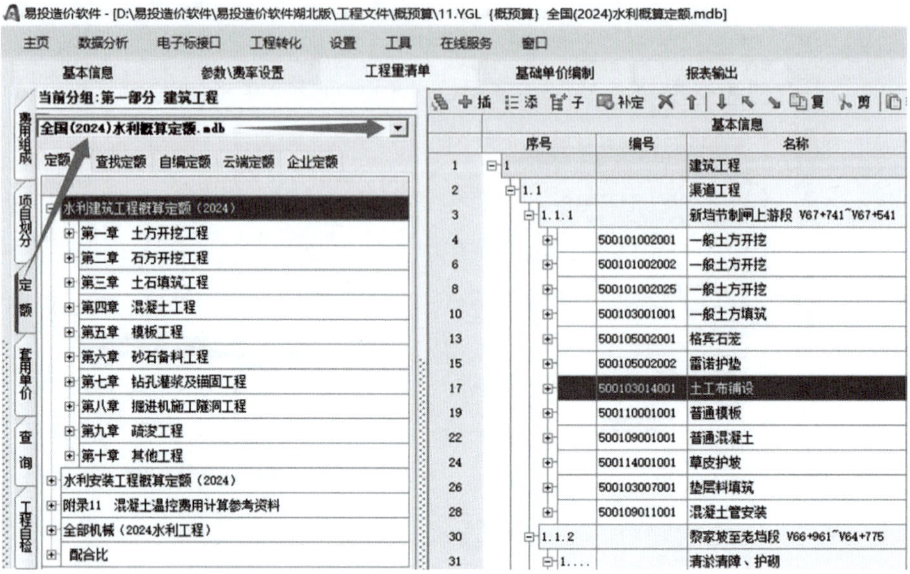

图 9-23 “定额”界面

复套用定额子目组价的麻烦,有以下几种操作:

(1)双击需要的单价项,单价自动套用到“工程量清单”界面的选中行。

(2)右键可以批量套用到“工程量清单”界面的项目名称一样的项目行。

(3)可以借调其他工程做好的单价。

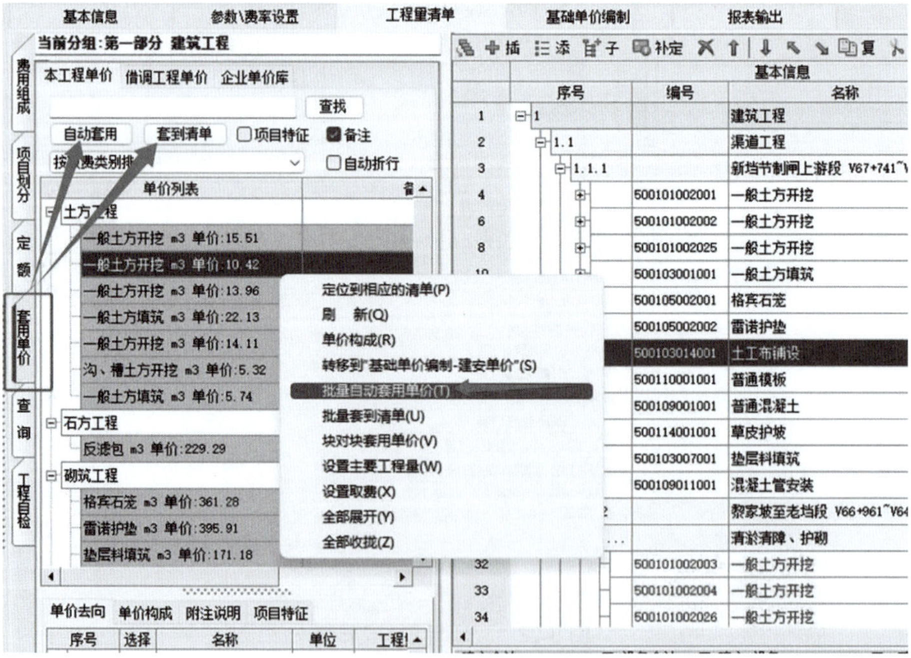

图 9-24 “套用单价”界面

2.7 基础单价编制

基础单价编制(见图9-25),即人工、材料、机械、混凝土、电风水、中间单价以及建安单价的计算与录入。人工单价根据编制规定自动计算;材料预算价根据市场价格信息、运输装卸及采购保管费用、加工制作、自采等计算;自行生产电风水单价的计算;机械、混凝土的单价计算等均在“基础单价编制”界面中处理。还有工程项目的建安单价、中间单价,也可以集中在这个界面中计算编制。

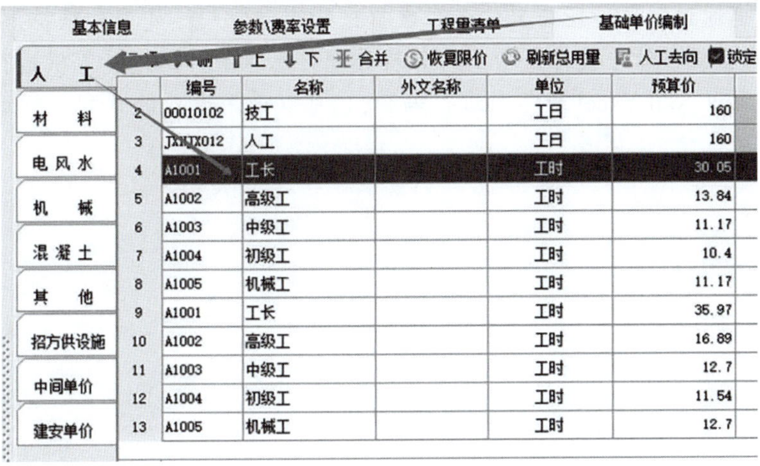

图9-25 “基础单价编制”界面

2.8 报表输出

“报表输出”界面(见图9-26)是本工程文件数据报表的格式修改、报表分组、打印、导出等一系列操作的工作界面,分为三个部分:系统报表选项卡(左上角)、工程报表选项卡(左下角)、报表预览选项卡(右半幅)。

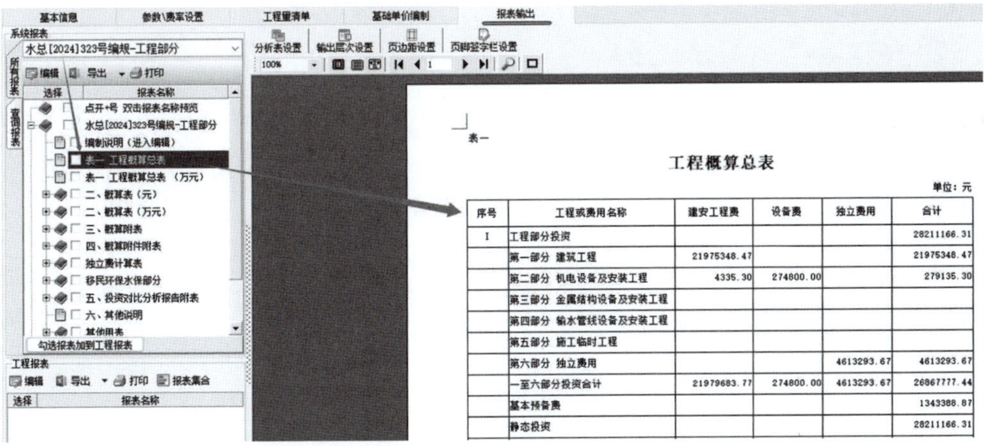

图9-26 “报表输出”界面

在此只是简单介绍了两种水利计价软件在水利工程概预算中的基本操作方法,在使用过程中还需要结合具体的实际工程资料,对软件其他功能进一步研究使用。

同时注意,利用计算机软件编制工程造价,首先要了解软件的功能和操作步骤,其次也是最关键的要保证工程初始数据输入的正确性。

知识技能小结

水利工程造价电算化是将计算机技术运用到水利工程概预算编制与投标报价工作中的软件系统,是通过对造价所需要的各种数据进行存储、分析、处理和维护,从而实现快速准确地编制工程概预算与投标报价的计算机管理信息系统。运用计算机进行水利工程造价文件编制,可以采用Excel表格来进行编制,也可以采用专业的水利工程造价软件进行编制。

附 录

附录 1 水利工程项目划分

附表 1-1 第一部分 建筑工程

I	枢纽工程			
序号	一级项目	二级项目	三级项目	备注
一	挡水工程			
1		混凝土坝(闸)工程		
			土方开挖	
			石方开挖	
			土石方填筑	
			混凝土	
			模板	
			钢筋制安	
			混凝土防渗墙成槽	
			混凝土防渗墙浇筑	
			混凝土防渗墙钢筋笼制安	根据设计列项
			灌浆孔	
			灌浆	
			排水孔	
			砌石	
			喷混凝土	
			锚杆	
			启闭机室	
			温控措施	
			细部结构工程	
2		土(石)坝工程		
			土方开挖	
			石方开挖	
			坝体土料填筑	
			坝体堆石料填筑	

续附表 1-1

I	枢纽工程			
序号	一级项目	二级项目	三级项目	备注
			坝体砂砾料填筑	
			斜（心）墙土料填筑	
			反滤料、过渡料填筑	
			铺盖填筑	
			土工膜（布）	
			沥青混凝土	
			混凝土	
			模板	
			钢筋制安	
			混凝土防渗墙成槽	
			混凝土防渗墙浇筑	
			混凝土防渗墙钢筋笼制安	根据设计列项
			软基处理	根据设计列项
			灌浆孔	
			灌浆	
			预埋灌浆管	根据设计列项
			排水孔	
			砌石	
			喷混凝土	
			锚杆	
			面（趾）板止水	
			白蚁防治措施	根据设计列项
			细部结构工程	
3		库岸防渗工程		
二	泄水工程			
1		溢洪道工程		
			土方开挖	
			石方开挖	

续附表 1-1

I	枢纽工程			
序号	一级项目	二级项目	三级项目	备注
			土石方填筑	
			混凝土	
			模板	
			钢筋制安	
			灌浆孔	
			灌浆	
			排水孔	
			砌石	
			喷混凝土	
			锚杆	
			启闭机室	
			温控措施	
			细部结构工程	
2		泄水洞工程		
			土方开挖	
			石方开挖	
			混凝土	
			模板	
			钢筋制安	
			钢板衬砌	
			灌浆孔	
			灌浆	
			排水孔	
			砌石	
			喷混凝土	
			锚杆	
			混凝土预应力锚索制安	
			钢筋网	
			钢拱架制安	

续附表 1-1

I	枢纽工程			
序号	一级项目	二级项目	三级项目	备注
			钢拱架连接筋	
			钢拱架锁脚锚杆	
			细部结构工程	
3		泄水闸工程		
			土方开挖	
			石方开挖	
			混凝土	
			模板	
			钢筋制安	
			混凝土预应力锚索制安	
			细部结构工程	
4		冲沙洞(孔)工程		
5		放空洞工程		
6		生态放水管		
7		消能防冲设施工程		
三	引水工程			
1		进水口工程		
			土方开挖	
			石方开挖	
			混凝土	
			模板	
			钢筋制安	
			砌石	
			锚杆	
			启闭机室	
			细部结构工程	
2		引水明渠工程		
			土方开挖	
			石方开挖	

续附表 1-1

Ⅰ	枢纽工程			
序号	一级项目	二级项目	三级项目	备注
			混凝土	
			模板	
			钢筋制安	
			砌石	
			锚杆	
			细部结构工程	
3		引水隧洞工程		
			土方开挖	
			石方开挖	
			混凝土	
			模板	
			钢筋制安	
			灌浆孔	
			灌浆	
			排水孔	
			砌石	
			喷混凝土	
			锚杆	
			混凝土预应力锚索制安	
			钢筋网制安	
			钢拱架制安	
			钢拱架连接筋	
			钢拱架锁脚锚杆	
			细部结构工程	
4		高压管道工程		
			土方开挖	
			石方开挖	
			混凝土	
			模板	

续附表 1-1

I	枢纽工程			
序号	一级项目	二级项目	三级项目	备注
			钢筋制安	
			钢板衬砌	
			灌浆孔	
			灌浆	
			砌石	
			锚杆	
			混凝土预应力锚索制安	
			钢筋网制安	
			钢拱架制安	
			钢拱架连接筋	
			钢拱架锁脚锚杆	
			细部结构工程	
5		调压井工程		
			土方开挖	
			石方开挖	
			混凝土	
			模板	
			钢筋制安	
			灌浆孔	
			灌浆	
			砌石	
			喷混凝土	
			锚杆	
			细部结构工程	
6		独立取水口工程		
四	发电厂(泵站)工程			
1		地面厂房(泵房)工程		
			土方开挖	
			石方开挖	

续附表 1-1

I	枢纽工程			
序号	一级项目	二级项目	三级项目	备注
			土石方填筑	
			混凝土	
			模板	
			钢筋制安	
			灌浆孔	
			灌浆	
			砌石	
			喷混凝土	
			锚杆	
			温控措施	
			厂房建筑及装修	
			细部结构工程	
2		地下厂房(泵房)工程		
			石方开挖	
			混凝土	
			模板	
			钢筋制安	
			灌浆孔	
			灌浆	
			喷混凝土	
			锚杆	
			钢筋网制安	
			预应力锚杆钻孔	
			预应力锚杆制安	
			预应力锚索钻孔	
			预应力锚索制安	
			钢拱架制安	
			钢拱架连接筋	
			钢拱架锁脚锚杆	

续附表 1-1

I	枢纽工程			
序号	一级项目	二级项目	三级项目	备注
			排水孔	
			温控措施	
			厂房装修	
			细部结构工程	
3		交通运输洞(井)工程		
4		主变洞母线洞工程		
5		出线洞(井)工程		
6		通风洞(井)工程		
7		尾水洞工程		
8		尾水调压井工程		
9		尾水渠工程		
五	升压变电站工程			地面升压变电站
1		变电站工程		
			土方开挖	
			石方开挖	
			土石方填筑	
			混凝土	
			模板	
			钢筋制安	
			砌石	
			钢构架	
			细部结构工程	
2		开关站工程		
			土方开挖	
			石方开挖	
			土石方填筑	
			混凝土	
			模板	
			钢筋制安	

续附表 1-1

I	枢纽工程			
序号	一级项目	二级项目	三级项目	备注
			砌石	
			钢构架	
			细部结构工程	
六	通航工程			
1		上游引航道工程		含靠船墩
			土方开挖	
			石方开挖	
			土石方填筑	
			混凝土	
			模板	
			钢筋制安	
			砌石	
			锚杆	
			细部结构工程	
2		船闸(升船机)工程		
			土方开挖	
			石方开挖	
			土石方填筑	
			混凝土	
			模板	
			钢筋制安	
			灌浆孔	
			灌浆	
			锚杆	
			控制室	
			温控措施	
			细部结构工程	
3		下游引航道工程		含靠船墩
4		锚地		

续附表 1-1

Ⅰ	枢纽工程			
序号	一级项目	二级项目	三级项目	备注
七	过鱼工程			
1		鱼道工程		
2		升鱼机工程		
3		集运鱼系统设施工程		
八	边坡工程			
			土方开挖	
			石方开挖	
			喷混凝土	
			锚杆	
			钢筋网制安	
			灌注桩造孔	
			灌注混凝土桩	
			预应力锚杆钻孔	
			预应力锚杆制安	
			预应力锚索钻孔	
			预应力锚索制安	
			混凝土	
			模板	
			钢筋制安	
			防护网	
			植物措施	
			细部结构工程	
九	交通工程			
1		公路工程		
2		桥梁工程		
3		交通隧洞工程		
4		铁路工程		
5		码头工程		
十	房屋建筑工程			

续附表 1-1

I	枢纽工程			
序号	一级项目	二级项目	三级项目	备注
1		辅助生产用房		
2		办公用房		
3		值班宿舍及文化福利建筑		
4		室外工程		
十一	供电设施工程			
十二	数字孪生设施工程			
1		雨水情监测预报设施		
2		工程安全监测设施		
3		通信网络设施		
4		信息基础环境设施		
十三	其他建筑工程			
1		照明线路工程		
2		厂坝(水闸、泵站)区供水、供热、排水等公用设施		
3		劳动安全与工业卫生设施		
4		工程管理安防设施		根据管理设计列项
5		管理区绿化措施		根据管理设计列项
6		水文化设施		根据管理设计列项
7		其他		
Ⅱ	引水工程			
序号	一级项目	二级项目	三级项目	备注
一	渠道工程			含附属小型建筑物
1		××~××段总干渠工程		
			土方开挖	
			石方开挖	
			土石方填筑	
			混凝土	
			模板	
			钢筋制安	

续附表 1-1

Ⅱ	引水工程			
序号	一级项目	二级项目	三级项目	备注
			砌石	
			垫层	
			保温板	
			土工布	
			草皮护坡	
			软基处理	根据设计列项
			边坡支护措施	根据设计列项
			钢板桩	
			灌注桩造孔	
			灌注混凝土桩	
			白蚁防治措施	根据设计列项
			细部结构工程	
2		××~××段干渠工程		
3		××~××段支渠工程		
二	输水管线工程			含附属小型建筑物
1		××~××段干管工程		
			土方开挖	
			石方开挖	
			土石方填筑	
			混凝土	
			模板	
			钢筋制安	
			砌石	
			边坡支护措施	根据设计列项
			钢板桩	

续附表 1-1

Ⅱ	引水工程			
序号	一级项目	二级项目	三级项目	备注
			垫层	
			土工布	
			草皮护坡	
			细部结构工程	
2		××～××段支管工程		
三	建筑物工程			
1		取水口工程		
2		泵站工程（扬水站、排灌站）		
			土方开挖	
			石方开挖	
			土石方填筑	
			混凝土	
			模板	
			钢筋制安	
			基坑支护措施	根据设计列项
			砌石	
			厂房建筑及装修	
			细部结构工程	
3		水闸工程		
			土方开挖	
			石方开挖	
			土石方填筑	
			混凝土	
			模板	
			钢筋制安	
			基坑支护措施	根据设计列项
			灌浆孔	
			灌浆	
			砌石	

续附表 1-1

Ⅱ	引水工程			
序号	一级项目	二级项目	三级项目	备注
			启闭机室	
			细部结构工程	
4		渡槽工程		
			土方开挖	
			石方开挖	
			土石方填筑	
			混凝土	
			模板	
			钢筋制安	
			混凝土预应力锚索制安	
			模板支撑措施	根据设计列项
			高大跨渡槽施工措施	根据设计列项
			砌石	
			细部结构工程	
5		隧洞工程(钻爆施工)		
			石方洞挖	
			衬砌混凝土	
			模板	
			钢筋制安	
			混凝土预应力锚索制安	
			灌浆孔	
			灌浆	
			砌石	
			喷混凝土	
			锚杆	
			钢筋网制安	
			钢拱架制安	
			钢拱架连接筋	
			钢拱架锁脚锚杆	

续附表 1-1

Ⅱ	引水工程			
序号	一级项目	二级项目	三级项目	备注
			小导管制安	
			小导管注浆	
			管棚制安	
			管棚注浆	
			细部结构工程	
6		隧洞工程(敞开式 TBM 施工)		
			掘进机安装调试	
			掘进机拆除	
			掘进开挖	
			TBM 步进通过	
			衬砌混凝土	
			模板	
			钢筋制安	
			灌浆孔	
			灌浆	
			砌石	
			喷混凝土	
			锚杆	
			钢筋网制安	
			钢筋排制安	
			钢拱架制安	
			钢拱架连接筋	
			钢拱架锁脚锚杆	
			超前加固支护	根据设计列项
			超前地质预报措施	经论证计列
			细部结构工程	
7		隧洞工程(护盾 TBM 施工)		
			掘进机安装调试	
			掘进机拆除	

续附表 1-1

Ⅱ	引水工程			
序号	一级项目	二级项目	三级项目	备注
			掘进开挖	
			TBM 滑行通过	
			混凝土管片预制及安装	
			管片钢筋制安	
			豆砾石回填及灌浆	
			管片止水	
			管片防水密封垫	
			管片嵌缝	
			管片手孔封堵	
			二次衬砌混凝土	
			模板	
			钢筋制安	
			灌浆孔	
			灌浆	
			超前加固支护	根据设计列项
			超前地质预报措施	经论证计列
			细部结构工程	
8		隧洞工程(盾构施工)		
			掘进机安装调试	
			掘进机拆除	
			掘进开挖	
			盾构空推通过	
			渣土改良	土压平衡盾构
			混凝土管片预制及安装	
			管片钢筋制安	
			壁后注浆	
			管片止水	
			管片防水密封垫	
			管片嵌缝	

续附表 1-1

Ⅱ	引水工程			
序号	一级项目	二级项目	三级项目	备注
			管片手孔封堵	
			二次衬砌混凝土	
			模板	
			钢筋制安	
			灌浆孔	
			灌浆	
			超前加固支护	根据设计列项
			泥浆系统	根据设计列项
			细部结构工程	
9		箱涵(暗渠)工程		
10		倒虹吸工程		
11		调蓄水库工程		
12		消能电站工程		
13		跌水、陡坡等工程		
14		调压塔(井、室)、高位水池、保水堰等工程		
15		管桥工程		
16		其他建筑物工程		
四	交叉工程			根据专业设施类别列项
1		公路桥、铁路桥、排洪槽(涵)等交叉建筑物工程		
2		专业设施加固工程		
3		排洪(排水、导流)沟(渠)等工程		
五	交通工程			
1		对外公路		
2		运行管理道路		
六	房屋建筑工程			
1		辅助生产用房		
2		办公用房		

续附表 1-1

Ⅱ	引水工程			
序号	一级项目	二级项目	三级项目	备注
3		值班宿舍及文化福利建筑		
4		室外工程		
七	供电设施工程			
八	数字孪生设施工程			
1		雨水情监测预报设施		
2		工程安全监测设施		
3		通信网络设施		
4		信息基础环境设施		
九	其他建筑工程			
1		照明线路工程		
2		厂坝(水闸、泵站)区供水、供热、排水等公用设施		
3		劳动安全与工业卫生设施		
4		工程管理安防设施		根据管理设计列项
5		管理区绿化措施		根据管理设计列项
6		水文化设施		根据管理设计列项
7		其他		

Ⅲ	河道工程			
序号	一级项目	二级项目	三级项目	备注
一	堤防与河湖整治工程			
1		××~××段堤防工程		
			土方开挖	
			土方填筑	
			混凝土	
			模板	
			砌石	
			土工布	
			防渗墙	

续附表 1-1

Ⅲ	河道工程			
序号	一级项目	二级项目	三级项目	备注
			灌浆孔	
			灌浆	
			草皮护坡	
			白蚁防治措施	根据设计列项
			细部结构工程	
2		××～××段河道(湖泊)整治工程		
3		××～××段河道疏浚工程		
二	灌溉工程			含附属小型建筑物
1		××～××段渠道工程		
			土方开挖	
			土方填筑	
			混凝土	
			模板	
			砌石	
			土工布	
			白蚁防治措施	根据设计列项
			细部结构工程	
2		××～××段管线工程		
			土方开挖	
			土方填筑	
			混凝土	
			模板	
			砌石	
			细部结构工程	

续附表 1-1

Ⅲ	河道工程			
序号	一级项目	二级项目	三级项目	备注
三	建筑物工程			
1		水闸工程		
2		泵站工程(扬水站、排灌站)		
3		其他建筑物工程		
四	交叉工程			
五	交通工程			
六	房屋建筑工程			
1		辅助生产用房		
2		办公用房		
3		值班宿舍及文化福利建筑		
4		室外工程		
七	供电设施工程			
八	数字孪生设施工程			
1		雨水情监测预报设施		
2		工程安全监测设施		
3		通信网络设施		
4		信息基础环境设施		
九	其他建筑工程			
1		照明线路工程		
2		厂坝(水闸、泵站)区供水、供热、排水等公用设施		
3		劳动安全与工业卫生设施工程		
4		工程管理安防设施		根据管理设计列项
5		管理区绿化措施		根据管理设计列项
6		水文化设施		根据管理设计列项
7		其他		

附表 1-2　三级项目划分要求及技术经济指标

序号	三级项目			技术经济指标
	分类	名称示例	说明	
1	土石方开挖工程	土方开挖	区分土方开挖、砂砾石开挖等列项	元 m^3
		石方开挖	区分一般开挖与坡面、沟槽、基础开挖，平洞、斜井、竖井开挖等列项	元/m^3
2	土石方填筑工程	土方填筑	区分土料填筑、砂砾料填筑等列项	元/m^3
		石方填筑	区分堆石料填筑、石渣料填筑，开采料、(直接、转运)利用料等列项	元/m^3
		垫层料、过渡料、反滤料填筑		元/m^3
		斜(心)墙土料填筑		元/m^3
		铺盖填筑		元/m^3
3	砌筑工程	砌石	区分建筑物类别、部位，按干砌石、浆砌石、抛石、钢筋石笼、铅丝石笼、固滨笼、绿滨垫等列项	元/m^3(m^2)
		砌砖		元/m^3
4	混凝土与模板工程	混凝土	区分建筑物类别、部位，按现浇或预制混凝土，普通或特种混凝土，常态或碾压混凝土，根据混凝土强度等级、抗冻抗渗、级配等设计要求，结合施工方案列项	元/m^3
		模板	区分模板类型、材质等列项	元/m^2
		沥青混凝土		元/m^3
5	钻孔灌浆工程	防渗墙	区分钢筋(塑性)混凝土防渗墙、高压喷射防渗、深层搅拌桩防渗墙、振动沉模防渗板墙、土工膜防渗等列项，钢筋混凝土防渗墙分列成槽、浇筑、钢筋笼制安等项目	元/m^3(m,t)
		地下连续墙	分列地下连续墙成槽、浇筑、钢筋笼制安等项目	元/m^2(t)
		灌注桩	分列造孔、灌注混凝土等项目	元/m
		灌浆孔	区分钻孔机械种类及钻孔用途列项	元/m
		灌浆	区分灌浆类别、透水率等列项	元/m(m^2)
		预埋灌浆管	防渗墙下接帷幕灌浆时，根据施工设计计列防渗墙体内预埋灌浆管	元/m
		排水孔		元/m

续附表 1-2

序号	三级项目			技术经济指标
	分类	名称示例	说明	
6	锚固工程	锚杆	区分砂浆锚杆、药卷锚杆等类别,按钻孔机械种类、锚杆长度、岩石级别等列项	元/根
		预应力锚杆	分列钻孔、预应力锚杆制安等项目	元/m(根)
		预应力锚索	区分岩体锚索、混凝土锚索等列项,岩体锚索分列钻孔、预应力锚索制安等项目	元/m(束)
		喷混凝土		元/m^3
		小导管	分列小导管制安、注浆	元/m(m^3)
		管棚	分列管棚制安、注浆	元/m(m^3)
		防护网	区分主动防护网、被动防护网等列项	元/m^2
7	钢筋工程	钢筋制安		元/t
		钢筋网制安		元/t
		钢筋笼制安		元/t
		钢拱架	区分型钢拱架、格栅拱架等类别,分列钢拱架制安、钢拱架连接筋、钢拱架锁脚锚杆等项目	元/t(根)
8	掘进机施工隧洞工程	掘进机安装调试	区分敞开式、护盾式 TBM,盾构等列项	元/台次
		掘进机拆除	区分敞开式、护盾式 TBM,盾构等列项	元/台次
		掘进开挖	TBM 区分抗压强度、围岩类别等列项 盾构分列负环段、始发段、正常段、到达段等项目	元/m^3
		掘进机步进(滑行、空推)	区分敞开式、护盾式 TBM,盾构等列项	元/m
		混凝土管片预制及安装		元/m^3
		管片钢筋制安		元/t
		豆砾石回填灌浆		元/m^3
		壁后注浆		元/m^3
		管片止水		元/m
		管片防水密封垫		元/m
		管片嵌缝		元/m
		管片手孔封堵		元/个
		喷混凝土		元/m^3
		锚杆		元/根

续附表 1-2

序号	三级项目			技术经济指标
	分类	名称示例	说明	
8	掘进机施工隧洞工程	钢筋网制安		元/t
		钢筋排制安		元/t
		钢拱架	分列钢拱架制安、钢拱架连接筋、钢拱架锁脚锚杆等项目	元/t(根)
9	钢材	钢板衬砌		元/t
		钢构架		元/t
10	止水	面(趾)板止水		元/m
11	其他	土工膜(布)		元/m^2
		启闭机室		元/m^2
		控制室(楼)		元/m^2
		温控措施		元/m^3
		厂房建筑		元/m^2
		厂房装修		元/m^2
		细部结构工程		元/m^3

附表 1-3　第二部分　机电设备及安装工程

I	枢纽工程			
序号	一级项目	二级项目	三级项目	技术经济指标
一	发电设备及安装工程			
1		水轮机设备及安装工程		
			水轮机	元/台(t)
			调速器	元/台
			油压装置	元/套
			过速限制器	元/套
			自动化元件	元/套
			透平油	元/t
2		发电机设备及安装工程		
			发电机	元/台(t)
			励磁装置	元/台套
			自动化元件	元/台套
3		主阀设备及安装工程		

续附表 1-3

I	枢纽工程			
序号	一级项目	二级项目	三级项目	技术经济指标
			蝴蝶阀(球阀等)	元/台
			油压装置	元/台
4		起重设备及安装工程		
			桥式起重机	元/台
			平衡梁	元/副
			轨道	元/双 10 m
			轨道阻进器	元/t
			滑触线	元/三相 10 m
5		水力机械辅助设备及安装工程		
			油系统	
			压气系统	
			水系统	
			水力量测系统	
			管路(管道、附件、阀门)	
6		电气设备及安装工程		
			发电电压装置	
			控制保护系统	
			直流系统	
			厂用电系统	
			电工试验设备	
			动力电缆	元/km
			控制电缆	元/km
			母线	元/(100 m/单相)
				元/(100 m/三相)
			电缆支架	元/t
			电缆桥架	元/t
二	升压变电设备及安装工程			
1		主变压器设备及安装工程		
			变压器	元/台

续附表 1-3

I	枢纽工程			
序号	一级项目	二级项目	三级项目	技术经济指标
			轨道	元/双 10 m
			轨道阻进器	元/t
2		高压电气设备及安装工程		
			高压断路器	元/组(台)
			高压组合电器(GIS)	元/间隔
			电流互感器	元/项
			电压互感器	元/项
			隔离开关	元/项
			高压电缆	元/(100 m/三相)
3		一次拉线及其他安装工程		
三	数字孪生设备及安装工程			
1		雨水情监测预报设备		
2		工程安全监测设备		
3		运行视频监视设备		
4		通信网络设备		
5		自动化控制系统		
6		信息基础环境设备		
7		数字孪生平台		
8		网络安全和数据安全系统		
9		工程管理业务应用系统		
四	公用设备及安装工程			
1		供电设备及安装工程		
			变压器	元/台
			配电装置	元/套
			柴油发电机	元/台
2		通风采暖设备及安装工程		
			通风机	元/台
			空调机	元/台
			管路系统	
3		机修设备及安装工程		

续附表 1-3

Ⅰ	枢纽工程			
序号	一级项目	二级项目	三级项目	技术经济指标
			车床	元/台
			刨床	元/台
			钻床	元/台
4		全厂接地及保护网		
5		电梯设备及安装工程		
			大坝电梯	元/台
			厂房电梯	元/台
6		厂坝区供水、排水、供热设备及安装工程		
7		消防设备		
8		劳动安全与工业卫生设备		
9		交通工具		
Ⅱ	引水工程及河道工程			
序号	一级项目	二级项目	三级项目	技术经济指标
一	泵站设备及安装工程			
1		水泵设备及安装工程		
			水泵	元/台(t)
2		电动机设备及安装工程		
			电动机	元/台(t)
			变频器	元/台
			励磁装置	元/套
3		主阀设备及安装工程		
			蝴蝶阀(球阀等)	元/台
			超声波流量计	元/台
4		起重设备及安装工程		
			桥式起重机	元/台
			平衡梁	元/副
			轨道	元/双 10 m
			轨道阻进器	元/t
			滑触线	元/三相 10 m

续附表 1-3

Ⅱ	引水工程及河道工程			
序号	一级项目	二级项目	三级项目	技术经济指标
5		水力机械辅助设备及安装工程		
			油系统	
			压气系统	
			水系统	
			水力量测系统	
			管路(管道、附件、阀门)	
6		电气设备及安装工程		
			控制保护系统	
			盘柜	
			电缆	
			母线	
二	水闸(涵)设备及安装工程			
1		电气一次设备及安装工程		
2		电气二次设备及安装工程		
三	消能电站设备及安装工程			
四	供电设备及安装工程			
		变电站设备及安装工程		
五	数字孪生设备及安装工程			
1		雨水情监测预报设备		
2		工程安全监测设备		
3		运行视频监视设备		
4		通信网络设备		
5		自动化控制系统		
6		信息基础环境设备		
7		数字孪生平台		
8		网络安全和数据安全系统		
9		工程管理业务应用系统		

续附表 1-3

Ⅱ	引水工程及河道工程			
序号	一级项目	二级项目	三级项目	技术经济指标
六	公用设备及安装工程			
1		通风采暖设备及安装工程		
			通风机	元/台
			空调机	元/台
			管路系统	
2		机修设备及安装工程		
			车床	元/台
			刨床	元/台
			钻床	元/台
3		全厂接地及保护网		
4		厂坝区供水、排水、供热设备及安装工程		
5		消防设备		
6		劳动安全与工业卫生设备		
7		交通工具		

附表 1-4　第三部分　金属结构设备及安装工程

Ⅰ	枢纽工程			
序号	一级项目	二级项目	三级项目	技术经济指标
一	挡水工程			
1		闸门设备及安装工程		
			平板门	元/t
			弧形门	元/t
			埋件	元/t
			闸门、埋件防腐	元/t(m^2)
2		启闭设备及安装工程		
			卷扬式启闭机	元/台
			门式起重机	元/台

续附表 1-4

I	枢纽工程			
序号	一级项目	二级项目	三级项目	技术经济指标
			液压式启闭机	元/台
			轨道	元/双 10 m
			轨道阻进器	元/t
3		拦污设备及安装工程		
			拦污栅	元/t
			清污机	元/台
二	泄水工程			
1		闸门设备及安装工程		
2		启闭设备及安装工程		
3		拦污设备及安装工程		
三	引水工程			
1		闸门设备及安装工程		
2		启闭设备及安装工程		
3		拦污设备及安装工程		
4		压力钢管制作及安装工程		
			压力钢管	元/t
			叉管	元/t
四	发电厂(泵站)工程			
1		闸门设备及安装工程		
2		启闭设备及安装工程		
			卷扬式启闭机	元/台
			液压式启闭机	元/台
			桥式起重机	元/台
			轨道	元/双 10 m
			轨道阻进器	元/t
五	通航工程			
1		闸门设备及安装工程		
2		启闭设备及安装工程		

续附表1-4

Ⅰ	枢纽工程			
序号	一级项目	二级项目	三级项目	技术经济指标
3		升船机设备及安装工程		
六	过鱼工程			
1		鱼道设备及安装工程		
2		升鱼机设备及安装工程		
3		集运鱼系统设备及安装工程		
Ⅱ	引水工程及河道工程			
序号	一级项目	二级项目	三级项目	技术经济指标
一	泵站工程			
1		闸门设备及安装工程		
2		启闭设备及安装工程		
3		拦污设备及安装工程		
二	水闸(涵)工程			
1		闸门设备及安装工程		
2		启闭设备及安装工程		
3		拦污设备及安装工程		
三	倒虹吸工程			
1		闸门设备及安装工程		
2		启闭设备及安装工程		
3		拦污设备及安装工程		
四	消能电站工程			
1		闸门设备及安装工程		
2		启闭设备及安装工程		
3		拦污设备及安装工程		
4		压力钢管制作及安装工程		
五	调蓄水库工程			
六	其他建筑物工程			

附表 1-5 第四部分 输水管线设备及安装工程

Ⅱ	引水工程及河道工程			
序号	一级项目	二级项目	三级项目	技术经济指标
一	管线工程			
1		××～××段干管工程		
			输水管道	元/km
			管件	元/个(t)
			管道附件	元/个(t)
			管道防腐(内外)	元/m^2
			阴极保护	元/m
			阀门	元/个(台)
			流量计	元/个
2		××～××段支管工程		

附表 1-6 第五部分 施工临时工程

序号	一级项目	二级项目	三级项目	技术经济指标
一	导流工程			
1		导流明渠工程		
			土方开挖	元/m^3
			石方开挖	元/m^3
			混凝土	元/m^3
			模板	元/m^3
			钢筋制安	元/t
			锚杆	元/根
2		导流洞工程		
			土方开挖	元/m^3
			石方开挖	元/m^3
			混凝土	元/m^3
			模板	元/m^2
			钢筋制安	元/t
			喷混凝土	元/m^3

续附表 1-6

序号	一级项目	二级项目	三级项目	技术经济指标
			锚杆	元/根
			钢筋网制安	元/t
			钢拱架制安	元/t
			钢拱架连接筋	元/t
			钢拱架锁脚锚杆	元/根
3		土石围堰工程		
			土方开挖	元/m^3
			石方开挖	元/m^3
			堰体填筑	元/m^3
			砌石	元/m^3
			防渗	元/m^2
			堰体拆除	元/m^3
			其他	
4		混凝土围堰工程		
			土方开挖	元/m^3
			石方开挖	元/m^3
			混凝土	元/m^3
			模板	元/m^2
			防渗	元/m^2
			堰体拆除	元/m^3
			其他	
5		施工期下游断流补偿设施工程		
6		金属结构制作及安装工程		
二	施工交通工程			
1		公路工程		元/km
2		铁路工程		元/km
3		桥梁工程		元/延米
4		施工支洞工程		
5		施工工作井(含竖井、斜井)		

续附表 1-6

序号	一级项目	二级项目	三级项目	技术经济指标
			土方开挖	元/m^3
			石方开挖	元/m^3
			混凝土	元/m^3
			模板	元/m^2
			钢筋制安	元/t
			地下连续墙成槽	元/m^2
			地下连续墙浇筑	元/m^2
			地下连续墙钢筋笼制安	元/t
6		码头工程		
7		转运站工程		
三	施工专项工程			
1		缆机平台		
2		掘进机专项临时设施		
3		施工期通航工程		
4		料场防护工程		
5		施工安全生产专项		
四	施工场外供电工程			
1		220 kV 供电线路		元/km
2		110 kV 供电线路		元/km
3		35 kV 供电线路		元/km
4		10 kV 供电线路 (引水及河道)		元/km
5		变电设施设备(场内除外)		元/座
五	施工房屋建筑工程			
1		施工仓库		
2		施工办公、生活及 文化福利建筑		
六	其他施工临时工程			

附表 1-7　第六部分　独立费用

序号	一级项目	二级项目	三级项目	技术经济指标
一	建设管理费			
二	工程建设监理费			
三	生产准备费			
1		生产及管理单位提前进厂费		
2		生产职工培训费		
3		管理用具购置费		
4		备品备件购置费		
5		工器具及生产家具购置费		
6		联合试运转费		
四	科研勘测设计费			
1		工程科学研究试验费		
2		工程勘测设计费		
五	其他			
1		工程保险费		
2		其他税费		

附录 2　艰苦边远地区类别和西藏自治区特殊津贴地区类别

附录 2.1　艰苦边远地区类别

(一)新疆维吾尔自治区(108 个)

一类区(1 个)

乌鲁木齐市:米东区。

二类区(10 个)

乌鲁木齐市:天山区、沙依巴克区、新市区、水磨沟区、头屯河区、达坂城区、乌鲁木齐县。

石河子市。

昌吉回族自治州:昌吉市、阜康市。

三类区(35 个)

五家渠市。

阿拉尔市。

阿克苏地区:阿克苏市、温宿县、库车市、沙雅县。

吐鲁番市:高昌区、鄯善县。

哈密市:伊州区。

博尔塔拉蒙古自治州:博乐市、精河县、阿拉山口市。

克拉玛依市:克拉玛依区、独山子区、白碱滩区、乌尔禾区。

昌吉回族自治州:呼图壁县、玛纳斯县、奇台县、吉木萨尔县。

巴音郭楞蒙古自治州:库尔勒市、轮台县、博湖县、焉耆回族自治县。

伊犁哈萨克自治州:奎屯市、伊宁市、伊宁县。

塔城地区:乌苏市、沙湾市、塔城市。

胡杨河市。

新星市。

双河市。

铁门关市。

白杨市。

四类区(40 个)

图木舒克市。

喀什地区:喀什市、疏附县、疏勒县、英吉沙县、泽普县、麦盖提县、岳普湖县、伽师县、巴楚县。

阿克苏地区:新和县、拜城县、阿瓦提县、乌什县、柯坪县。

吐鲁番市:托克逊县。

克孜勒苏柯尔克孜自治州:阿图什市。

博尔塔拉蒙古自治州:温泉县。

昌吉回族自治州:木垒哈萨克自治县。

巴音郭楞蒙古自治州:尉犁县、和硕县、和静县。

伊犁哈萨克自治州:霍城县、巩留县、新源县、察布查尔锡伯自治县、特克斯县、尼勒克县、霍尔果斯市。

塔城地区:额敏县、托里县、裕民县、和布克赛尔蒙古自治县。

阿勒泰地区:阿勒泰市、布尔津县、富蕴县、福海县、哈巴河县。

北屯市。

可克达拉市。

五类区(17 个)

喀什地区:莎车县。

和田地区:和田市、和田县、墨玉县、洛浦县、皮山县、策勒县、于田县、民丰县。

哈密市:伊吾县、巴里坤哈萨克自治县。

巴音郭楞蒙古自治州:若羌县、且末县。

伊犁哈萨克自治州:昭苏县。

阿勒泰地区:清河县、吉木乃县。

昆玉市。

六类区(5个)

克孜勒苏科尔克孜自治州:阿克陶县、阿合奇县、乌恰县。

喀什地区:塔什库尔干塔吉克自治县、叶城县。

(二)宁夏回族自治区(19个)

一类区(11个)

银川市:兴庆区、灵武市、永宁县、贺兰县。

石嘴山市:大武口区、惠农区、平罗县。

吴忠市:利通区、青铜峡市。

中卫市:沙坡头区、中宁县。

三类区(8个)

吴忠市:盐池县、同心县。

固原市:原州区、西吉县、隆德县、泾源县、彭阳县。

中卫市:海原县。

(三)青海省(43个)

二类区(6个)

西宁市:城中区、城东区、城西区、城北区。

海东地区:乐都县、民和回族土族自治县。

三类区(8个)

西宁市:大通回族土族自治县、湟源县、湟中县。

海东地区:平安县、互助土族自治县、循化撒拉族自治县。

海南藏族自治州:贵德县。

黄南藏族自治州:尖扎县。

四类区(12个)

海东地区:化隆回族自治县。

海北藏族自治州:海晏县、祁连县、门源回族自治县。

海南藏族自治州:共和县、同德县、贵南县。

黄南藏族自治州:同仁县。

海西蒙古族藏族自治州:德令哈市、格尔木市、乌兰县、都兰县。

五类区(10个)

海北藏族自治州:刚察县。

海南藏族自治州:兴海县。

黄南藏族自治州:泽库县、河南蒙古族自治县。

果洛藏族自治州:玛沁县、班玛县、久治县。

玉树藏族自治州:玉树市、囊谦县。
海西蒙古族藏族自治州:天峻县。
六类区(7 个)
果洛藏族自治州:甘德县、达日县、玛多县。
玉树藏族自治州:杂多县、称多县、治多县、曲麻莱县。

(四)甘肃省(83 个)

一类区(14 个)
兰州市:红古区。
白银市:白银区。
天水市:秦州区、麦积区。
庆阳市:西峰区、庆城县、合水县、正宁县、宁县。
平凉市:崆峒区、泾川县、灵台县、崇信县、华亭市。
二类区(40 个)
兰州市:永登县、皋兰县、榆中县。
嘉峪关市。
金昌市:金川区、永昌县。
白银市:平川区、靖远县、会宁县、景泰县。
天水市:清水县、秦安县、甘谷县、武山县。
武威市:凉州区。
酒泉市:肃州区、玉门市、敦煌市。
张掖市:甘州区、临泽县、高台县、山丹县。
定西市:安定区、通渭县、临洮县、漳县、岷县、渭源县、陇西县。
陇南市:武都区、成县、宕昌县、康县、文县、西和县、礼县、两当县、徽县。
临夏回族自治州:临夏市、永靖县。
三类区(18 个)
天水市:张家川回族自治县。
武威市:民勤县、古浪县。
酒泉市:金塔县、瓜州县。
张掖市:民乐县。
庆阳市:环县、华池县、镇原县。
平凉市:庄浪县、静宁县。
临夏回族自治州:临夏县、康乐县、广河县、和政县。
甘南藏族自治州:临潭县、舟曲县、迭部县。
四类区(9 个)
武威市:天祝藏族自治县。
酒泉市:肃北蒙古族自治县、阿克塞哈萨克族自治县。
张掖市:肃南裕固族自治县。

临夏回族自治州:东乡族自治县、积石山保安族东乡族撒拉族自治县。
甘南藏族自治州:合作市、卓尼县、夏河县。

五类区(2 个)

甘南藏族自治州:玛曲县、碌曲县。

(五)陕西省(48 个)

一类区(45 个)

延安市:延长县、延川县、子长县、安塞县、志丹县、吴起县、甘泉县、富县、宜川县。
铜川市:宜君县。
渭南市:白水县。
咸阳市:永寿县、彬县、长武县、旬邑县、淳化县。
宝鸡市:陇县、太白县。
汉中市:宁强县、略阳县、镇巴县、留坝县、佛坪县。
榆林市:榆阳区、神木市、府谷县、横山县、靖边县、绥德县、吴堡县、清涧县、子洲县。
安康市:汉阴县、石泉县、宁陕县、紫阳县、岚皋县、平利县、镇坪县、白河县。
商洛市:商州区、商南县、山阳县、镇安县、柞水县。

二类区(3 个)

榆林市:定边县、米脂县、佳县。

(六)云南省(120 个)

一类区(36 个)

昆明市:东川区、晋宁区、富民县、宜良县、嵩明县、石林彝族自治县。
曲靖市:麒麟区、宣威市、沾益区、陆良县。
玉溪市:江川区、澄江市、通海县、华宁县、易门县。
保山市:隆阳区、昌宁县。
昭通市:水富市。
普洱市:思茅区、宁洱哈尼族彝族自治县、景谷彝族傣族自治县。
临沧市:临翔区、云县。
大理白族自治州:永平县。
楚雄彝族自治州:楚雄市、南华县、姚安县、永仁县、元谋县、武定县、禄丰县。
红河哈尼族彝族自治州:蒙自市、开远市、建水县、弥勒市。
文山壮族苗族自治州:文山县。

二类区(59 个)

昆明市:禄劝彝族苗族自治县、寻甸回族自治县。
曲靖市:马龙县、罗平县、师宗县、会泽县。
玉溪市:峨山彝族自治县、新平彝族傣族自治县、元江哈尼族彝族傣族自治县。
保山市:施甸县、腾冲市、龙陵县。
昭通市:昭阳区、绥江县、威信县。

丽江市：古城区、永胜县、华坪县。

普洱市：墨江哈尼族自治县、景东彝族自治县、镇沅彝族哈尼族拉祜族自治县、江城哈尼族彝族自治县、澜沧拉祜族自治县。

临沧市：凤庆县、永德县。

德宏傣族景颇族自治州：芒市、瑞丽市、梁河县、盈江县、陇川县。

大理白族自治州：祥云县、宾川县、弥渡县、云龙县、洱源县、剑川县、鹤庆县、漾濞彝族自治县、南涧彝族自治县、巍山彝族回族自治县。

楚雄彝族自治州：双柏县、牟定县、大姚县。

红河哈尼族彝族自治州：绿春县、石屏县、泸西县、金平苗族瑶族傣族自治县、河口瑶族自治县、屏边苗族自治县。

文山壮族苗族自治州：砚山县、西畴县、麻栗坡县、马关县、丘北县、广南县、富宁县。

西双版纳傣族自治州：景洪市、勐海县、勐腊县。

三类区(20个)

曲靖市：富源县。

昭通市：鲁甸县、盐津县、大关县、永善县、镇雄县、彝良县。

丽江市：玉龙纳西族自治县、宁蒗彝族自治县。

普洱市：孟连傣族拉祜族佤族自治县、西盟佤族自治县。

临沧市：镇康县、双江拉祜族佤族布朗族傣族自治县、耿马傣族佤族自治县、沧源佤族自治县。

怒江傈僳族自治州：泸水市、福贡县、兰坪白族普米族自治县。

红河哈尼族彝族自治州：元阳县、红河县。

四类区(3个)

昭通市：巧家县。

怒江傈僳族自治州：贡山独龙族怒族自治县。

迪庆藏族自治州：维西傈僳族自治县。

五类区(1个)

迪庆藏族自治州：香格里拉市。

六类区(1个)

迪庆藏族自治州：德钦县。

(七)贵州省(77个)

一类区(34个)

贵阳市：清镇市、开阳县、修文县、息烽县。

六盘水市：六枝特区。

遵义市：赤水市、播州区、绥阳县、凤冈县、湄潭县、余庆县、习水县。

安顺市：西秀区、平坝区、普定县。

毕节市：金沙县。

铜仁市：江口县、石阡县、思南县、松桃苗族自治县。

黔东南苗族侗族自治州:凯里市、黄平县、施秉县、三穗县、镇远县、岑巩县、锦屏县、麻江县。

黔南布依族苗族自治州:都匀市、贵定县、瓮安县、独山县、龙里县。

黔西南布依族苗族自治州:兴义市。

二类区(36个)

六盘水市:钟山区、盘州市。

遵义市:仁怀市、桐梓县、正安县、道真仡佬族苗族自治县、务川仡佬族苗族自治县。

安顺市:关岭布依族苗族自治县、镇宁布依族苗族自治县、紫云苗族布依族自治县。

毕节市:七星关区、大方县、黔西区。

铜仁市:德江县、印江土家族苗族自治县、沿河土家族自治县、万山特区。

黔东南苗族侗族自治州:天柱县、剑河县、台江县、黎平县、榕江县、从江县、雷山县、丹寨县。

黔南布依族苗族自治州:荔波县、平塘县、罗甸县、长顺县、惠水县、三都水族自治县。

黔西南布依族苗族自治州:兴仁县、贞丰县、望谟县、册亨县、安龙县。

三类区(7个)

六盘水市:水城区。

毕节市:织金县、纳雍县、赫章县、威宁彝族回族苗族自治县。

黔西南布依族苗族自治州:普安县、晴隆县。

(八)四川省(77个)

一类区(24个)

广元市:朝天区、旺苍县、青川县。

泸州市:叙永县、古蔺县。

宜宾市:筠连县、珙县、兴文县、屏山县。

攀枝花市:东区、西区、仁和区、米易县。

巴中市:通江县、南江县。

达州市:万源市、宣汉县。

雅安市:荥经县、石棉县、天全县。

凉山彝族自治州:西昌市、德昌县、会理县、会东县。

二类区(13个)

绵阳市:北川羌族自治县、平武县。

雅安市:汉源县、芦山县、宝兴县。

阿坝藏族羌族自治州:汶川县、理县、茂县。

凉山彝族自治州:宁南县、普格县、喜德县、冕宁县、越西县。

三类区(9个)

乐山市:金口河区、峨边彝族自治县、马边彝族自治县。

攀枝花市:盐边县。

阿坝藏族羌族自治州:九寨沟县。

甘孜藏族自治州：泸定县。

凉山彝族自治州：盐源县、甘洛县、雷波县。

四类区(20个)

阿坝藏族羌族自治州：马尔康市、松潘县、金川县、小金县、黑水县。

甘孜藏族自治州：康定县、丹巴县、九龙县、道孚县、炉霍县、新龙县、德格县、白玉县、巴塘县、乡城县。

凉山彝族自治州：布拖县、金阳县、昭觉县、美姑县、木里藏族自治县。

五类区(8个)

阿坝藏族羌族自治州：壤塘县、阿坝县、若尔盖县、红原县。

甘孜藏族自治州：雅江县、甘孜县、稻城县、得荣县。

六类区(3个)

甘孜藏族自治州：石渠县、色达县、理塘县。

(九)重庆市(11个)

一类区(4个)

黔江区、武隆区、巫山县、云阳县。

二类区(7个)

城口县、巫溪县、奉节县、石柱土家族自治县、彭水苗族土家族自治县、酉阳土家族苗族自治县、秀山土家族苗族自治县。

(十)海南省(7个)

一类区(7个)

五指山市、昌江黎族自治县、白沙黎族自治县、琼中黎族苗族自治县、陵水黎族自治县、保亭黎族苗族自治县、乐东黎族自治县。

(十一)广西壮族自治区(58个)

一类区(36个)

南宁市：横州市、上林县、隆安县、马山县。

桂林市：全州县、灌阳县、资源县、平乐县、恭城瑶族自治县。

柳州市：柳城县、鹿寨县、融安县。

梧州市：蒙山县。

防城港市：上思县。

崇左市：江州区、扶绥县、天等县。

百色市：右江区、田阳区、田东县、平果市、德保县、田林县。

河池市：金城江区、宜州区、南丹县、天峨县、罗城仫佬族自治县、环江毛南族自治县。

来宾市：兴宾区、象州县、武宣县、忻城县。

贺州市：昭平县、钟山县、富川瑶族自治县。

二类区(22个)

桂林市:龙胜各族自治县。

柳州市:三江侗族自治县、融水苗族自治县。

防城港市:港口区、防城区、东兴市。

崇左市:凭祥市、大新县、宁明县、龙州县。

百色市:靖西县、那坡县、凌云县、乐业县、西林县、隆林各族自治县。

河池市:凤山县、东兰县、巴马瑶族自治县、都安瑶族自治县、大化瑶族自治县。

来宾市:金秀瑶族自治县。

(十二)湖南省(14个)

一类区(6个)

张家界市:桑植县。

永州市:江华瑶族自治县。

邵阳市:城步苗族自治县。

怀化市:麻阳苗族自治县、新晃侗族自治县、通道侗族自治县。

二类区(8个)

湘西土家族苗族自治州:吉首市、泸溪县、凤凰县、花垣县、保靖县、古丈县、永顺县、龙山县。

(十三)湖北省(18个)

一类区(10个)

十堰市:郧县、竹山县、房县、郧西县、竹溪县。

宜昌市:兴山县、秭归县、长阳土家族自治县、五峰土家族自治县。

神农架林区。

二类区(8个)

恩施土家族苗族自治州:恩施市、利川市、建始县、巴东县、宣恩县、咸丰县、来凤县、鹤峰县。

(十四)黑龙江省(98个)

一类区(32个)

哈尔滨市:尚志市、五常市、依兰县、方正县、宾县、巴彦县、木兰县、通河县、延寿县。

齐齐哈尔市:龙江县、依安县、富裕县。

大庆市:肇州县、肇源县、林甸县。

伊春市:铁力市。

佳木斯市:富锦市、桦南县、桦川县、汤原县。

双鸭山市:友谊县。

七台河市:勃利县。

牡丹江市:海林市、宁安市、林口县。

绥化市：北林区、安达市、海伦市、望奎县、青冈县、庆安县、绥棱县。

二类区（60 个）

齐齐哈尔市：建华区、龙沙区、铁锋区、昂昂溪区、富拉尔基区、碾子山区、梅里斯达斡尔族区、讷河市、甘南县、克山县、克东县、拜泉县。

黑河市：爱辉区、北安市、五大连池市、嫩江市。

大庆市：杜尔伯特蒙古族自治县。

伊春市：伊美区、友好区、金林区、乌翠区、丰林县、南岔县、汤旺县、大箐山县、嘉荫县。

鹤岗市：兴山区、向阳区、工农区、南山区、兴安区、东山区、萝北县、绥滨县。

佳木斯市：同江市、抚远市。

双鸭山市：尖山区、岭东区、四方台区、宝山区、集贤县、宝清县、饶河县。

七台河市：桃山区、新兴区、茄子河区。

鸡西市：鸡冠区、恒山区、滴道区、梨树区、城子河区、麻山区、虎林市、密山市、鸡东县。

牡丹江市：穆棱市、绥芬河市、东宁市。

绥化市：兰西县、明水县。

三类区（6 个）

黑河市：逊克县、孙吴县。

大兴安岭地区：呼玛县、塔河县、漠河市、加格达奇区。

（十五）吉林省（25 个）

一类区（14 个）

长春市：榆树市。

白城市：大安市、镇赉县、通榆县。

松原市：长岭县、乾安县。

吉林市：舒兰市。

四平市：伊通满族自治县。

辽源市：东辽县。

通化市：集安市、柳河县。

白山市：浑江区、临江市、江源区。

二类区（11 个）

白山市：抚松县、靖宇县、长白朝鲜族自治县。

延边朝鲜族自治州：延吉市、图们市、敦化市、珲春市、龙井市、和龙市、汪清县、安图县。

（十六）辽宁省（14 个）

一类区（14 个）

沈阳市：康平县。

朝阳市：北票市、凌源市、朝阳县、建平县、喀喇沁左翼蒙古族自治县。

阜新市：彰武县、阜新蒙古族自治县。

铁岭市:西丰县、昌图县。

抚顺市:新宾满族自治县

丹东市:宽甸满族自治县。

锦州市:义县。

葫芦岛市:建昌县。

(十七)内蒙古自治区(95个)

一类区(23个)

呼和浩特市:赛罕区、托克托县、土默特左旗。

包头市:石拐区、九原区、土默特右旗。

赤峰市:红山区、元宝山区、松山区、宁城县、巴林右旗、敖汉旗。

通辽市:科尔沁区、开鲁县、科尔沁左翼后旗。

鄂尔多斯市:东胜区、达拉特旗。

乌兰察布市:集宁区、丰镇市。

巴彦淖尔市:临河区、五原县、磴口县。

兴安盟:乌兰浩特市。

二类区(39个)

呼和浩特市:武川县、和林格尔县、清水河县。

包头市:白云矿区、固阳县。

乌海市:海勃湾区、海南区、乌达区。

赤峰市:林西县、阿鲁科尔沁旗、巴林左旗、克什克腾旗、翁牛特旗、喀喇沁旗。

通辽市:库伦旗、奈曼旗、扎鲁特旗、科尔沁左翼中旗。

呼伦贝尔市:海拉尔区、满洲里市、扎兰屯市、阿荣旗。

鄂尔多斯市:准格尔旗、鄂托克旗、杭锦旗、乌审旗、伊金霍洛旗。

乌兰察布市:卓资县、兴和县、凉城县、察哈尔右翼前旗。

巴彦淖尔市:乌拉特前旗、杭锦后旗。

兴安盟:突泉县、科尔沁右翼前旗、科尔沁右翼中旗、扎赉特旗。

锡林郭勒盟:锡林浩特市、二连浩特市。

三类区(24个)

包头市:达尔罕茂明安联合旗。

通辽市:霍林郭勒市。

呼伦贝尔市:牙克石市、额尔古纳市、新巴尔虎右旗、新巴尔虎左旗、陈巴尔虎旗、鄂伦春自治旗、鄂温克族自治旗、莫力达瓦达斡尔族自治旗。

鄂尔多斯市:鄂托克前旗。

乌兰察布市:化德县、商都县、察哈尔右翼中旗、察哈尔右翼后旗。

巴彦淖尔市:乌拉特中旗。

兴安盟:阿尔山市。

锡林郭勒盟:多伦县、东乌珠穆沁旗、西乌珠穆沁旗、太仆寺旗、镶黄旗、正镶白旗、正蓝旗。

四类区(9 个)

呼伦贝尔市:根河市。

乌兰察布市:四子王旗。

巴彦淖尔市:乌拉特后旗。

锡林郭勒盟:阿巴嘎旗、苏尼特左旗、苏尼特右旗。

阿拉善盟:阿拉善左旗、阿拉善右旗、额济纳旗。

(十八)山西省(44 个)

一类区(41 个)

太原市:娄烦县。

大同市:阳高县、灵丘县、浑源县、大同县。

朔州市:平鲁区。

长治市:平顺县、壶关县、武乡县、沁县。

晋城市:陵川县。

忻州市:五台县、代县、繁峙县、宁武县、静乐县、神池县、五寨县、岢岚县、河曲县、保德县、偏关县。

晋中市:榆社县、左权县、和顺县。

临汾市:古县、安泽县、浮山县、吉县、大宁县、永和县、隰县、汾西县。

吕梁市:中阳县、兴县、临县、方山县、柳林县、岚县、交口县、石楼县。

二类区(3 个)

大同市:天镇县、广灵县。

朔州市:右玉县。

(十九)河北省(28 个)

一类区(21 个)

石家庄市:灵寿县、赞皇县、平山县。

张家口市:宣化区、蔚县、阳原县、怀安县、万全区、怀来县、涿鹿县、赤城县。

承德市:承德县、兴隆县、平泉县、滦平县、隆化县、宽城满族自治县。

秦皇岛市:青龙满族自治县。

保定市:涞源县、涞水县、阜平县。

二类区(4 个)

张家口市:张北县、崇礼区。

承德市:丰宁满族自治县、围场满族蒙古族自治县。

三类区(3 个)

张家口市:康保县、沽源县、尚义县。

附录 2.2　西藏自治区特殊津贴地区类别

拉萨市

二类区

拉萨市城关区及所属办事处，达孜区，尼木县县驻地、尚日区、吞区、尼木区，曲水县，墨竹工卡县(不含门巴区和直孔区)，堆龙德庆区。

三类区

林周县，尼木县安岗区、帕古区、麻江区，当雄县(不含纳木措区)，墨竹工卡县门巴区、直孔区。

四类区

当雄县纳木措区。

昌都市

二类区

卡若区(原昌都县，不含妥坝区、拉多区、面达区)，芒康县(不含戈波区)，贡觉县县驻地、波洛区、香具区、哈加区，八宿县(不含邦达区、同卡区、夏雅区)，左贡县(不含川妥区、美玉区)，边坝县(不含恩来格区)，洛隆县(不含腊久区)，江达县(不含德登区、青泥洞区、字嘎区、邓柯区、生达区)，类乌齐县县驻地、桑多区、尚卡区、甲桑卡区、丁青县(不含嘎塔区)，察雅县(不含括热区、宗沙区)。

三类区

卡若区(原昌都县，含妥坝区、拉多区、面达区)，芒康县戈波区，贡觉县则巴区、拉妥区、木协区、罗麦区、雄松区，八宿县邦达区、同卡区、夏雅区，左贡县田妥区、美玉区，边坝县恩来格区，洛隆县腊久区，江达县德登区、青泥洞区、字嘎区、邓柯区、生达区，类乌齐县长毛岭区、卡玛多(巴夏)区、类乌齐区，察雅县括热区、宗沙区。

四类区

丁青县嘎塔区。

山南市

二类区

乃东区，琼结县(不含加麻区)，措美县当巴区、乃西区，加查县，贡嘎县(不含东拉区)，洛扎县(不含色区和蒙达区)，曲松县(不含贡康沙区、邛多江区)，桑日县(不含真纠区)，扎囊县，错那市勒布区、觉拉区，隆子县县驻地、加玉区、三安曲林区、新巴区，浪卡子县卡拉区。

三类区

琼结县加麻区，措美县县驻地、当许区，洛扎县色区、蒙达区，曲松县贡康沙区、邛多江区，桑日县真纠区，错那市驻地、洞嘎区、错那区，隆子县甘当区、扎日区、俗坡下区、雪萨区，浪卡子县(不含卡拉区、张达区、林区)。

四类区

措美县哲古区，贡嘎县东拉区，隆子县雪萨乡，浪卡子县张达区、林区。

日喀则市

二类区

日喀则市，萨迦县孜松区、吉定区，江孜县卡麦区、重孜区，拉孜县拉孜区、扎西岗区、彭错林区，定日县卡选区、绒辖区，聂拉木县县驻地，吉隆县吉隆区，亚东县县驻地、下司马镇、下亚东区、上亚东区，谢通门县县驻地、恰嘎区，仁布县县驻地、仁布区、德吉林区，白朗县（不含汪丹区），南木林县多角区、艾玛岗区、土布加区，樟木口岸。

三类区

定结县县驻地、陈塘区、萨尔区、定结区、金龙区，萨迦县（不含孜松区、吉定区），江孜县（不含卡麦区、重孜区），拉孜县县驻地、曲下区、温泉区、柳区，定日县（不含卡达区、绒辖区），康马县，聂拉木县（不含县驻地），吉隆县（不含吉隆区），亚东县帕里镇、堆纳区，谢通门县塔玛区、查拉区、德来区，昂仁县（不含桑桑区、查孜区、措麦区），萨嘎县旦嘎区，仁布县帕当区、然巴区、亚德区，白朗县汪丹区，南木林县（不含多角区、艾玛岗区、土布加区）。

四类区

定结县德吉（日屋区），谢通门县春哲（龙桑）区、南木切区，昂仁县桑桑区、查孜区、措麦区，岗巴县，仲巴县，萨嘎县（不含旦嘎区）。

林芝市

二类区

巴宜区，朗县，米林市，察隅县，波密县，工布江达县（不含加兴区、金达乡）。

三类区

墨脱县，工布江达县加兴区、金达乡。

那曲市

三类区

嘉黎县尼屋区，巴青县县驻地、高口区、益塔区、雅安多区，比如县（不含下秋卡区、恰则区），索县。

四类区

那曲县，嘉黎县（不含尼屋区），申扎县，巴青县江绵区、仓来区、巴青区、本索区，聂荣县，尼玛县，比如县下秋卡区、恰则区，班戈县，安多县。

阿里地区

四类区

噶尔县，措勤县，普兰县，革吉县，日土县，札达县，改则县。

附录 3　混凝土、砂浆配合比及材料用量参考表

附表 3-1　纯混凝土配合比及材料用量参考表

单位:m^3

序号	混凝土强度等级	水泥强度等级	水灰比	级配	最大粒径(mm)	配合比			预算量					
						水泥	砂	石子	水泥	粗砂		卵石		水
									(kg)	(kg)	(m^3)	(kg)	(m^3)	(m^3)
1	C15	32.5	0.60	1	20	1	3.11	3.95	280	881	0.59	1 128	0.66	0.165
				2	40	1	3.15	5.11	248	790	0.53	1 294	0.76	0.146
				3	80	1	3.18	6.69	216	693	0.47	1 475	0.86	0.127
				4	150	1	3.23	8.21	192	628	0.42	1 611	0.94	0.113
		42.5	0.65	1	20	1	3.41	4.33	259	891	0.60	1 141	0.67	0.165
				2	40	1	3.45	5.60	229	797	0.53	1 306	0.76	0.146
				3	80	1	3.47	7.31	199	699	0.47	1 486	0.87	0.127
				4	150	1	3.53	8.96	177	632	0.42	1 622	0.95	0.113
2	C20	32.5	0.50	1	20	1	2.51	3.19	337	855	0.57	1 096	0.64	0.165
				2	40	1	2.55	4.15	298	770	0.52	1 262	0.74	0.146
				3	80	1	2.59	5.45	260	679	0.46	1 444	0.84	0.127
				4	150	1	2.64	6.71	231	617	0.41	1 582	0.93	0.113
		42.5	0.60	1	20	1	3.11	3.95	280	881	0.59	1 128	0.66	0.165
				2	40	1	3.15	5.11	248	790	0.53	1 294	0.76	0.146
				3	80	1	3.18	6.69	216	693	0.47	1 475	0.86	0.127
				4	150	1	3.23	8.21	192	628	0.42	1 611	0.94	0.113

续附表 3-1

序号	混凝土强度等级	水泥强度等级	水灰比	级配	最大粒径（mm）	配合比			预算量					
						水泥	砂	石子	水泥（kg）	粗砂		卵石		水（m^3）
										（kg）	（m^3）	（kg）	（m^3）	
3	C25	42.5	0.55	1	20	1	2.75	3.63	306	850	0.57	1 133	0.66	0.165
				2	40	1	2.78	4.71	271	760	0.51	1 300	0.76	0.146
				3	80	1	2.79	6.16	236	666	0.45	1 482	0.87	0.127
				4	150	1	2.84	7.57	210	601	0.40	1 620	0.95	0.113
		52.5	0.60	1	20	1	3.11	3.95	280	881	0.59	1 128	0.66	0.165
				2	40	1	3.15	5.11	248	790	0.53	1 294	0.76	0.146
				3	80	1	3.18	6.69	216	693	0.47	1 475	0.86	0.127
				4	150	1	3.23	8.21	192	628	0.42	1 611	0.94	0.113
4	C30	42.5	0.50	1	20	1	2.40	3.30	337	817	0.55	1 135	0.66	0.165
				2	40	1	2.42	4.28	298	730	0.49	1 303	0.76	0.146
				3	80	1	2.43	5.61	260	637	0.43	1 486	0.87	0.127
				4	150	1	2.46	6.90	231	574	0.39	1 626	0.95	0.113
		52.5	0.55	1	20	1	2.75	3.63	306	850	0.57	1 133	0.66	0.165
				2	40	1	2.78	4.71	271	760	0.51	1 300	0.76	0.146
				3	80	1	2.79	6.16	236	666	0.45	1 482	0.87	0.127
				4	150	1	2.84	7.57	210	601	0.40	1 620	0.95	0.113

续附表 3-1

序号	混凝土强度等级	水泥强度等级	水灰比	级配	最大粒径(mm)	配合比			预算量					
						水泥	砂	石子	水泥(kg)	粗砂		卵石		水(m^3)
										(kg)	(m^3)	(kg)	(m^3)	
5	C35	42.5	0.45	1	20	1	2.06	2.96	375	782	0.52	1 131	0.66	0.165
				2	40	1	2.08	3.84	332	698	0.47	1 300	0.76	0.146
				3	80	1	2.08	5.04	289	608	0.41	1 486	0.87	0.127
				4	150	1	2.10	6.21	257	546	0.37	1 627	0.95	0.113
		52.5	0.50	1	20	1	2.40	3.30	337	817	0.55	1 135	0.66	0.165
				2	40	1	2.42	4.28	298	730	0.49	1 303	0.76	0.146
				3	80	1	2.43	5.61	260	637	0.43	1 486	0.87	0.127
				4	150	1	2.46	6.90	231	574	0.39	1 626	0.95	0.113
6	C40	42.5	0.40	1	20	1	1.74	2.60	423	743	0.50	1 121	0.66	0.165
				2	40	1	1.76	3.39	374	664	0.45	1 292	0.76	0.146
				3	80	1	1.76	4.46	326	577	0.39	1 480	0.87	0.127
				4	150	1	1.77	5.50	290	517	0.35	1 624	0.95	0.113
		52.5	0.45	1	20	1	2.06	2.96	375	782	0.52	1 131	0.66	0.165
				2	40	1	2.08	3.84	332	698	0.47	1 300	0.76	0.146
				3	80	1	2.08	5.04	289	608	0.41	1 486	0.87	0.127
				4	150	1	2.10	6.21	257	546	0.37	1 627	0.95	0.113

续附表 3-1

序号	混凝土强度等级	水泥强度等级	水灰比	级配	最大粒径(mm)	配合比			预算量					
						水泥	砂	石子	水泥(kg)	粗砂		卵石		水(m³)
										(kg)	(m³)	(kg)	(m³)	
7	C45	52.5	0.40	1	20	1	1.74	2.60	423	743	0.50	1 121	0.66	0.165
				2	40	1	1.76	3.39	374	664	0.45	1 292	0.76	0.146
				3	80	1	1.76	4.46	326	577	0.39	1 480	0.87	0.127
				4	150	1	1.77	5.50	290	517	0.35	1 624	0.95	0.113
8	C50	52.5	0.35	1	20	1	1.43	2.23	485	700	0.47	1 101	0.64	0.165
				2	40	1	1.44	2.92	428	626	0.42	1 274	0.74	0.146
				3	80	1	1.45	3.85	373	544	0.36	1 465	0.86	0.127
				4	150	1	1.45	4.77	331	486	0.33	1 612	0.94	0.113

附表 3-2 掺外加剂混凝土配合比及材料用量参考表

单位：m^3

序号	混凝土强度等级	水泥强度等级	水灰比	级配	最大粒径(mm)	配合比			预算量						
						水泥	砂	石子	水泥(kg)	粗砂(kg)	粗砂(m^3)	卵石(kg)	卵石(m^3)	外加剂(kg)	水$(m)^3$
1	C15	32.5	0.60	1	20	1	3.51	4.45	252	893	0.60	1 144	0.67	0.50	0.165
				2	40	1	3.54	5.75	223	799	0.54	1 309	0.77	0.45	0.146
				3	80	1	3.56	7.51	195	700	0.47	1 489	0.87	0.39	0.127
				4	150	1	3.62	9.20	173	633	0.42	1 624	0.95	0.35	0.113
		42.5	0.65	1	20	1	3.84	4.87	233	902	0.61	1 155	0.68	0.47	0.165
				2	40	1	3.87	6.29	206	806	0.54	1 320	0.77	0.41	0.146
				3	80	1	3.89	8.20	179	705	0.47	1 500	0.88	0.36	0.127
				4	150	1	3.95	10.04	160	637	0.43	1 634	0.96	0.32	0.113
2	C20	32.5	0.50	1	20	1	2.84	3.60	304	870	0.58	1 114	0.65	0.61	0.165
				2	40	1	2.88	4.68	269	781	0.52	1 281	0.75	0.54	0.146
				3	80	1	2.91	6.13	234	687	0.46	1 462	0.85	0.47	0.127
				4	150	1	2.97	7.53	208	623	0.42	1 599	0.93	0.42	0.113
		42.5	0.60	1	20	1	3.51	4.45	252	893	0.60	1 144	0.67	0.50	0.165
				2	40	1	3.54	5.75	223	799	0.54	1 309	0.77	0.45	0.146
				3	80	1	3.56	7.51	195	700	0.47	1 489	0.87	0.39	0.127
				4	150	1	3.62	9.20	173	633	0.42	1 624	0.95	0.35	0.113

续附表 3-2

序号	混凝土强度等级	水泥强度等级	水灰比	级配	最大粒径(mm)	配合比			预算量						
						水泥	砂	石子	水泥(kg)	粗砂		卵石		外加剂(kg)	水(m^3)
										(kg)	(m^3)	(kg)	(m^3)		
3	C25	42.5	0.55	1	20	1	3.10	4.10	276	863	0.58	1 151	0.67	0.55	0.165
				2	40	1	3.13	5.30	244	770	0.52	1 317	0.77	0.49	0.146
				3	80	1	3.14	6.92	212	673	0.45	1 498	0.88	0.42	0.127
				4	150	1	3.18	8.49	189	607	0.41	1 635	0.96	0.38	0.113
		52.5	0.60	1	20	1	3.51	4.45	252	893	0.60	1 144	0.67	0.50	0.165
				2	40	1	3.54	5.75	223	799	0.54	1 309	0.77	0.45	0.146
				3	80	1	3.56	7.51	195	700	0.47	1 489	0.87	0.39	0.127
				4	150	1	3.62	9.20	173	633	0.42	1 624	0.95	0.35	0.113
4	C30	42.5	0.50	1	20	1	2.71	3.73	303	831	0.56	1 154	0.68	0.61	0.165
				2	40	1	2.73	4.83	268	741	0.50	1 322	0.77	0.54	0.146
				3	80	1	2.73	6.31	234	645	0.43	1 505	0.88	0.47	0.127
				4	150	1	2.76	7.75	208	580	0.39	1 643	0.96	0.42	0.113
		52.5	0.55	1	20	1	3.10	4.10	276	863	0.58	1 151	0.67	0.55	0.165
				2	40	1	3.13	5.30	244	770	0.52	1 317	0.77	0.49	0.146
				3	80	1	3.14	6.92	212	673	0.45	1 498	0.88	0.42	0.127
				4	150	1	3.18	8.49	189	607	0.41	1 635	0.96	0.38	0.113

续附表 3-2

序号	混凝土强度等级	水泥强度等级	水灰比	级配	最大粒径（mm）	配合比			预算量						
						水泥	砂	石子	水泥（kg）	粗砂		卵石		外加剂（kg）	水（m³）
										（kg）	（m³）	（kg）	（m³）		
5	C35	42.5	0.45	1	20	1	2.34	3.35	338	797	0.53	1 153	0.67	0.68	0.165
				2	40	1	2.35	4.34	299	710	0.48	1 322	0.77	0.60	0.146
				3	80	1	2.35	5.68	260	616	0.41	1 507	0.88	0.52	0.127
				4	150	1	2.36	6.98	231	552	0.37	1 647	0.96	0.46	0.113
		52.5	0.50	1	20	1	2.71	3.73	303	831	0.56	1 154	0.68	0.61	0.165
				2	40	1	2.73	4.83	268	741	0.50	1 322	0.77	0.54	0.146
				3	80	1	2.73	6.31	234	645	0.43	1 505	0.88	0.47	0.127
				4	150	1	2.76	7.75	208	580	0.39	1 643	0.96	0.42	0.113
6	C40	42.5	0.40	1	20	1	1.97	2.96	381	760	0.51	1 146	0.67	0.76	0.165
				2	40	1	1.98	3.84	337	677	0.45	1 317	0.77	0.67	0.146
				3	80	1	1.98	5.03	293	586	0.39	1 503	0.88	0.59	0.127
				4	150	1	1.99	6.19	261	523	0.35	1 646	0.96	0.52	0.113
		52.5	0.45	1	20	1	2.34	3.35	338	797	0.53	1 153	0.67	0.68	0.165
				2	40	1	2.35	4.34	299	710	0.48	1 322	0.77	0.60	0.146
				3	80	1	2.35	5.68	260	616	0.41	1 507	0.88	0.52	0.127
				4	150	1	2.36	6.98	231	552	0.37	1 647	0.96	0.46	0.113

续附表 3-2

序号	混凝土强度等级	水泥强度等级	水灰比	级配	最大粒径（mm）	配合比			预算量						
						水泥	砂	石子	水泥（kg）	粗砂		卵石		外加剂（kg）	水（m^3）
										（kg）	（m^3）	（kg）	（m^3）		
7	C45	52.5	0.40	1	20	1	1.97	2.96	381	760	0.51	1 146	0.67	0.76	0.165
				2	40	1	1.98	3.84	337	677	0.45	1 317	0.77	0.67	0.146
				3	80	1	1.98	5.03	293	586	0.39	1 503	0.88	0.59	0.127
				4	150	1	1.99	6.19	261	523	0.35	1 646	0.96	0.52	0.113
8	C50	52.5	0.35	1	20	1	1.63	2.54	436	719	0.48	1 131	0.66	0.87	0.165
				2	40	1	1.65	3.31	386	640	0.43	1 303	0.76	0.77	0.146
				3	80	1	1.64	4.36	335	554	0.37	1 492	0.87	0.67	0.127
				4	150	1	1.64	5.38	298	493	0.33	1 637	0.96	0.60	0.113

附表3-3　掺粉煤灰混凝土配合比及材料用量参考表

(掺粉煤灰量20%,取代系数1.3)

单位:m^3

序号	混凝土强度等级	水泥强度等级	水灰比	级配	最大粒径(mm)	配合比				预算量							
						水泥	粉煤灰	砂	石子	水泥(kg)	粉煤灰(kg)	粗砂		卵石		外加剂(kg)	水(m^3)
												(kg)	(m^3)	(kg)	(m^3)		
1	C15	32.5	0.60	3	80	1	0.325	3.95	8.31	173	56	689	0.46	1 466	0.86	0.35	0.127
				4	150	1	0.325	4.02	10.21	154	50	625	0.42	1 602	0.94	0.31	0.113
		42.5	0.65	3	80	1	0.325	4.31	9.09	159	52	695	0.47	1 478	0.86	0.32	0.127
				4	150	1	0.325	4.39	11.15	142	46	629	0.42	1 614	0.94	0.28	0.113
2	C20	32.5	0.50	3	80	1	0.325	3.21	6.76	208	68	674	0.45	1434	0.84	0.42	0.127
				4	150	1	0.325	3.28	8.33	185	60	613	0.41	1 572	0.92	0.37	0.113
		42.5	0.60	3	80	1	0.325	3.95	8.31	173	56	689	0.46	1 466	0.86	0.35	0.127
				4	150	1	0.325	4.02	10.21	154	50	625	0.42	1 602	0.94	0.31	0.113
3	C25	42.5	0.55	3	80	1	0.325	3.47	7.65	189	61	661	0.44	1 472	0.86	0.38	0.127
				4	150	1	0.325	3.52	9.40	168	55	598	0.40	1 610	0.94	0.34	0.113
		52.5	0.60	3	80	1	0.325	3.95	8.31	173	56	689	0.46	1 466	0.86	0.35	0.127
				4	150	1	0.325	4.02	10.21	154	50	625	0.42	1 602	0.94	0.31	0.113
4	C30	42.5	0.50	3	80	1	0.325	3.01	6.96	208	68	633	0.42	1 475	0.86	0.42	0.127
				4	150	1	0.325	3.05	8.57	185	60	570	0.38	1 615	0.94	0.37	0.113
		52.5	0.55	3	80	1	0.325	3.47	7.65	189	61	661	0.44	1 472	0.86	0.38	0.127
				4	150	1	0.325	3.52	9.40	168	55	598	0.40	1 610	0.94	0.34	0.113

附表 3-4 掺粉煤灰混凝土配合比及材料用量参考表

（掺粉煤灰量 25%，取代系数 1.3）

单位：m^3

序号	混凝土强度等级	水泥强度等级	水灰比	级配	最大粒径（mm）	配合比				预算量							
						水泥	粉煤灰	砂	石子	水泥（kg）	粉煤灰（kg）	粗砂（kg）	粗砂（m^3）	卵石（kg）	卵石（m^3）	外加剂（kg）	水（m^3）
1	C15	32.5	0.60	3	80	1	0.433	4.20	8.85	162	70	688	0.46	1 464	0.86	0.32	0.127
				4	150	1	0.433	4.28	10.88	144	63	624	0.42	1 600	0.94	0.29	0.113
		42.5	0.65	3	80	1	0.433	4.60	9.68	150	65	694	0.47	1 476	0.86	0.30	0.127
				4	150	1	0.433	4.68	11.88	133	58	628	0.42	1 612	0.94	0.27	0.113
2	C20	32.5	0.50	3	80	1	0.433	3.42	7.20	195	84	673	0.45	1 431	0.84	0.39	0.127
				4	150	1	0.433	3.49	8.87	173	75	612	0.41	1 570	0.92	0.35	0.113
		42.5	0.60	3	80	1	0.433	4.20	8.85	162	70	688	0.46	1 464	0.86	0.32	0.127
				4	150	1	0.433	4.28	10.88	144	63	624	0.42	1 600	0.94	0.29	0.113
3	C25	42.5	0.55	3	80	1	0.433	3.69	8.15	177	77	660	0.44	1 470	0.86	0.35	0.127
				4	150	1	0.433	3.75	10.02	157	68	597	0.40	1 608	0.94	0.31	0.113
		52.5	0.60	3	80	1	0.433	4.20	8.85	162	70	688	0.46	1 464	0.86	0.32	0.127
				4	150	1	0.433	4.28	10.88	144	63	624	0.42	1 600	0.94	0.29	0.113
4	C30	42.5	0.50	3	80	1	0.433	3.21	7.41	195	84	631	0.42	1 473	0.86	0.39	0.127
				4	150	1	0.433	3.25	9.13	173	75	569	0.38	1 613	0.94	0.35	0.113
		52.5	0.55	3	80	1	0.433	3.69	8.15	177	77	660	0.44	1 470	0.86	0.35	0.127
				4	150	1	0.433	3.75	10.02	157	68	597	0.40	1 608	0.94	0.31	0.113

附表 3-5　掺粉煤灰混凝土配合比及材料用量参考表

(掺粉煤灰量 30%,取代系数 1.3)

单位:m^3

序号	混凝土强度等级	水泥强度等级	水灰比	级配	最大粒径(mm)	配合比				预算量								
						水泥	粉煤灰	砂	石子	水泥(kg)	粉煤灰(kg)	粗砂		卵石		外加剂(kg)	水(m^3)
												(kg)	(m^3)	(kg)	(m^3)		
1	C15	32.5	0.60	3	80	1	0.557	4.50	9.47	151	84	687	0.46	1 461	0.85	0.30	0.127
				4	150	1	0.557	4.58	11.64	135	75	623	0.42	1 598	0.93	0.27	0.113
		42.5	0.65	3	80	1	0.557	4.92	10.36	140	78	693	0.47	1 474	0.86	0.28	0.127
				4	150	1	0.557	5.00	12.71	124	69	628	0.42	1 610	0.94	0.25	0.113
2	C20	32.5	0.50	3	80	1	0.557	3.65	7.70	182	101	671	0.45	1 428	0.84	0.36	0.127
				4	150	1	0.557	3.74	9.49	162	90	611	0.41	1 567	0.92	0.32	0.113
		42.5	0.60	3	80	1	0.557	4.50	9.47	151	84	687	0.46	1 461	0.85	0.30	0.127
				4	150	1	0.557	4.58	11.64	135	75	623	0.42	1 598	0.93	0.27	0.113
3	C25	42.5	0.55	3	80	1	0.557	3.95	8.71	165	92	659	0.44	1 468	0.86	0.33	0.127
				4	150	1	0.557	4.02	10.72	147	82	596	0.40	1 606	0.94	0.29	0.113
		52.5	0.60	3	80	1	0.557	4.50	9.47	151	84	687	0.46	1 461	0.85	0.30	0.127
				4	150	1	0.557	4.58	11.64	135	75	623	0.42	1 598	0.93	0.27	0.113
4	C30	42.5	0.50	3	80	1	0.557	3.43	7.93	182	101	630	0.42	1 470	0.86	0.36	0.127
				4	150	1	0.557	3.48	9.76	162	90	568	0.38	1 610	0.94	0.32	0.113
		52.5	0.55	3	80	1	0.557	3.95	8.71	165	92	659	0.44	1 468	0.86	0.33	0.127
				4	150	1	0.557	4.02	10.72	147	82	596	0.40	1 606	0.94	0.29	0.113

附表 3-6 掺粉煤灰混凝土配合比及材料用量参考表

（掺粉煤灰量 40%，取代系数 1.3）

单位：m^3

序号	混凝土强度等级	水泥强度等级	水灰比	级配	最大粒径（mm）	配合比				预算量							
						水泥	粉煤灰	砂	石子	水泥（kg）	粉煤灰（kg）	粗砂		卵石		外加剂（kg）	水（m^3）
												（kg）	（m^3）	（kg）	（m^3）		
1	C15	32.5	0.60	3	80	1	0.867	5.23	11.02	130	112	685	0.46	1 457	0.85	0.26	0.127
				4	150	1	0.867	5.33	13.55	115	100	621	0.42	1 594	0.93	0.23	0.113
		42.5	0.65	3	80	1	0.867	5.72	12.05	120	104	691	0.46	1 470	0.86	0.24	0.127
				4	150	1	0.867	5.82	14.80	106	92	626	0.42	1 606	0.94	0.21	0.113
2	C20	32.5	0.50	3	80	1	0.867	4.25	8.95	156	135	669	0.45	1 423	0.83	0.31	0.127
				4	150	1	0.867	4.35	11.04	139	120	609	0.41	1 562	0.91	0.28	0.113
		42.5	0.60	3	80	1	0.867	5.23	11.02	130	112	685	0.46	1 457	0.85	0.26	0.127
				4	150	1	0.867	5.33	13.55	115	100	621	0.42	1 594	0.93	0.23	0.113
3	C25	42.5	0.55	3	80	1	0.867	4.60	10.13	142	123	657	0.44	1 463	0.86	0.28	0.127
				4	150	1	0.867	4.67	12.47	126	109	594	0.40	1 601	0.94	0.25	0.113
		52.5	0.60	3	80	1	0.867	5.23	11.02	130	112	685	0.46	1 457	0.85	0.26	0.127
				4	150	1	0.867	5.33	13.55	115	100	621	0.42	1 594	0.93	0.23	0.113
4	C30	42.5	0.50	3	80	1	0.867	3.99	9.22	156	135	628	0.42	1 465	0.86	0.31	0.127
				4	150	1	0.867	4.05	11.35	139	120	567	0.38	1 605	0.94	0.28	0.113
		52.5	0.55	3	80	1	0.867	4.60	10.13	142	123	657	0.44	1 463	0.86	0.28	0.127
				4	150	1	0.867	4.67	12.47	126	109	594	0.40	1 601	0.94	0.25	0.113

附表 3-7　泵送纯混凝土配合比及材料用量参考表

单位：m^3

序号	混凝土强度等级	水泥强度等级	水灰比	级配	最大粒径(mm)	配合比			预算量					
						水泥	砂	石子	水泥(kg)	粗砂		卵石		水(m^3)
										(kg)	(m^3)	(kg)	(m^3)	
1	C20	32.5	0.51	1	20	1	2.33	2.68	372	876	0.59	1 018	0.60	0.186
				2	40	1	2.37	3.49	332	796	0.53	1 181	0.69	0.166
		42.5	0.60	1	20	1	2.83	3.25	316	902	0.61	1 048	0.61	0.186
				2	40	1	2.61	3.84	306	807	0.54	1 197	0.70	0.166
2	C25	42.5	0.55	1	20	1	2.55	2.94	345	889	0.60	1 033	0.60	0.186
				2	40	1	2.59	3.81	308	806	0.54	1 196	0.70	0.166
		52.5	0.60	1	20	1	2.83	3.25	316	902	0.61	1 048	0.61	0.186
				2	40	1	2.61	3.84	306	807	0.54	1 197	0.70	0.166
3	C30	42.5	0.48	1	20	1	2.17	2.49	395	865	0.58	1 005	0.59	0.186
				2	40	1	2.21	3.25	353	788	0.53	1 168	0.68	0.166
		52.5	0.57	1	20	1	2.66	3.06	333	895	0.60	1 039	0.61	0.186
				2	40	1	2.61	3.84	306	807	0.54	1 197	0.70	0.166
4	C35	42.5	0.43	1	20	1	1.89	2.18	441	844	0.57	980	0.57	0.186
				2	40	1	1.94	2.85	394	771	0.52	1 144	0.67	0.166
		52.5	0.52	1	20	1	2.39	2.75	365	879	0.59	1 022	0.60	0.186
				2	40	1	2.43	3.57	326	799	0.54	1 185	0.69	0.166
5	C40	52.5	0.46	1	20	1	2.06	2.37	412	857	0.58	996	0.58	0.186
				2	40	1	2.10	3.09	368	781	0.52	1 159	0.68	0.166
6	C45	52.5	0.42	1	20	1	1.84	2.12	452	839	0.56	974	0.57	0.186
				2	40	1	1.88	2.77	403	767	0.51	1 138	0.67	0.166

附表 3-8 泵送掺外加剂混凝土配合比及材料用量参考表

单位：m^3

序号	混凝土强度等级	水泥强度等级	水灰比	级配	最大粒径(mm)	配合比			预算量						
						水泥	砂	石子	水泥(kg)	粗砂		卵石		外加剂(kg)	水(m^3)
										(kg)	(m^3)	(kg)	(m^3)		
1	C20	32.5	0.51	1	20	1	2.64	3.04	335	893	0.60	1 038	0.61	0.67	0.186
				2	40	1	2.68	3.94	299	810	0.54	1 201	0.70	0.60	0.166
		42.5	0.60	1	20	1	3.19	3.67	285	917	0.62	1 065	0.62	0.57	0.186
				2	40	1	2.95	4.33	275	819	0.55	1 215	0.71	0.55	0.166
2	C25	42.5	0.55	1	20	1	2.89	3.32	310	905	0.61	1 051	0.61	0.62	0.186
				2	40	1	2.93	4.30	277	818	0.55	1 214	0.71	0.55	0.166
		52.5	0.60	1	20	1	3.19	3.67	285	917	0.62	1 065	0.62	0.57	0.186
				2	40	1	2.95	4.33	275	819	0.55	1 215	0.71	0.55	0.166
3	C30	42.5	0.48	1	20	1	2.46	2.83	356	884	0.59	1 026	0.60	0.71	0.186
				2	40	1	2.50	3.67	317	802	0.54	1 189	0.70	0.63	0.166
		52.5	0.57	1	20	1	3.01	3.46	300	910	0.61	1 057	0.62	0.60	0.186
				2	40	1	2.95	4.33	275	819	0.55	1 215	0.71	0.55	0.166
4	C35	42.5	0.43	1	20	1	2.15	2.48	397	864	0.58	1 004	0.59	0.79	0.186
				2	40	1	2.20	3.23	354	787	0.53	1 167	0.68	0.71	0.166
		52.5	0.52	1	20	1	2.70	3.11	328	896	0.60	1 041	0.61	0.66	0.186
				2	40	1	2.74	4.03	293	812	0.54	1 204	0.70	0.59	0.166
5	C40	52.5	0.46	1	20	1	2.34	2.69	371	876	0.59	1 018	0.60	0.74	0.186
				2	40	1	2.38	3.50	331	796	0.53	1 181	0.69	0.66	0.166
6	C45	52.5	0.42	1	20	1	2.09	2.41	407	860	0.58	999	0.58	0.81	0.186
				2	40	1	2.14	3.14	363	783	0.53	1 162	0.68	0.73	0.166

附表 3-9　砂浆配合比及材料用量参考表

(1)砌筑砂浆

单位:m^3

序号	砂浆强度等级	水泥强度等级	预算量		
			水泥(kg)	砂(m^3)	水(m^3)
1	M5	32.5	268	1.13	0.280
2	M7.5	32.5	294	1.12	0.280
3	M10	32.5	320	1.11	0.280
4	M15	42.5	348	1.15	0.243
5	M20	42.5	393	1.07	0.274
6	M25	42.5	449	0.97	0.313
7	M30	42.5	521	0.84	0.364
8	M40	42.5	636	0.63	0.444

(2)接缝砂浆

单位:m^3

序号	砂浆强度等级	水泥强度等级	体积配合比		预算量		
			水泥	砂	水泥(kg)	砂(m^3)	水(m^3)
1	M15	42.5	1	3.1	403	1.08	0.270
2	M20	42.5	1	2.5	476	1.03	0.270
3	M25	42.5	1	2.1	544	1.00	0.270
4	M30	42.5	1	1.8	625	0.98	0.266
5	M35	42.5	1	1.5	730	0.93	0.266
6	M40	42.5	1	1.3	789	0.90	0.266

附录 4 概算表格

附表 4-1 工程概算总表

单位:万元

序号	工程或费用名称	建安工程费	设备费	独立费用	合计
Ⅰ	工程部分投资				
	第一部分 建筑工程				
	……(一级项目,下同)				
	第二部分 机电设备及安装工程				
	……				
	第三部分 金属结构设备及安装工程				
	……				
	第四部分 输水管线设备及安装工程				
	……				
	第五部分 施工临时工程				
	……				
	第六部分 独立费用				
	……				
	一至六部分投资合计				
	基本预备费				
	静态投资				
Ⅱ	建设征地移民补偿投资				
一	农村部分补偿费				
二	城(集)镇部分补偿费				
三	工业企业补偿费				
四	专业项目补偿费				
五	防护工程费				
六	库底清理费				
七	其他费用				
	一至七项合计				
	基本预备费				
	有关税费				
	静态投资				
Ⅲ	环境保护工程投资				
一	环境保护措施				
二	独立费用				

续附表 4-1

序号	工程或费用名称	建安工程费	设备费	独立费用	合计
	一至二项合计				
	基本预备费				
	环境影响补偿费				
	静态投资				
Ⅳ	水土保持工程投资				
一	工程措施				
二	植物措施				
三	监测措施				
四	施工临时工程				
五	独立费用				
	一至五项合计				
	基本预备费				
	水土保持补偿费				
	静态投资				
Ⅴ	工程投资总计(Ⅰ~Ⅳ合计)				
	静态总投资				
	价差预备费				
	建设期融资利息				
	总投资				

附表 4-2　工程部分总概算表

单位:万元

序号	工程或费用名称	建安工程费	设备费	独立费用	合计	占一至六部分投资比例(%)
	第一部分　建筑工程					
	……(一级项目,下同)					
	第二部分　机电设备及安装工程					
	……					
	第三部分　金属结构设备及安装工程					

续附表 4-2

序号	工程或费用名称	建安工程费	设备费	独立费用	合计	占一至六部分投资比例(%)
	……					
	第四部分　输水管线设备及安装工程					
	……					
	第五部分　施工临时工程					
	……					
	第六部分　独立费用					
	……					
	一至六部分投资合计					
	基本预备费					
	静态投资					

注:表中各部分投资按项目划分的第一部分至第六部分填表,各部分列示至一级项目。

附表 4-3　建筑工程概算表

序号	工程或费用名称	单位	数量	单价(元)	合计(万元)	备注

注:1. 按项目划分列示至三级项目。
2. 本表适用于编制建筑工程概算、施工临时工程概算、独立费用概算。
3. "备注"栏可以说明单价序号、其他相关内容。

附表 4-4　设备及安装工程概算表

序号	名称及规格	单位	数量	单价(元)		合计(万元)		备注
				设备费	安装费	设备费	安装费	

注:1. 按项目划分列示至三级项目。
2. 本表适用于编制机电设备及安装工程概算、金属结构设备及安装工程概算、输水管线设备及安装工程概算。
3. "备注"栏可以说明单价序号、其他相关内容。

附表 4-5　分年度投资表

单位:万元

序号	项目	合计	建设工期				
			第 1 年	第 2 年	第 3 年	第 4 年	……
Ⅰ	工程部分投资						
一	建筑安装工程						
1	建筑工程						
	×××工程(一级项目)						
2	机电设备安装工程						
	×××工程(一级项目)						
3	金属结构设备安装工程						
	×××工程(一级项目)						
4	输水管线安装工程						
	×××工程(一级项目)						
5	施工临时工程						
	×××工程(一级项目)						
二	设备						
1	机电设备						
	×××设备						
2	金属结构设备						
	×××设备						
3	输水管线设备						
	×××设备						
三	独立费用						
1	建设管理费						
2	工程建设监理费						
3	生产准备费						
4	科研勘测设计费						
5	其他						
	一至三项合计						
	基本预备费						
	静态投资						
Ⅱ	建设征地移民补偿投资						
	……						
	静态投资						
Ⅲ	环境保护工程投资						
	……						
	静态投资						

续附表 4-5

序号	项目	合计	建设工期				
			第 1 年	第 2 年	第 3 年	第 4 年	……
Ⅳ	水土保持工程投资						
	……						
	静态投资						
Ⅴ	工程投资总计(Ⅰ~Ⅳ合计)						
	静态总投资						
	价差预备费						
	建设期融资利息						
	总投资						

注:可视不同情况按项目划分列示至一级项目或二级项目。

附表 4-6　资金流量表

单位:万元

序号	项目	合计	建设工期				
			第 1 年	第 2 年	第 3 年	第 4 年	……
Ⅰ	工程部分投资						
一	建筑安装工程						
1	建筑工程						
	×××工程(一级项目)						
2	机电设备安装工程						
	×××工程(一级项目)						
3	金属结构设备安装工程						
	×××工程(一级项目)						
4	输水管线安装工程						
	×××工程(一级项目)						
5	施工临时工程						
	×××工程(一级项目)						
二	设备						
	……						
三	独立费用						
	……						
	一至三项合计						
	基本预备费						
	静态投资						
Ⅱ	建设征地移民补偿投资						
	……						

续附表 4-6

单位:万元

序号	项目	合计	建设工期				
			第1年	第2年	第3年	第4年	……
	静态投资						
Ⅲ	环境保护工程投资						
	……						
	静态投资						
Ⅳ	水土保持工程投资						
	……						
	静态投资						
Ⅴ	工程投资总计(Ⅰ~Ⅳ合计)						
	静态总投资						
	价差预备费						
	建设期融资利息						
	总投资						

注:可视不同情况按项目划分列示至一级项目或二级项目。

附表 4-7　建筑工程单价汇总表

单价编号	名称	单位	单价(元)	其中								
				人工费	材料费	机械使用费	其他直接费	间接费	利润	材料补差	未计价材料费	税金

附表 4-8　安装工程单价汇总表

单价编号	名称	单位	单价(元)	其中								
				人工费	材料费	机械使用费	其他直接费	间接费	利润	材料补差	未计价装置性材料费	税金

附表 4-9　主要材料预算价格汇总表

序号	名称及规格	单位	预算价格(元)	其中				
				原价(含税价)	原价(不含税价)	运杂费	运输保险费	采购及保管费

附表 4-10 次要材料预算价格汇总表

序号	名称及规格	单位	含税价（元）	不含税价（元）

附表 4-11 施工机械台时费汇总表

序号	名称及规格	台时费（元）	其中				
			折旧费	修理及替换设备费	安拆费	人工费	动力燃料费

附表 4-12 主要工程量汇总表

序号	项目	土方明挖（m^3）	石方明挖（m^3）	土石方洞挖（m^3）	土石方填筑（m^3）	砌筑（m^3）	混凝土（m^3）	模板（m^2）	钢筋（t）	帷幕灌浆（m）	固结灌浆（m）

注：表中统计的工程类别可以根据工程实际情况调整。

附表 4-13 主要材料量汇总表

序号	项目	柴油（t）	汽油（t）	水泥（t）	钢筋（t）	炸药（t）	粉煤灰（t）	砂（m^3）	碎（卵）石（m^3）	块石（m^3）	管材（km）	钢材（t）

注：表中统计的主要材料种类可以根据工程实际情况调整。

附表 4-14 工时数量汇总表

序号	项目	工长	高级工	中级工	初级工	合计	备注

附表 4-15 人工预算单价计算表

艰苦边远地区类别		定额人工等级	
序号	项目	计算式	单价（元）
1	人工工时预算单价		
2	人工工日预算单价		

附表 4-16　主要材料运输费用计算表

编号	1	2	3	材料名称				材料编号	
交货条件				运输方式	火车	汽车	船运	火车	
交货地点				货物等级				整车	零担
交货比例(%)				装载系数					

编号	运输费用项目	运输起讫地点	运输距离(km)	计算公式	合计(元)
1	铁路运杂费				
	公路运杂费				
	水路运杂费				
	综合运杂费				
2	铁路运杂费				
	公路运杂费				
	水路运杂费				
	综合运杂费				
3	铁路运杂费				
	公路运杂费				
	水路运杂费				
	综合运杂费				
每吨运杂费					

附表 4-17　主要材料预算价格计算表

编号	名称及规格	单位	原价依据	单位毛重(t)	每吨运费(元)	预算价格构成(元)					
						原价(含税价)	原价(不含税价)	运杂费	采购及保管费	运输保险费	预算价格

附表 4-18　混凝土材料单价计算表

编号	名称及规格	单位	预算量	调整系数	单价(元)	合价(元)

注:1.“名称及规格”栏应明确混凝土或砂浆的级配、强度等级等。

2.“调整系数”栏为卵石换碎石、粗砂换中细砂及其他调整配合比材料用量系数。

附表 4-19　建筑工程单价表

单价编号		项目名称			
定额编号			定额单位		
施工方法					
编号	名称及规格	单位	数量	单价(元)	合计(元)

注:1."施工方法"栏填写主要施工方法、土或岩石类别、级别、运距等。
2. 材料补差:应当逐项列示柴油、汽油、钢筋、水泥、砂石料等材料补差。
3. 未计价材料费:应当逐项列示材料费。

附表 4-20　安装工程单价表

单价编号		项目名称			
定额编号			定额单位		
施工方法					
编号	名称及规格	单位	数量	单价(元)	合计(元)

注:1."施工方法"栏填写设备、材料等规格型号、安装方法等。
2. 材料补差:应当逐项列示汽油等材料补差。
3. 未计价装置性材料费:应当逐项列示材料费。

附表 4-21　资金流量计算表　单位:万元

序号	项目	合计	分年度投资				
			第 1 年	第 2 年	第 3 年	第 4 年	……
I	工程部分投资						
一	建筑安装工程						
(一)	×××工程						
1	分年度完成工作量						
2	预付款						
3	扣回预付款						
4	保留金						
5	偿还保留金						
(二)	×××工程						

续附表 4-21

序号	项目	合计	分年度投资				
			第 1 年	第 2 年	第 3 年	第 4 年	……
	……						
二	设备						
	……						
三	独立费用						
	……						
四	一至三项合计						
1	分年度费用						
2	预付款						
3	回预付款						
4	保留金						
5	偿还保留金						
	基本预备费						
	静态投资						
Ⅱ	建设征地移民补偿投资						
	……						
	静态投资						
Ⅲ	环境保护工程投资						
	……						
	静态投资						
Ⅳ	水土保持工程投资						
	……						
	静态投资						
Ⅴ	工程投资总计(Ⅰ～Ⅳ合计)						
	静态总投资						
	价差预备费						
	建设期融资利息						
	总投资						

附表 4-22 总体技术经济指标表

序号	工程或费用名称	投资(万元)	技术经济指标	备注
1	工程部分投资			
2	建设征地移民补偿投资			
3	环境保护工程投资			
4	水土保持工程投资			
5	静态总投资			
6	总投资			

注:根据工程特征选用一个或多个技术经济指标类别,包括单位水库库容投资、单位装机容量投资、单位引水量投资、单位灌溉面积投资、单位工程长度投资等,在“备注”栏说明指标类别。

附表 4-23 单项技术经济指标表

序号	工程或费用名称	单位	数量	投资(万元)	技术经济指标(万元/km)	备注

注:主要分析主体工程三级项目以上各级项目的单位工程长度投资指标,项目内容与主体工程对应一致。

附表 4-24 总投资对比表

单位:万元

序号	工程或费用名称	可研阶段投资	初步设计投资	投资增减额度	其中			增减幅度(%)	备注(设计变化分析说明)
					价格变动	政策调整	设计变化		
(1)	(2)	(3)	(4)	(4)-(3)				[(4)-(3)]/(3)	
I	工程部分投资								
	第一部分 建筑工程								
	……								
	第二部分 机电设备及安装工程								
	……								
	第三部分 金属结构设备及安装工程								
	……								

续附表 4-24

序号	工程或费用名称	可研阶段投资	初步设计投资	投资增减额度	其中			增减幅度(%)	备注(设计变化分析说明)
					价格变动	政策调整	设计变化		
(1)	(2)	(3)	(4)	(4)-(3)				[(4)-(3)]/(3)	
	第四部分　输水管线设备及安装工程								
	……								
	第五部分　施工临时工程								
	……								
	第六部分　独立费用								
	……								
	一至六部分投资合计								
	基本预备费								
	静态投资								
Ⅱ	建设征地移民补偿投资								
一	农村部分补偿费								
二	城(集)镇部分补偿费								
三	工业企业补偿费								
四	专业项目补偿费								
五	防护工程费								
六	库底清理费								
七	其他费用								
	一至七项合计								
	基本预备费								
	有关税费								
	静态投资								
Ⅲ	环境保护工程投资								
一	环境保护措施费								
二	独立费用								
	一至二项合计								
	基本预备费								
	静态投资								

续附表 4-24

序号	工程或费用名称	可研阶段投资	初步设计投资	投资增减额度	其中			增减幅度（%）	备注（设计变化分析说明）
					价格变动	政策调整	设计变化		
（1）	（2）	（3）	（4）	（4）-（3）				[（4）-（3）]/（3）	
Ⅳ	水土保持工程投资								
一	工程措施								
二	植物措施								
三	监测措施								
四	施工临时工程								
五	独立费用								
	一至五项合计								
	基本预备费								
	水土保持补偿费								
	静态投资								
Ⅴ	工程投资总计（Ⅰ～Ⅳ合计）								
	静态总投资								
	价差预备费								
	建设期融资利息								
	总投资								

附表 4-25 主要工程量对比表

序号	工程类别	单位	可研阶段	初步设计阶段	增减数量	增减幅度（%）	备注
（1）	（2）	（3）	（4）	（5）	（5）-（4）	[（5）-（4）]/（4）	
1	挡水工程						
	石方开挖						
	混凝土						
	钢筋						
	……						

注：可根据工程情况进行调整，应列示主要工程项目的主要工程量。

附表 4-26 主要材料和设备价格对比表

序号	名称及规格	单位	可研阶段	初步设计阶段	增减额度	增减幅度(%)	备注
(1)	(2)	(3)	(4)	(5)	(5)-(4)	[(5)-(4)]/(4)	
1	主要材料价格						
	水泥						
	油料						
	钢筋						
	……						
2	主要设备价格						
	水轮机						
	……						

参考文献

[1] 水利部水利建设经济定额站. 水利工程设计概(估)算编制规定(工程部分)[M]. 北京:中国水利水电出版社,2025.
[2] 水利部水利建设经济定额站. 水利工程设计概(估)算编制规定(建设征地移民补偿)[M]. 北京:中国水利水电出版社,2014.
[3] 水利部水利建设经济定额站. 水利工程设计概(估)算编制规定(环境保护工程)[M]. 北京:中国水利水电出版社,2025.
[4] 水利部水利建设经济定额站. 水利工程设计概(估)算编制规定(水土保持工程)[M]. 北京:中国水利水电出版社,2025.
[5] 水利部水利建设经济定额站. 水利建筑工程概算定额[M]. 郑州:黄河水利出版社,2025.
[6] 水利部水利建设经济定额站. 水利建筑工程预算定额[M]. 郑州:黄河水利出版社,2025.
[7] 水利部水利建设经济定额站. 水利设备安装工程概算定额[M]. 郑州:黄河水利出版社,2025.
[8] 水利部水利建设经济定额站. 水利设备安装工程预算定额[M]. 郑州:黄河水利出版社,2025.
[9] 水利部水利建设经济定额站. 水利工程施工机械台时费定额[M]. 郑州:黄河水利出版社,2025.
[10] 中华人民共和国水利部. 水利水电工程标准施工招标文件(2009 年版)[M]. 北京:中国水利水电出版社,2010.
[11] 中华人民共和国水利部. 水利工程工程量清单计价规范:GB 50501—2007[S]. 北京:中国水利水电出版社,2007.
[12] 中华人民共和国水利部. 水利水电工程设计工程量计算规定:SL 328—2005[S]. 北京:中国水利水电出版社,2006.
[13] 黄泽钧. 水利工程造价与招投标[M]. 郑州:黄河水利出版社,2018.
[14] 黄泽钧. 水利工程造价与招投标[M]. 2 版. 郑州:黄河水利出版社,2022.
[15] 梁建林. 水利水电工程造价与招投标[M]. 2 版. 郑州:黄河水利出版社,2009.
[16] 钟汉华. 水利水电工程造价[M]. 北京:高等教育出版社,2007.
[17] 中国水利水电勘测设计协会. 建设工程技术与计量(水利工程)[M]. 郑州:黄河水利出版社,2024.
[18] 中国水利水电勘测设计协会. 建设工程造价案例分析(水利工程)[M]. 郑州:黄河水利出版社,2024.
[19] 二级造价工程师职业资格考试培训教材编审委员会. 建设工程计量与计价实务(水利工程)[M]. 北京:中国建设科技出版社,2024.